以设计为龙头的水利总承包项目
精细化管理

王自新　余红松　陈新辉　龚秋明　叶志勇　著

黄河水利出版社

·郑州·

内 容 提 要

本书内容共分10章,分别为绪论,水利工程总承包项目营销与投标策划、精细化组织管理、精细化设计管理、精细化采购与分包管理、精细化施工管理、收尾管理与信息管理、风险管理,纳坝水库工程EPC总承包项目的组织与实施,设计企业发展水利工程总承包业务的有关思考等。

本书可作为从事工程总承包项目管理工作相关人员的入门学习参考书,也可作为有意发展水利工程总承包业务的设计企业的培训教材,对开展水利工程总承包业务具有一定的指导价值;本书还可作为高等院校相关专业的教学参考用书。

图书在版编目(CIP)数据

以设计为龙头的水利总承包项目精细化管理/王自新等著. —郑州:黄河水利出版社,2023.7
ISBN 978-7-5509-3648-5

Ⅰ.①以… Ⅱ.①王… Ⅲ.①水利工程-承包工程-工程项目管理-研究 Ⅳ.①TV512

中国国家版本馆 CIP 数据核字(2023)第 138882 号

责任编辑	岳晓娟	责任校对	王单飞
封面设计	黄瑞宁	责任监制	常红昕

出版发行 黄河水利出版社

地址:河南省郑州市顺河路 49 号 邮政编码:450003

网址:www.yrcp.com E-mail:hhslcbs@126.com

发行部电话:0371-66020550

承印单位 河南新华印刷集团有限公司

开 本 787 mm×1 092 mm 1/16

印 张 14.75 插 页 4

字 数 353 千字

版次印次 2023 年 7 月第 1 版 2023 年 7 月第 1 次印刷

定 价 120.00 元

前　言

在国际工程尤其是发达国家工程建设市场上,工程总承包模式已经发展成为工程建设组织模式的主流。根据美国设计-建造学会(DBIA)和英国皇家特许建造学会的调查统计,近年来工程总承包模式如 DB、EPC 模式等占据工程建设市场的40%左右。我国工程总承包模式始于20世纪80年代,最初在化工行业试点运用,由勘察设计企业承担总承包商角色。虽然我国工程总承包模式试点时间早,但政府层面大力推广应用却是在进入21世纪后,尤其是在2017年后,以国务院办公厅颁布的《国务院办公厅关于促进建筑业持续健康发展的意见》(国办发〔2017〕19号)文件为标志,意味着我国"工程总承包元年"的开始,之后各省(自治区、直辖市)在房屋建筑、市政基础设施、水利基础设施等领域陆续推出鼓励工程总承包发展的系列政策,拉开了国内工程总承包,尤其是政府投资工程总承包全面启动的大幕。水利基础设施投资作为政府逆周期调节的重要手段,"十四五"期间规划投资规模大,既有国家水网重大工程、水网智慧化等战略工程,又有城乡供水、防洪排涝、水生态保护等补短板的民生工程,预期未来水利工程总承包市场有着巨大的发展空间和前景。

国际工程总承包实践经验表明,设计企业具有发展工程总承包的内在优势,能够较好地契合业主运用工程总承包模式的目标,如发挥设计主导作用,进行设计优化和一体化实施,以降低工程投资、提高工程质量和缩短建设周期等。根据对国内外工程建设市场发展趋势的综合研判,中水珠江规划勘测设计有限公司(简称中水珠江公司)作为一家由事业单位转制的大型勘测设计单位,率先转变思想观念,改革体制机制,创新发展,以先进技术为支撑,以成套设备为优势,于2007年提出了大力开展以设计为龙头的工程总承包的战略部署。2008年,公司承接了第一个水利总承包项目——台山核电厂淡水水源工程;2009年成立总承包中心;2011年成立总承包事业部。截至2022年,中水珠江公司累计承接总承包合同额逾百亿元,总承包市场区域覆盖国内外,国内包括广东、广西、贵州、云南、海南、江西和浙江等省(自治区),国外包括非洲布隆迪,南美洲委内瑞拉,亚洲老挝、尼泊尔等国家。中水珠江公司在工程总承包市场精耕细作10多年,有过失败的教训,但令人欣慰的是,也取得了不错的成绩,先后完成一批标杆工程,获得各界好评,斩获多项大奖,如公司承接的"台山核电厂一期淡水水源工程 EPC 总承包项目"荣获"中国水利工程优质(大禹)奖"和水利行业首个"工程总承包银钥匙奖","广东新丰县中小河治理 EPC 项目"获得广东省水利第一个"广东省水利水电优秀工程总承包奖金钥匙奖"。

经过10多年总承包业务的发展,中水珠江公司在实践中锤炼了一支能打硬仗、胜仗的总承包项目管理队伍,积累了丰富的项目管理经验和风险管控能力,形成了完整的项目管理体系,建立了涉及安全、质量、工期和成本管控等方面的管理体系文件和制度包,规范和有效地指导了项目管理工作。遵循从实践到理论,再由理论指导实践发展的指导思想,总结和提升公司10多年的总承包管理实践也成为一种必然之举,此即本书写作渊源。

　　本书站在设计企业作为总承包商的角度，遵循精细化管理理念，以时间为主线，从总承包项目营销与投标策划入手，介绍了总承包项目组织、设计、采购与分包、施工、收尾管理和风险管理，以及水利工程总承包业务发展的有关思考。全书共分 10 章，由王自新、余红松、陈新辉、龚秋明、叶志勇共同撰写。

　　本书写作从 2019 年底开始启动，但由于各位参与撰写人员作为总承包项目经理，工作繁忙、任务压力重，难以有完整时间进行写作，因此书稿写作较为缓慢，历经 3 年终于成稿，不可不谓颇为波折。但凡事利弊难分，"慢工出细活"，希望呈现在各位读者面前的书稿能够为设计企业发展水利工程总承包业务提供一些有益的指导和借鉴。在本书书稿大纲编写和写作过程中，多次与河海大学简迎辉教授沟通交流，简迎辉教授耐心、专业的指导每次都能"排忧解惑"，拓展了我们的写作思路，在此我们深表感谢！同时，本书参考了国内外众多学者的研究成果和相关网站上的资料文献，唯恐挂一漏万，在此一并对作者们表示衷心的感谢！

　　限于作者水平，疏漏与不当之处在所难免，敬请读者不吝赐教，并予以批评指正。

作者

2022 年 12 月

目　录

第 1 章　绪　论

1.1　水利工程概念及特征

水是生命之源、生产之要、生态之基。我国是一个水旱灾害频繁发生的国家,中华民族 5 000 多年的文明史也是一部治水史。兴水利、除水害,事关人类生存、经济发展、社会进步,历来是治国安邦的大事。新中国成立后,党和国家高度重视水利工作,不断挖掘水的资源特性,加大对水利工程的投资,不断完善防洪减灾工程、构建国家水网工程,水利工程建设取得了举世瞩目的巨大成就。

1.1.1　水利工程概念与类型

1.1.1.1　我国基本水情

人多水少、水资源时空分布不均是我国的基本国情水情。我国南北跨度大、地势西高东低,大多地处季风气候区,加之人口众多,我国的水情具有特殊性,主要表现在以下四个方面:

(1)水资源时空分布不均,人均占有量少。从水资源时间分布来看,降水年内和年际变化大,60%~80%集中在汛期,地表径流年际间丰枯变化一般相差 2~6 倍,最大达 10 倍以上。从水资源空间分布来看,北方地区国土面积、耕地、人口分别占全国的 64%、64% 和 46%,而水资源量仅占全国的 18%,其中黄河流域、淮河流域、海河流域 GDP 约占全国的 1/3,而水资源量仅占全国的 7%,是我国水资源供需矛盾最为突出的地区。根据第三次全国水资源调查评价成果,我国水资源总量 2.84 万亿 m^3,居世界第 6 位。但人均水资源占有量约 2 100 m^3,仅为世界平均水平的 28%;耕地亩❶均水资源占有量 1 400 m^3,约为世界平均水平的 1/2。从总体看,我国水资源禀赋条件并不优越,尤其是水资源时空分布不均,导致我国水资源开发利用难度大、任务重。

(2)河流水系复杂,南北差异大。我国地势从西到东呈三级阶梯分布,山丘高原面积占国土面积的 69%,地形复杂。我国江河众多、水系复杂,流域面积在 100 km^2 以上的河流有 5 万多条,按照河流水系划分为长江、黄河、淮河、海河、松花江、辽河、珠江等七大江河干流及其支流,以及主要分布在西北地区的内陆河流、东南沿海地区的独流入海河流和分布在边境地区的跨国界河流,构成了我国河流水系的基本框架。河流水系南北方差异大:南方地区河网密度较大,水量相对丰沛,一般常年有水;北方地区河流水量较少,许多为季节性河流,含沙量高。河流上游地区河道较窄、比降大,冲刷严重;中下游地区河道较为平缓,一些河段淤积严重,有的甚至成为"地上悬河",比如黄河下游新乡市河段高于地

---

❶　1 亩 = 1/15 hm^2,全书同。

面 20 m,严重危及城市安全。这些特点,加之人口众多、人水关系复杂,决定了我国江河治理难度大。

(3)地处季风气候区,暴雨洪水频发。受季风气候影响,我国大部分地区夏季湿热多雨、雨热同期,不仅短历时、高强度的局地暴雨频繁发生,而且长历时、大范围的全流域降雨也时有发生,几乎每年都会发生不同程度的洪涝灾害。比如,1954 年和 1998 年,长江流域梅雨期内连续出现 9 次和 11 次大面积暴雨,形成全流域大洪水;1975 年 8 月,受台风影响,河南省驻马店市林庄 6 h 降水量高达 830 mm,造成特大洪水,导致板桥、石漫滩两座大型水库垮坝。我国的重要城市、重要基础设施和粮食主产区主要分布在江河沿岸,仅七大江河防洪保护区内就居住着全国 1/3 的人口,拥有全国 22% 的耕地,经济总量约占全国经济总量的 1/2。随着人口的增加和财富的积聚,对防洪安全的要求越来越高,防洪任务更加繁重。

(4)水土流失严重,水生态环境脆弱。由于特殊的气候和地形地貌条件,特别是山地多,降雨集中,加之人口众多和不合理的生产建设活动影响,我国是世界上水土流失最严重的国家之一。2021 年,全国共有水土流失面积 267.42 万 km²。其中,水力侵蚀面积 110.58 万 km²,占水土流失总面积的 41.35%;风力侵蚀面积 156.84 万 km²,占水土流失总面积的 58.65%。此外,我国约有 39% 的国土面积为干旱半干旱区,降水量少,蒸发量大,植被覆盖度低,特别是西北干旱区,降水极少,生态环境十分脆弱。比如塔里木河、黑河、石羊河等生态脆弱河流,对人类活动干扰十分敏感,遭受破坏后恢复难度大。

我国水情与经济社会发展空间格局的错配性,导致对水利工程的防灾减灾、水资源调配、水生态水环境需求高,水利工程投资建设任务重。

1.1.1.2　水利工程的概念

(1)工程内涵。工程(engineering)一词具有较为丰富的内涵。《新牛津英语词典》定义“工程”为:一项精心计划和设计以实现一个特定目标的单独进行或联合实施的工作。《现代汉语词典》定义“工程”为:土木建筑及生产、制造部门用比较大而复杂的设备来进行的工作;或者泛指某项需要投入巨大人力、物力的工作。《辞海》把“工程”定义为:将自然科学的原理应用到实际中去而形成的各学科的总称。综合上述定义,不难发现“工程”有以下三方面含义:

①工程学科。强调工程的学科属性,是人们知识的结晶,是科学技术的一部分,是人们为了解决生产和社会中出现的问题,将科学知识、技术或经验用以设计产品,建造各种工程设施、生产机器或材料的技能。

②工程的建造过程。工程是人们为了达到一定的目的,应用相关科学技术和知识,利用自然资源最佳地获得特定技术系统的过程或活动。这些活动通常包括:工程的论证与决策、规划、勘察与设计、施工、运营和维护,以及新型产品与装备的开发、制造和生产过程,技术创新、技术革新、更新改造、产品或产业转型过程等。由此,“工程”又具有“工程项目”的概念。

③工程技术系统。强调工程是人类改造自然的产出物或成果,必须有使用价值(功能)或经济价值,认为工程是人类为了实现认识自然、改造自然、利用自然的目的,应用科学技术创造的,具有一定使用功能或实现价值要求的技术系统。

由此,可将工程定义为人类为改善生活而创建的人造物,一种有组织的社会实践活动及其结果。工程具有社会性、创造性、伦理约束性、科学性与经验性等属性。

(2)水利工程的概念。所谓水利工程,是指用于控制和调配自然界的地表水和地下水,达到除害兴利目的而修建的工程。在本书中更强调其工程技术系统的含义。

1.1.1.3 水利工程的类型

(1)按照除害兴利目的的不同,水利工程通常可以分为以下类型:

①防洪工程。是指保护农田、工矿区和城市免受洪水灾害的水利工程,具体的工程措施有水库、分洪或蓄洪工程,以及堤防、河道整治、开挖新河等。通过综合运用上述工程措施,构建防洪设计标准的防洪工程体系。

②灌溉工程和治涝工程。灌溉工程是指防止旱、涝、渍灾,为农业生产服务的水利工程,主要是通过修建蓄水、引水、提水工程,为农作物提供必需的水量。灌溉工程的灌溉设计标准,要根据灌区气象水文、水土资源、作物组成、水量调节程度及国家对当地农业生产的要求等因素选择确定。而治理洼地、圩田的涝渍灾害的工程为治涝工程,采用的工程措施通常有排水闸、排水站或挡潮闸等。

③水力发电工程。将水能转化为电能的水利工程称为水力发电工程,可进一步细分为坝式水电站、河床式水电站、引水式水电站及抽水蓄能式水电站等。

④水土保持工程和环境水利工程。防止水土流失和水质污染,维护生态平衡的水利工程称为水土保持工程和环境水利工程。水生态和水环境治理工程措施通常包括工程措施和非工程措施两类。

⑤渔业水利工程。是指保护和增进渔业生产的水利工程。

⑥城镇供水和排水工程。是指为工业和生活用水服务,并处理和排除污水及雨水的水利工程。

⑦综合利用水利工程。同时为防洪、灌溉、发电、航运等多种目标服务的水利工程称为综合利用水利工程。

⑧调水工程。也称水资源配置工程,指水资源一级区或独立流域之间的跨流域调水的水利工程(如南水北调工程),包括水源工程、提水工程、引水工程等。

(2)按照投资主体的不同,水利工程可以分为以下几种:

①中央政府投资水利工程。建设周期长、投资数额巨大,对社会和群众影响范围广而深远,产生的社会效益、经济效益显著,一般为跨地区、跨流域水利工程,比如长江三峡水利枢纽工程、南水北调工程等。

②地方政府投资水利工程。顾名思义,该类水利工程由地方政府投资,一般为小流域、区域范围的中型水利工程。根据水利工程受益范围的不同,地方政府投资又分为省级政府投资、市(县)级政府投资,如城镇供排水工程等。

③集体兴建水利工程。是由集体经济投资兴建的水利工程。在我国计划经济时期,主要由村集体出资、出劳修建的农田水利工程,如灌溉支渠、毛渠等。

④企业兴建水利工程。随着我国市场经济体制改革进程加快,企业组织资金实力日益强大,政府和企业合作领域不断拓展,在一定的机制条件下,如给予投资补助或运营补贴,企业会主动投资建设一些综合利用水利工程。

⑤政企合作投资水利工程。为 PPP（public-private partnership）水利工程，由政府出资方代表和企业共同出资组建项目公司，并由项目公司在一定特许期内负责投资、融资、建设的水利工程，特许期满后，该水利工程移交给政府或其授权机构。

1.1.2　水利工程主要特征

尽管水利工程类型较多，但不同类型水利工程皆有一些共性特征。

（1）系统性和综合性强。水利工程是由不同用途的水工建筑物组成的，包括挡水或壅水建筑物、泄水建筑物、取水建筑物、输水建筑物和整治建筑物等。这些水工建筑物相辅相成，形成一个具有内在联系、共同作用的技术系统，方能发挥设计效益。

（2）工作条件复杂。水利工程中各种水工建筑物都是在难以确切把握的气象、水文、地质等自然条件下进行施工和运行的，它们又多承受水的推力、浮力、渗透压力、冲刷力、各种动水压力及波浪压力、冰压力等的作用，工作条件较其他建筑物更为复杂。

（3）工程效益具有随机性。气候气象条件变化具有随机性，尤其是近年来极端气候情况频繁出现，河流每年水文状况可能呈现难以预测的变化，从而导致工程效益具有随机性。比如，遭遇百年不遇的干旱，防洪工程效益就不明显，而水资源配置工程效益就会非常明显。

（4）对环境有很大影响。一条河流或一个河段及其周围地区在开发其水资源前，其天然状态一般处于某种相对平衡，水利工程的建设会使原有的平衡失调。水利工程不仅通过其建设任务对所在地区的经济和社会产生影响，而且对江河、湖泊及附近地区的自然面貌、生态环境、自然景观，甚至对区域气候都将产生不同程度的影响。水利工程的规划设计必须充分考虑这种影响，在充分考虑其社会效益、经济效益的同时，还必须特别关注其对环境的不利影响方面，努力发挥水利工程的积极作用，消除或力争缩小其消极影响。

（5）失事后果的严重性。水利工程固可为人民造福，但水工建筑物若失事也会产生严重后果。特别是拦河坝、大江大河堤防，若失事溃决，会给下游带来灾难性乃至毁灭性的后果，这在国内外都不乏惨重实例：1963 年意大利瓦伊昂坝溃坝，1975 年 8 月河南省驻马店市的板桥、石漫滩两座大型水库溃坝，均造成严重的经济损失和人员伤亡。

1.1.3　我国水利工程建设未来发展趋势

（1）水利工程投资建设具有明确的现实需求。水利工程作为国民经济的重要发展支撑，加大水利工程投资是政府逆周期调节的重要手段，能在一定程度上对冲经济下行压力。近年来，我国水利工程投资建设明显提速，2010—2021 年全国完成水利投资由 2 320 亿元增加至 7 576 亿元，见图 1-1。

最近政策表明，水利工程投资还将进一步加大。2021 年，水利部印发《关于实施国家水网重大工程的指导意见》，水利部办公厅印发《"十四五"时期实施国家水网重大工程实施方案》，明确了加快推进国家水网重大工程建设的主要目标，到 2025 年，建设一批国家水网骨干工程，有序实施省、市、县水网建设，着力补齐水资源配置、城乡供水、防洪排涝、水生态保护、水网智慧化等短板和薄弱环节，水安全保障能力进一步提升。在完善水资源优化配置体系方面，建成一批重大引调水和重点水源工程，新增供水能力 290 亿 m³，水资

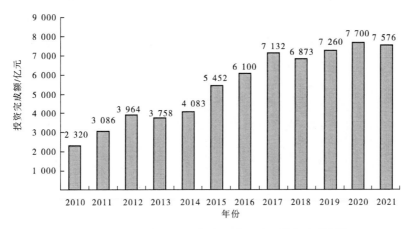

图 1-1 2010—2021 年中国水利建设投资完成额情况

源承载能力与经济社会发展适应性明显增强;城乡供水保障水平进一步提高,农村自来水普及率达到 88%;大中型灌区灌排骨干工程体系逐步完善,新增、恢复有效灌溉面积 1 500 万亩;数字化、网络化、智能化和精细化调度水平有效提升。

(2)供水工程和防洪减灾工程仍占据主流,智慧水利重要性有所提升。从已披露各省(自治区、直辖市)"十四五"规划的具体投资分类来看,"十四五"期间水利投资主要聚焦四个大方向:防洪减灾工程、供水保障工程、水生态修复工程、智慧水利工程。而供水保障工程和防洪减灾仍是"十四五"水利工程投资的主基调,分别占当前水利投资规划总额的 50.4%、29.0%。此外,一些省份如浙江、广东已将智慧水利工程单独列为水利工程的投资类别,虽然目前占整个"十四五"期间投资额的比例较低,但是预计在水利数字化、信息化加持下,智慧水利工程作为新兴领域,未来重要程度有望持续提升。

1.2 工程总承包概念及运作方式

工程总承包是国际上通行的工程交付方式(delivery method),并越来越成为主流交付方式。根据美国设计-建造学会(DBIA)的统计,2016—2020 年,传统设计-招标-施工模式(design-bid-build,DBB 模式)占比 23%,设计-施工模式(design-build,DB 模式)占比 42%,其他工程承包模式占比 35%。预计到 2025 年,传统 DBB 模式将进一步下降到 15%,各类一体化的工程承包模式占比将会进一步提高。英国皇家特许建造学会 2020 年的调查显示,越是大项目,越是倾向于采用工程总承包模式:投资额小于 500 万英镑(1 英镑=8.849 3 元人民币,2020 年年度平均汇率)的市政项目中,超过 50% 的项目倾向于采用工程总承包模式;投资额在 500 万~5 000 万英镑的项目,超过 70% 的项目倾向于采用工程总承包模式;而对于投资额在 5 000 万英镑以上的项目,接近 90% 的项目倾向于采用工程总承包模式。

国内工程总承包业务始于 20 世纪 80 年代,最初在化工行业运用,由勘察设计企业承担总承包商角色。经过近 40 年的发展,我国工程总承包业务取得了巨大的成就。"十三五"期间,2016—2019 年,我国勘察设计行业工程总承包新签合同额从 13 856 亿元增长到 46 071 亿元,年均复合增长率达到 49.3%;工程总承包营业收入从 10 785 亿元增长到 33 639 亿元,工程总承包营业收入年均复合增长率达到 46.1%。工程总承包业务无论是从营业收入,还是从新签合同情况来看,在勘察设计行业的占比均进一步增加,其中营业收入占比从 2016 年的 32.4% 增加到 2019 年的 52.4%,而新签合同额占比从 2016 年的 68.5% 增加到 2019 年的 83.5%。同时,涌现出以中国电建集团华东勘测设计研究院有限公司、上海市政工程设计研究总院(集团)有限公司等为代表的一大批工程总承包优秀企业,部分企业工程总承包业务规模占比超过 80%。

2017 年 2 月,国务院办公厅发布了《国务院办公厅关于促进建筑业持续健康发展的意见》(国办发〔2017〕19 号),明确提出要"加快推行工程总承包"。2019 年 12 月,住房和城乡建设部、国家发展和改革委员会发布了《房屋建筑和市政基础设施项目工程总承包管理办法》。随后,各省、市陆续推出鼓励工程总承包发展的系列政策,工程总承包全面启动的幕布随即拉开。初步估算,到"十四五"末期,工程总承包将占建筑业产值的 30% 或以上,市场规模可能达到 10 万亿元。特别在以政府、国有企业投资为主的工程建设项目方面,工程总承包未来将成为主流模式。

1.2.1 工程总承包的概念、特征

1.2.1.1 工程总承包的概念

工程项目全寿命周期被划分为前期决策、设计、建设准备、建设实施、竣工验收、试运行、运行(营)、报废等阶段。前期决策阶段,通常细分为项目建议书和可行性研究阶段;设计阶段,进一步细分为初步设计、技术设计、施工详图设计阶段;建设准备阶段,主要的工作内容有征地拆迁、招标采购、资金筹措等;建设实施阶段,主要就是工程施工。从生产过程视角看,工程交易的核心环节就是设计、采购、施工。

工程项目生产与组织专业性强,业主通常会将相关阶段工作委托给专门组织负责实施。业主可以将相关工作分别委托给不同组织负责实施,也可以将相关工作统一委托给同一组织。

在国外,业主可能会把项目策划、可行性研究、设计、采购、施工、试运行等任务全部委托给一家企业负责实施,业主主要负责资金筹措、财务监控、工程款结算等工作,从而通过社会化、专业化分工合作,可以大大精简业主的建设管理机构,业主可以专注于其核心业务的发展。

根据工程总承包的发展动因,工程总承包可以定义为:工程总承包是指从事工程总承包的企业受业主委托,按照合同的约定对工程项目的勘察、设计、采购、施工、试运行等实行全过程或若干阶段的承包,并对工程项目的质量、安全、工期、造价等向业主负责。

实践中,不同国家根据项目、自身市场情况,如项目复杂程度、总承包商能力等,对能够纳入总承包范围的过程或阶段的制度规定不完全相同。

1.2.1.2　工程总承包的特征

对于业主而言,工程总承包模式具有以下特征:

(1)工程项目资源配置得以优化。一方面,在工程总承包模式下,业主介入工程具体组织实施的程度较低,不参与工程的具体事务,减少了其人员和资本的耗费;另一方面,工程总承包商更能发挥主观能动性,充分运用自身技术优势和管理经验,在保证工程功能实现和安全质量目标的前提下,进行设计、施工方案优化,可以有效地协调设计、施工进度,实现科学降低工程造价和缩短建设周期的目的,为业主和承包商自身创造更多的效益。

(2)业主合同关系简单,责任明确,组织协调工作量小。业主只与工程总承包商签订工程总承包合同,总承包商作为工程的责任第一人,可以根据业主的要求和自身的需求,把部分设计、采购、施工、试运行等工作,委托给分包商完成,并与之签订分包合同。分包商直接服从总承包商管理,分包商的全部工作由总承包商对业主负责。项目实施过程中,业主或监理工程师主要与项目总承包商进行协调,大大减少了协调等工作量,同时有效地避免了相互"扯皮"和争端。

(3)采用(固定)总价合同,有利于控制成本和项目造价。该模式下,一般采用(固定)总价合同,将设计、采购、施工、试运行等工作整体发包给工程总承包商,业主本身不参与到项目的具体管理过程中,有效地将工程风险转移给总承包商。总承包商统筹考虑设计、采购和施工等工作,在限额设计、设计优化、分包商优化选择的前提下,想尽一切办法控制和规避项目风险,可以大幅度降低工程成本,提高工程项目的经济效益,将风险费用转化成利润,实现利益最大化,实现项目的造价控制和经济性。

(4)业主招标发包工作难度大。一方面,由于承包范围大,介入项目时间早,工程未知信息较多,承包商要承担较大的风险,对总承包商的综合素质要求较高,可供选择的总承包企业较少,往往导致价格较高;另一方面,由于招标发包时间提前,缺乏明确的招标范围,发包人要求等合同条款不易准确确定,且合同范围较广,对于合同中约定得比较笼统的地方,容易造成较多的合同争议。

(5)业主本身不参与工程项目的具体事务管理,对工程的质量、进度、安全等环节的管理控制力降低。

1.2.2　工程总承包模式的主要运作方式

在国际上,工程总承包模式运作方式较多,根据建筑工程项目的不同规模、类型和业主要求,可以将设计、采购、施工、试运行等任意两个阶段组合委托给工程总承包商负责,从而形成设计-采购-施工(engineering-procurement-construction,EPC)/交钥匙总承包、设计-施工(design-build,DB)总承包、设计-采购-施工管理(engineering-procurement-construction management,EPCM)、设计-采购(engineering-procurement,EP)总承包、采购-施工(procurement-construction,PC)总承包等运作方式。但在实践中,前3种运作方式应用更为普遍,尤其是设计-采购-施工(EPC)/交钥匙总承包、设计-施工(DB)总承包模式。

1.2.2.1 设计-采购-施工(EPC)/交钥匙总承包模式

设计-采购-施工(EPC)总承包,也称为交钥匙(turn key)总承包,是指业主将工程设计、材料与设备的采购、工程施工、试运行等全部工作整体承包给承包商,工程总承包商按照合同约定,承担工程项目的设计、采购、施工、试运行服务等工作,并对承包工程的质量、安全、工期、造价等全面负责,最终向业主提交一个满足使用功能、具备使用条件的工程项目产品。EPC总承包模式下项目各方关系如图1-2所示。

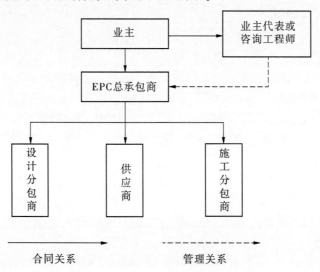

图 1-2 EPC 总承包模式下项目各方关系

EPC总承包模式下的"E"可能向前延伸到项目前期策划,也可能是从项目可行性研究开始。因此,EPC总承包模式对于工程总承包商能力要求高,且具有一定的适用条件。国际咨询工程师联合会(FIDIC)针对该模式编制了《设计采购施工(EPC)/交钥匙工程合同条件》(银皮书,简称EPC),建议以下这些情形均不适合采用EPC总承包模式:如果投标人没有足够的时间或资料来仔细研究或核查业主要求,或进行他们的设计、风险评估;如果建设内容涉及相当数量的地下工程,或投标人未能调查的区域内的工程;如果业主要严格监督或控制承包商的工作,或要审核大部分图纸;如果每次期中付款的款项要经官员或其他中介机构的确定。也就是说,如果总承包商没有能力和时间充分研究招标文件进行风险评估,或者工程项目本身不确定性太高(如存在比较多的有经验承包商也难以预测的地下工程或其他不确定条件等),或者业主没有足够放权、干涉过多,或者政府监管制度过严,总承包商难以发挥其技术、管理优势,进行设计施工集成、优化,就不适合采用EPC总承包模式。

随着信息技术的发展,在EPC总承包模式下,工程总承包商的主要任务要求见表1-1。

1.2.2.2 设计-施工(DB)总承包模式

设计-施工(DB)总承包是指工程总承包企业按照合同约定,承担工程项目设计和施工,并对承包工程的质量、安全、工期、造价等全面负责。

表 1-1　EPC 总承包模式下工程总承包商的主要任务

领域	主要任务
设计(E)	①前期参与项目营销,结合设计论证提出合理报价; ②重视项目成本管理,在不同设计阶段对成本测算和控制,开展优化设计; ③考虑采购周期和施工工序,设计、采购、施工合理交叉以缩短建设周期; ④设计采用三维设计系统,提高设计质量和效率,促进采购、施工的精细化管理,完善项目成本控制; ⑤重视技术创新和知识管理,推进技术标准化
采购(P)	①采购纳入设计程序,提高采购准确性,优化成本控制; ②完善供应商管理、采购渠道和采购数据库; ③通过采购管理信息系统实现精细化采购和零库存
施工(C)	①在项目前期介入,包括施工人员工时估算、施工计划、设计可施工性复核等; ②重视分包方管理; ③采用项目管理信息系统提升项目管理工作效率; ④重视技术创新和知识管理
项目管理(M)	①实行项目经理负责制和矩阵管理模式,采用赢得值原理对项目进行控制; ②重视基础工作,包括质量体系文件,项目管理体系文件,专业工作文件(如报价手册、设计手册、采购手册、施工手册),设计、采购、施工人员、工时定额等

DB 总承包模式也是 FIDIC 推荐采用的总承包模式之一,并出版发行了《生产设备和设计-建造合同条件》(黄皮书,简称 DB)。与 EPC 总承包模式相比,DB 总承包模式下业主通过咨询工程师干预较多,但承包商风险较小。

根据工程总承包商介入时点或工程总承包发包阶段不同,DB 总承包模式又可以细分为以下 4 种类型,如图 1-3 所示。

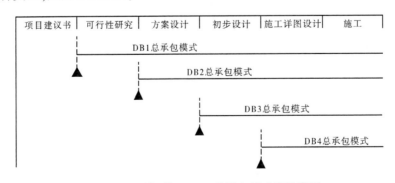

图 1-3　设计-施工(DB)总承包模式常见类型

(1)DB1 总承包模式。是在业主的项目建议书获得批准后,业主进行 DB 工程总承包的招标采购,中标的工程总承包商对工程可行性研究、设计、施工等阶段工作实行承包。

（2）DB2 总承包模式。是在业主的项目可行性研究获得批准后,业主进行 DB 工程总承包的招标采购,中标的工程总承包商对工程所有设计、施工等阶段工作实行承包。

（3）DB3 总承包模式。是在业主邀请咨询机构或设计单位进行方案设计并确定相应方案后,进行 DB 工程总承包的招标采购,中标的工程总承包商对工程所有初步设计、施工详图设计、施工等阶段工作实行承包。在一些大型公共项目,如体育馆、展览馆、候机楼等常采用这种总承包模式,这是因为上述公共项目对建筑设计要求特别高,而建筑方案设计又是专业性强的工作,需要有经验的建筑师负责,所以需要在方案设计确定后才进行总承包发包。

（4）DB4 总承包模式。是在业主确定初步设计方案后,或初步设计获得批准后,进行 DB 工程总承包的招标采购,中标的工程总承包商主要负责施工图的深化设计、施工等工作。该种类型虽然大大减轻了承包商在设计上的技术风险,但也降低了承包商设计优化的空间,从而限制了承包商的技术能力的发挥。

至于具体采用哪种 DB 总承包模式,这要视项目复杂程度、建设管理制度等因素而定。比如,一些简单的、工程造价低且容易确定工程投资、工期短、隐蔽工程少、地质条件不复杂的项目可以采用 DB1 总承包模式,但对于技术复杂、隐蔽工程多、地质条件复杂的大型工程项目就不适用了,其可能更适用 DB4 总承包模式。工程项目发包阶段和条件是由项目所在国建设管理制度规定的,一般要求项目立项后方能进行。比如,我国《政府投资条例》规定,政府投资项目的初步设计及其提出的投资概算获得投资主管部门或者其他有关部门的批准后才能进行下一阶段工作。因此,对于政府投资项目而言,应该是在初步设计审批完成后才能进行工程总承包的发包,也就是只能采用 DB3 和DB4 总承包模式;对于企业投资项目至少应当在可行性研究报告完成后发包,这也与我国的投资项目核准、备案制度有关。但由于在可行性研究阶段,发包人要求及项目实际情况并不十分明晰,无法确定工程价款及风险的可预见范围,容易导致履约争议,最终对工程建设造成不利影响,因此我国对可行性研究报告批复后进行工程总承包发包设置了比较严苛的条件。

1.2.3　与相关工程交易模式的比较分析

1.2.3.1　设计-招标-施工(DBB) 模式(传统建设模式)

我国现行的传统建设模式为设计-招标-施工(DBB) 模式,是 20 世纪 50 年代初期仿照苏联运行模式建立起来的,也是国际建筑行业中应用最早也最为广泛的一种建设模式。该模式是由业主委托建筑师和咨询工程师进行前期的各项有关工作(可行性研究等工作),待项目评估立项后再进行设计,在设计阶段编制施工招标文件,然后通过招标选择施工承包商。业主和承包商签订关于工程的施工合同,承包商与分包商和供应商可单独订立合同,将部分工程部位和设备、材料的采购承包给分包商和供应商组织实施。业主委托监理单位在项目实施阶段进行监督检查,监理单位与承包商不存在合同关系。另外,该模式根据专业明确分工,在工程项目实施中按设计—招标—建造的顺序依次进行,在一个阶段结束之后,才能开始另外一个阶段。

DBB 模式又可进一步细分为施工总承包(general contract,GC) 和分项直接发包两种模式。施工总承包模式和分项直接发包模式下参建各方关系分别见图 1-4 和图 1-5。

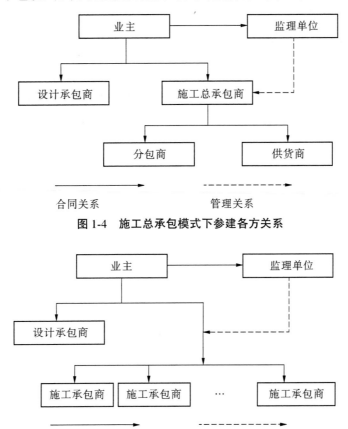

图 1-4 施工总承包模式下参建各方关系

图 1-5 分项直接发包模式下参建各方关系

1. DBB 模式的优点

(1)项目管理方法、程序及合同范本均已非常成熟,且项目管理人员已熟练掌握项目管理方法和程序,有利于项目过程的管理。

(2)根据工程项目的实际情况及复杂程度等,可择优选取设计单位和监理单位,实现对工程设计质量和施工质量的控制管理。

(3)施工招标投标前,施工图设计基本已完成,业主能提前了解和掌握项目建设总费用。

2. DBB 模式的缺点

(1)设计、采购、施工按顺序依次开展,各环节周期长,效率低,导致项目周期长、工期很难控制。

(2)设计、施工相互之间沟通协调难度大且效果差,容易出现设计变更现象;业主和监理参与度高且管理工作量大,管理费用较高。

(3)责任划分不明确,出现工程质量问题时设计、施工各方容易相互推卸责任。

（4）项目实施过程中，变更索赔情况较多，投资很难控制。

（5）设计人员缺乏经济和市场观念，过于保守，增加建造成本，容易造成资源浪费。

1.2.3.2 项目管理承包模式（PMC 模式）

项目管理承包（project management contract，PMC）模式就是由业主委托一家有相当实力的项目管理承包公司对项目进行全面的管理承包。由项目管理承包商代表业主对工程项目进行全过程、全方位的项目管理，包括进行工程的整体规划、项目定义、招标，选择承包商，并对设计、采购、施工过程进行全面管理。PMC 模式是建设单位（业主）的延伸，其代表业主从项目定义到项目结束进行全过程管理，在项目的建设目标和利益上与业主保持一致。

根据 PMC 承包商与业主约定的工作范围，通常 PMC 模式可分为以下三种类型：

一是代表业主对工程项目实施管理和控制，同时承担一些界外及公用设施的设计、采购和施工等工作。这种 PMC 模式对 PMC 承包商来说，风险较高，但相应的利润和回报也较高。

二是作为业主项目管理队伍的延伸，对 EPC 总承包项目实施全方面的管理而不直接承担 EPC 的任何工作。这种 PMC 模式下，PMC 承包商承担的风险和得到的回报都较第一类低。

三是作为业主的项目管理顾问，对项目进行监督、指导和检查，并将未完工作及时向业主汇报。这种 PMC 模式风险最低，几乎接近于零，但相应的回报也低。

在我国推行的 PMC 模式中，PMC 承包商依据工程初步设计报告界定的工程规模和功能，对工程从材料和设备采购、施工、完工验收、移交等全过程进行项目管理，为业主减轻管理、技术及协调压力。由 PMC 承包商进行招标，选择资质业绩均满足要求的施工承包商进行施工，并与之签订施工及采购合同，对工程投资进行包干控制。

1. PMC 模式的优点

（1）由项目管理承包商统一协调管理设计和施工，有利于提高工作效率。

（2）有利于设计优化，减少设计变更，工程投资控制好。

（3）业主仅需要保留部分的管理力量对关键问题进行决策，绝大部分项目管理工作都由项目管理承包商承担，减少了业主工作量。

2. PMC 模式的缺点

（1）在我国，暂时还没有统一指导项目管理承包（PMC）模式的规范性文件，项目管理承包商履行职责的法律环境尚不健全，与各参建单位职责混淆，存在职能交叉，容易产生互相推诿现象，比如实践中与监理单位之间的职责区分认知就存在歧义。

（2）业主与施工承包商之间无合同关系，业主参与工程的程度低，对工程施工控制难度大。

（3）雇佣项目管理承包商，增加了业主的管理成本。

1.2.3.3 EPC 总承包模式与传统 DBB 模式、PMC 模式的对比分析

根据前面的介绍，总结目前国内外应用较多的工程承包模式——EPC 总承包模式、DBB 模式和 PMC 模式之间的异同点，如表 1-2 所示。

表 1-2 EPC 总承包模式与 DBB 模式、PMC 模式的对比分析

序号	特征	DBB 模式	PMC 模式	EPC 模式
1	项目初期是否需要业主提出准确的项目要求	否	否	是
2	承包单位资质要求	各责任主体取得承包工作相应资质	工程咨询资质，部分要求有设计资质	设计、施工双资质
3	施工承包商进场的速度	慢	较快	快
4	责任的分散程度	中	小	有限
5	设计、采购、施工流程	按序进行	按序进行，部分存在交叉	交叉进行
6	设计、采购、施工沟通协调，各环节衔接	碎片式外部沟通方式，各环节机械地分离开来，容易脱节	内外部沟通流畅，各环节衔接可控	流畅式内部沟通方式，各环节衔接紧密
7	承包单位工作内容	传统、简单	工作量大	工作量大
8	承包单位承担风险	单环节风险	大部分风险	绝大部分风险
9	承包单位投资效益	低	较高	高
10	承包单位利润空间	形成利润方式少，利润较小	通过管理优化、资源配置、设计优化，降低成本，利润可观	设计、施工紧密结合，通过优化降低成本，形成超额利润
11	变更索赔情况	较多	较少	较少
12	业主参与项目管理程度、管理费用	参与度高，管理费用高	参与度适中，管理费用高	参与度低，管理费用低
13	项目成本	相对高	相对较高	相对低
14	工期控制	按序进行，各环节周期长，效率低，工期控制难	工期可控	交叉推进，效率高，工期控制好
15	质量控制	阶段性质量控制，各负其责	统一管理，统一负责	集成性质量控制，统一负责
16	设计情况	设计人员缺乏市场和经济观念，设计过于保守，增加建造成本，造成资源浪费	在设计、施工统一管理下，进行合理设计优化	设计阶段融入施工实际经验，采用新技术、新材料进行合理设计优化
17	设计理念的表达	受业主主观影响，不完全表达	受业主主观影响，不完全表达	完全表达
18	设计的龙头优势	被抑制	被抑制	充分发挥

1.3　工程总承包项目利益相关者分析

利益相关者理论(stakeholder theory)是 20 世纪 60 年代左右,主要针对公司治理中股东利益至上主义呈现出的弊端而提出的改进思想,并逐渐形成的一种新的外部控制型公司治理理论。之后,利益相关者理论也被应用于项目管理领域,美国项目管理学会(PMI)发布的《项目管理知识体系(PMBOK 体系)指南》(第七版)中,将利益相关者翻译为干系人,认为项目干系人是能影响项目、项目集或项目组合的决策、活动或成果的个人、群体或组织,以及会受或自认为会受它们的决策、活动或成果影响的个人、群体或组织,即项目干系人会积极地参与项目,并影响项目的决策和实施,或者其利益会因项目的实施或完成而受到积极或消极影响。

有效地识别、分析和理解项目利益相关者,对利益相关者优先级进行排序,并拥有与项目利益相关者有效合作的人际关系技能和领导力技能,是影响项目成功的重要方面。

1.3.1　工程总承包项目核心利益相关者类型

不同学者对利益相关者分类划分标准有所不同,弗里曼从利益关系和权力两个维度进行分类,米切尔从影响力、合法性和迫切性三个维度进行划分,也有学者根据影响程度和支持程度两个维度进行划分。根据影响力、权力和利益等维度划分项目利益相关者更为常见。为更加直接地识别项目利益相关者,围绕着项目,是否存在契约关系而将项目利益相关者划分为主要利益相关者和次要利益相关者。主要利益相关者,又称核心利益相关者,指那些与项目有合法的契约合同关系的团体或个人,如业主方、承包方、设计方、供货方、监理方等;次要利益相关者,指那些与项目有隐性契约但并未正式参与到项目的交易中,受项目影响或能够影响项目的团体或个人,如政府、环保部门、社会公众等。

项目与利益相关者结成了关系网络,各相关方在其中相互作用、相互影响,交换信息、资源和成果。工程总承包项目作为多方利益的综合体,交汇渗透了各方利益的诉求,这些利益诉求由于各自的独立性,必然存在着各种利益的冲突与合作。根据工程总承包项目特征和利益相关者网络关系分析,工程总承包项目核心利益相关者分为单一工程总承包商和设计施工联合体两种情形。

1.3.1.1　**核心利益相关者为单一工程总承包商**

在世界各国实践中,单一工程总承包商可由以施工为主营业务的工程公司(施工单位)承担,也可由设计企业(单位)承担。

(1)施工单位为 EPC 工程总承包商。施工单位作为工程项目的总承包商,与业主直接签订 EPC 总承包合同,主导工程项目的设计、采购、施工全过程管理。在工程建设管理过程中,施工单位可以自己完成设计工作,但是,一般的施工单位并不具备独立完成工程项目设计的能力,这就需要施工单位通过招标投标的方式选择合适的设计单位来承担该项目的设计任务。在施工管理方面,承包商可根据项目的实际情况自己完成工程项目的施工工作,也可以再进行施工分包,由施工分包单位来完成部分施工工作。设计和施工分包商由总承包商统一管理,不与业主签订工程合同。以施工单位为工程总承包商的主要合同关系示意图见图 1-6。

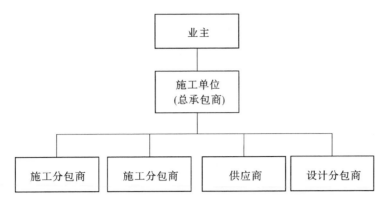

图 1-6　以施工单位为工程总承包商的主要合同关系示意图

在以施工单位为主体的 EPC 总承包模式下,项目的核心利益相关者为施工单位,施工单位在施工管理过程中需要具备较高的专业技术能力,提前选择合适的分包商完成分包工作,这样做不但可以降低工程总承包风险,还能增强总承包商的核心竞争力。

(2)设计单位为 EPC 工程总承包商。设计单位作为工程项目的总承包商,与业主直接签订 EPC 总承包合同,主导工程项目的设计、采购、施工全过程管理。在工程建设管理过程中,由于设计单位的局限性,总承包商需要通过招标等采购方式聘请施工单位作为分包商来完成工程的施工建设,由总承包商统一管理,分包商不与业主签订工程合同,施工任务分包方式又分为两种类型:一是将全部的工程项目全部分包给一个施工总承包单位进行施工;二是将全部的工程项目拆分成若干个小标段后再进行分包,各分包商由总承包商统一管理。

以设计单位为总承包商的主要合同关系示意图见图 1-7。

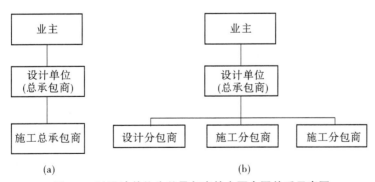

图 1-7　以设计单位为总承包商的主要合同关系示意图

1.3.1.2　核心利益相关者为设计施工联合体

设计单位与施工单位以联合体的形式组成工程总承包商进行工程投标,这样总承包商就同时拥有设计和施工的资质和技术水平,联合体总承包商直接与业主签订总承包合同,联合体承担全部工程项目的管理职责。在工程管理过程中,联合体首先需要在内部达成一致,双方人员协商各自所需要承担的工作和责任,分别派出代表与业主进行项目沟通。以设计施工联合体为总承包商的主要合同关系示意图见图1-8。

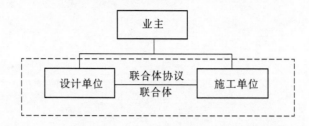

图1-8　以设计施工联合体为总承包商的主要合同关系示意图

设计单位和施工单位组成的联合体又分为两种形式:一种是以设计单位为牵头人的设计施工联合体;另一种是以施工单位为牵头人的设计施工联合体。《中华人民共和国标准设计施工总承包招标文件(2012年版)》对联合体牵头人做出了定义:联合体牵头人或联合体授权的代表负责与发包人和监理人联系,并接受指示,负责组织联合体各成员全面履行合同。

采用联合体形式的工程总承包实际上并不是一个单一的责任主体,而是各参与方职责的整合,牵头人在此基础上增加管理和协调的职责。如果设计方作为联合体的牵头人,则负有勘察设计和项目管理、组织、协调的职责;如果施工方作为联合体的牵头人,设计方为合作单位,则大部分等同于设计分包商,仅负设计职责,更像是平行发包模式。

1.3.2　单一工程总包商的利益诉求与行为

1.3.2.1　施工单位作为总承包商的利益诉求与行为

利益是企业永恒的追求。企业利益的核心所在是经济利润,但现实中利益的具体表现形式各异。常见的利益分类有以下几种:

(1)直接利益与间接利益。直接利益常指直接的财务效益,并由企业自身所享有;间接利益一般指不为企业自身所享有的外部效益,包括经济、社会、环境、生态等效益。间接利益虽然由外部主体所享有,但随着人类生存环境的恶化,企业承担环境和社会责任也是时代所趋。不能良好地履行环境和社会责任的企业可能会被社会公众所抛弃,拒绝购买其产品和服务,而能够良好履行环境和社会责任的企业可能会受到社会公众的追捧。

(2)短期利益和长期利益。顾名思义,短期利益就是可在短时间内获取的经济利益,而长期利益是未来较长一段时间后方能获取的经济利益。

如前所述,作为单一总承包商的施工单位,根据自身实际资源条件,可以自己做施工部分,设计再招标分包商实施;也可以通过招标选择施工和设计分包商,分包出去的任务往往是自身不具备专业优势的,或者是利润率比较低的。作为总承包商的施工单位追求总承包成本最低、施工利润最大化,对于分包商的选择可能会出现两个极端:一种情形是报价至上者,即按照合理低价法选择分包商,谁报价低就选择谁,不太关注分包商的技术能力。在这种情况下,也会对设计管理工作认识不足;在项目管理的过程中,往往把设计管理的事当作设计单位或设计人员的事,整体缺乏设计管理的意识。这样的管理往往容易因为项目设计时很少考虑到施工条件和采购等的需求,或者是设计各专业的配合不紧密,从而导致大量的不必要的设计修改、施工变更等,严重影响了工程的进度,增加工程成本,拖延了项目工期,降低了工程质量。另一种情形是认识到设计对总承包项目成本的影响,非常重视对设计的管理,深入研究设计、施工的内在关系及规律等,做好工期、资源、成本的组合优化工作。此时,在设计分包商选择中,尽量选择资质过硬、实力强、水平高的设计单位,减少自身设计管理的难度。如果作为单一工程总承包商的施工单位具备自行设计的能力,那么就会自己组建实力雄厚的设计团队,或必要时委托经验丰富、实力强的咨询机构提供设计咨询服务。

项目业主对设计的期望主要是技术方案投资最省、技术最优、运行最省且便利,同时建设工期可控。如果项目业主对设计的期望会损害工程总承包商的利益,即项目业主与作为总承包商的施工单位利益诉求可能不完全一致,此时拥有信息优势的施工单位可能会采取投机行为,尽可能采用使自己利益最大化的设计方案。尤其是在设计优化所带来的造价降低的好处,由于制度限制或合同约定,工程总承包商无法进行利益分成时,其行为取向就会与项目业主的期望背离。

1.3.2.2　设计单位作为总承包商的利益诉求与行为

设计决定整个项目的技术方案、质量标准、运行效果等。研究表明,设计对工程造价的影响达到 70% ~ 75%,对工程质量影响也是根本性的。因此,在国际工程总承包项目实践中,设计单位作为总承包商是主流。《住房城乡建设部关于进一步推进工程总承包发展的若干意见》(建市〔2016〕93 号)中明确表明,工程总承包企业可以在其资质证书许可的工程项目范围内自行实施设计和施工。根据中国勘察设计协会 2022 年统计,2021 年工程总承包额排名前 5 家国内工程总承包企业中,有 3 家为设计企业,2 家为工程公司(施工企业)。

设计单位作为总承包商,追求的必然也是经济利润,其优势就在于设计管理。设计方案是采购、施工、试运行等工作的依据,设计单位擅长设计优化,能够提出满足要求和目标的成本最优方案,发挥自身主观能动性,能够根据采购、施工等任务的要求和条件随时调整方案,尽量减少后续采购、施工等工作变更的可能性,控制成本,明晰收益和责任关系。同时,设计单位具有雄厚的技术力量、专业的人才储备、丰富的设计经验,可以率先将改进的工程设计和先进的技术创新运用到工程项目中来,为工程项目的质量提供有力的保障,大大缩短项目工期。

设计单位总承包商通过招标投标选择资质满足要求的施工分包商和采购供应商,但是其往往缺少项目管理经验丰富、总揽项目全局的复合型人才,对施工过程和采购各环节的管理缺少经验,容易导致施工和采购的脱节,施工各环节的管理控制力弱。设计单位总承包商为了追求工程保质保量、按期完工,实现项目的各种目标,控制项目建设成本,实现超额利润,所以要十分重视施工管理和采购管理工作。一般做法有:一是自己组建项目管理团队,招聘项目管理经验或施工经验丰富的技术人才,做好对分包商的管理;二是招标实力强、施工经验丰富、信誉度高的施工分包商和供应商,依托分包商自身的管理加上自身的监管,实现项目的建设目标。

设计单位总承包商与设备及施工分包商之间矛盾体现在:一是当设计提供的方案导致施工困难较大,增加分包商成本并影响进度时,分包商通过总承包项目部要求设计变更方案;二是当设计需要设备及施工分包商提供资料支持推动批复,分包商不能及时提供满足要求的支持。

1.3.3　设计施工联合体的利益冲突与合作

大型复杂的工程项目,对资金和技术要求比较高,仅靠一家投标人的实力不能顺利完成,鼓励联合几家企业共同完成,互相取长补短,从而形成了联合体理论。设计施工联合体总承包项目以联合体协议的方式将各相关方整合为一个利益整体,共同为推进项目的成功建设而服务。在总承包项目实施中,联合体各方根据自身专业技术优势,各自承担设计、施工任务,共同协作完成总承包项目。

由于 EPC 总承包项目往往采用固定总价的方式,即在项目实施过程中,业主支付的工程总价是固定不变的,这意味着设计施工联合体外部收益是既定的,因此存在利益分配问题。在设计施工联合体内部,各成员单位均期望自身的利益最大化。由于我国对设计费采用政府指导价的模式管理,对于多数工程来说,设计费固定不变,那么设计单位就希望尽量减少过程中的变更,以减少自身的工作量。而对于施工单位,期望在满足国家规范和强制性条文的前提下,合理地减少施工工作量,从而引发图纸变更等问题。设计施工双方就此会产生相互博弈和利益冲突。

如果总承包项目合同中存在优化收益分成机制或项目增值分成机制,设计施工联合体可能评估成本收益,在有利可图的情形下,可能会做出有利于项目增值的行为,比如方案优化、精心组织和技术创新等。但这种项目增值行为还进一步依赖于设计施工联合体内部分成机制的合理性,换言之,如果项目增值内部分配缺乏合理性,即使有项目业主与总承包商之间的增值分成机制,设计施工联合体也难以出现合力,共同为项目增值而付出努力。但不可否认的是,无论是设计方牵头还是施工方牵头的联合体,要想创造超额利润,就需要设计和施工双方的精诚合作,确保设计和施工的深度交融,保证工程能按期或提前保质保量完工,努力做好设计优化工作,落实限额设计理念,节省工程建造成本。

由此可见,建立和签署合理的联合体协议是保证设计施工联合体顺利实施的前提;建立合理的总承包项目增值分成机制或合同奖励与惩戒制度是联合体顺利完成项目目标的保证。

1.4　工程总承包管理体系框架与精细化管理

1.4.1　工程总承包管理体系框架

1.4.1.1　工程总承包管理体系的内涵

体系,英文翻译为 system,可译为系统之意,指若干有关事物或某些意识相互联系的系统而构成的一个有特定功能的有机整体,乃不同系统组成的系统。

工程总承包管理体系是指工程总承包商依据总承包项目管理方针和项目管理目标，以总承包商组织文化为基础，在开展工程总承包业务的设计阶段、采购阶段、施工阶段、试运行阶段的全过程中，引入精细化管理理念，通过各种管理手段实现项目目标的体系集合，它是由具备各种管理功能的子体系构成的整体系统。

工程总承包管理体系应包括的含义有：一是实现总承包商的项目管理目标；二是实施精细化管理；三是实现总承包商项目全过程的集成管理；四是充分应用现代工程项目管理的知识来进行项目管理。

工程总承包管理体系具体包括设计、施工、采购、试运行各阶段的组织体系、制度体系、流程体系、信息管理体系和绩效评价体系。

1.4.1.2　工程总承包管理体系框架构建

1. 霍尔三维结构理论

霍尔于 1969 年提出了一种处理系统工程问题的一般方法，称为霍尔模型。它用时间维、逻辑维、知识维三维空间描述复杂系统分析与设计中在不同阶段时所采用的步骤和所涉及的知识。霍尔三维结构体系见图 1-9。

图 1-9　霍尔三维结构体系

（1）时间维。表示系统工程活动从规划阶段到更新阶段按时间排列的顺序，可分为七个工作阶段，即系统工程活动的规划阶段、拟订方案阶段、系统研制阶段、生产阶段、装配阶段、运行阶段和更新阶段。

（2）逻辑维。是对每一工作阶段，在使用系统工程方法来思考和解决问题时的思维过程，可分为七个步骤，即明确问题、系统指标设计、系统方案整合、系统分析、方案选择、方案决定和实施计划。

（3）知识维。是指为完成上述各阶段、各步骤所需要的知识和各种专业技术。

2. 基于霍尔三维结构的工程总承包管理体系框架构建

工程总承包管理体系是一个复杂系统，本书将霍尔模型应用于其理论框架结构分析。

（1）时间维。将霍尔模型应用到工程总承包商管理体系中，可以将总承包项目的全生命周期过程用霍尔结构体系中的时间维表示。工程总承包模式下的时间范围可分为五个工作阶段，即总承包项目的策划、设计、采购、施工和试运行阶段，各阶段通过充分的信息交流，实现深度合理的有序交叉，集成为一个有机整体。

（2）逻辑维。将工程总承包管理体系的内容用霍尔结构体系中的逻辑维表示，可分为五个方面的内容，即总承包商管理的组织体系、制度体系、流程体系、信息管理系统、绩效评价体系。

（3）知识维。将工程总承包商项目管理知识体系用霍尔结构体系中的知识维表示，具体包括总承包项目的集成管理、范围管理、成本管理、质量安全管理、进度管理、采购管理、风险管理、沟通及信息管理、资源管理等。

由此，基于霍尔三维结构的工程总承包管理体系见图 1-10。

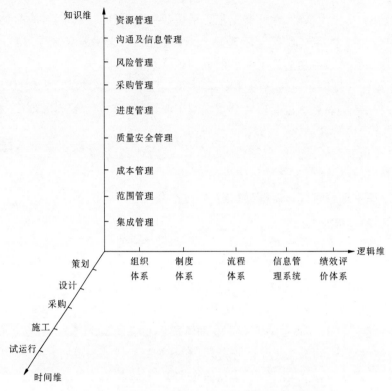

图 1-10　基于霍尔三维结构的工程总承包管理体系

【案例】　中水珠江规划勘测设计有限公司总承包管理制度体系

中水珠江规划勘测设计有限公司总承包业务经过 10 多年的发展,取得了长足的进步。中水珠江公司通过内部资料收集,根据国家关于总承包项目建设的相关规程、规范和公司未来总承包业务发展思路,结合行业先进经验,对公司总承包项目管理体系架构进行设计,最终以制度的形式对总承包项目管理体系进行系统规范,形成包括流程、管理手册、操作表单在内的制度体系文件。主要成果包括:

(1)《中水珠江规划勘测设计有限公司 工程总承包管理分手册》,是中水珠江公司工程总承包质量、环境和职业健康安全及水安全管理活动的纲领性、法规性文件。

(2)《中水珠江规划勘测设计有限公司 工程总承包过程控制程序》,包含了总承包项目工程质量、职业健康安全、环境生态保护等各方面的管理要求,明确了公司领导层(总经理、项目分管领导、分管总工程师)、公司二级部门(经营、生产管理、相关勘察设计部门、总承包事业部、财务等)、项目经理的职责,建立了总承包项目管理流程图,编制规定了项目启动、项目策划、项目采购、项目实施(设计、施工、试运行阶段、进度、质量、费用、职业健康安全和环境保护管理等)、项目验收等的工作程序,详细制定了商务合同、项目启动及策划、设计管理、采购管理、施工管理、办公文件等的记录文件格式,编写提纲。

(3)《中水珠江规划勘测设计有限公司 总承包项目总体计划编制规定》,用以明确项目的管理目标、实施计划、组织机构职责分工、资源配置计划、风险管理等;确保总承包项目设计、采购、施工等各环节工作有序开展,产品满足顾客和法律法规要求。

(4)《中水珠江设计公司外委管理办法》,用于规范中水珠江公司的外委活动,包括总承包项目的分包采购,保护和外委活动当事人的合法权益,保证项目质量,提高经济效益,防止滋生腐败。

(5)《总承包项目管理制度》,基本形成了一整套包括工程总承包项目的管理实施规划、安全管理、质量控制、进度控制、合同管理、设计管理、风险管理、项目档案管理等制度文件,用于指导总承包项目建设活动。

1.4.2 精细化管理

1.4.2.1 精细化管理理论发展沿革

精细化管理是科学管理发展到现代的一个分支,它作为现代管理学的重要组成部分,一直在不断发展。在精细化管理理论相关研究中,国外最具代表性的两个理论分别是弗雷德里克·温斯洛·泰罗(Frederick Winslow Taylor,1856—1915)的"科学管理原理"和日本丰田公司著名的"丰田模式"相关理论。"科学管理原理"开启了精细化管理研究的篇章,"科学管理原理"更是现代精细化管理理论的基础;"丰田模式"相关理论标志着精细化管理理论研究的成熟,"丰田模式"已成为现代工业企业科学化、规范化、精细化管理的典范。"丰田模式"相关理论已经形成包括经营理念、生产组织、物流控制、质量管理、成本控制、库存管理、现场管理和现场改善等在内的较为完整的生产管理技术与方法体系。

美国学者詹姆斯·沃麦克和丹尼尔·琼斯在对比分析美国、日本汽车制造企业的基础上,于1992年出版了著作《改变世界的机器》。在该书中首次将"丰田模式"定名为精益生产(lean production),并对其管理思想的特点与内涵进行了详细的描述;1996年,又在《精益思想》一书中从理论的高度归纳了精益生产中所包含的新的管理思维,指出精益方式不仅适用于制造业,还适用于其他领域,尤其是第三产业,同时把精益生产方法外延到企业活动的各个方面,如研发活动、管理等,不再局限于生产领域。

精益管理的核心思想可概括为消除浪费、创造价值和快速响应客户需求等,主要有五项基本原则,具体为:顾客确定价值(customer value)、识别价值流(value stream mapping)、价值流动(value flow)、拉动(pulling)、尽善尽美(perfection)。

1.4.2.2 精细化管理的内涵和特点

在国内,人们习惯上将"lean management"翻译为精细化管理,认为精细化管理就是通过对行为不断追求精与细的努力,以实现最优管理目标的过程,该过程使管理活动达到最佳效果。这种最佳效果或表现为管理效率的提升,或表现为管理浪费的减少等。"精"是指精确、精干、精益求精,是管理的关键环节;"细"是仔细、细节,是关键环节的主要控制点。

通过上述概念,可以看出精细化管理是一种管理理念,是一种管理方法和管理工程,主要特点包括细化、量化、流程化、标准化、协同化、严格化。

(1)细化。是精细化管理的前提,项目管理工作烦琐、复杂,安全、质量、合同、进度等各个方面都应建立起与之相对应的管理制度。

(2)量化。"精细化管理"模式下,项目管理与定量分析密不可分,尤其是现场管理方面,更要注重分析、总结工作中出现的各类问题,预判未来发展趋势。同时,要对已经细化的业务进行量化考核和管理。

(3)流程化。流程化管理是将任务或工作事项,沿纵向细分为若干个前后相连的工序单元,将作业过程细化为工序流程,然后进行分析、简化、改进、整合、优化。

(4)标准化。是管理规范化的必要条件,体现着严格的组织纪律性,是由人治管理走向法治管理的必要过程。标准化主要有三层意思:一是管理工作要求有标准;二是工作流程、方案等要格式化、规则化;三是企业组织出台的政策、规章制度或项目的管理制度等要统一化,待人待事要一视同仁。

标准化与精细化是相辅相成的,标准化是精细化的前提,精细化是标准化的必然结果。

(5)协同化。协同化管理要求各个执行者,不仅要做好自己承接的工作单元,做好自己分内的工作,还要主动与其他工作单元衔接配合。总承包项目建设过程中复杂烦琐,各个单位和部门间必须紧密配合、互相支持才能保证项目的最终成果满足业主的要求。

(6)严格化。精细化管理要特别强调执行,总承包企业日常运作过程中应注重职工执行力的培养与强化,这是总承包项目精细化管理是否能顺利实施的保证。

1.4.2.3　总承包项目精细化管理实现路径

根据总承包项目特点,其精细化管理实现路径主要包含四方面的内容,分别是精细化管理施工现场、精细化管理设计采购、精细化管理实现和支持管理活动。首先,精细化管理施工现场是指总承包项目施工现场,这是价值创造的重要环节,因此精细化管理必须立足现场,且必须保证基层员工和班组长参与,从而解决现场和工作标准的问题。其次,精细化管理设计采购是指总承包项目设计采购过程。再次,精细化管理实现是指总承包项目功能实现的过程,要通过精细化管理达到优化管理流程、提升工程质量、提高工作效率等目的。最后,支持管理活动是指组织通过设计相关机制,支持精细化管理活动的开展,激发全员改善动机,推动员工互相督促、相互学习,营造一个良好的氛围,从而推动精细化管理的推行。

总承包项目精细化管理体系还蕴含了以下三项重要原则:

第一,取消非增值环节。该原则是指对管理流程做出优化,即保留有价值环节、取消无价值环节、合并能合并的环节等。

第二,全员参与。该原则是精细化目标实现的重要手段,但需注意的是,必须要设计相关制度和流程引导总承包项目部各个职能、各个层级的员工各司其职。

第三,利益相关者共赢。精细化管理推行过程中基层员工、管理者、相关合作单位等都是利益相关者,让所有利益相关者参与到精细化管理过程中,形成利益同向的共同体至关重要。

上述总承包项目精细化管理实现路径的四部分内容及其蕴含的三项重要原则相互协作、互相配合,从而形成了一个能促进精细化管理良好运行的管理矩阵,如图 1-11 所示。

1.4.2.4　总承包项目精细化管理的推进体系

根据精细化管理的内涵,可以将其定义为按照"自上而下与自下而上"相结合的原则,从一线员工、基层管理者、中层管理者、高层管理者四个层面,有条理、有顺序、有目标

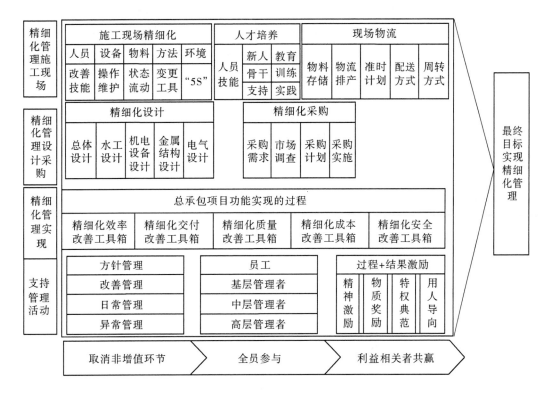

图 1-11 总承包项目精细化管理体系实现路径

地制定推动策略与机制,搭建全员参与平台,引导全体成员利用精细化管理方法和工具,最大限度地减少管理所占用的资源并降低管理成本,从而推动组织持续进行改善和标准化的一种管理创新方式。

精细化管理最大的特点就是全员参与,也就是说,在精细化管理推进的过程中,需要项目组织中所有人员参与并积极进行改善。所谓所有人员,是指项目组织中包含一线员工、基层管理者、中层管理者、高层管理者的各个层级,以及包含员工、班组、职能部门、推进部门的各个职能部门中的全体人员。不难看出,人是精细化管理推进体系的核心,要以人为本,最大限度地调动各个层级、各个职能部门人员参与的积极性,是保证精细化管理成功推进的前提。

此外,精细化管理具有复杂的管理推进体系。从精细化管理产生的根源出发,可以认为其包含精细化管理目标、管理技术和管理思想三个方面。其中,管理思想是基础,管理技术是支持,管理目标是最终目的。从精细化管理结构设计出发,可以认为其包含精细化高度、精细化宽度、精细化深度及精细化跨度四个层面。其中,精细化高度是指结构设计要体现出战略高度,即要高于其他管理部门;精细化宽度是指要涉及各个领域,从"点"到"体"逐步改善;精细化深度是指要体现出纵向渗透,从一线员工到高层管理者都要参与其中;精细化跨度是指时间跨度,即要定期制订计划、进行总结、做出反馈并进行改进。

根据上述内容,可以得出"点-线-面-体"的精细化管理推进体系如图 1-12 所示。

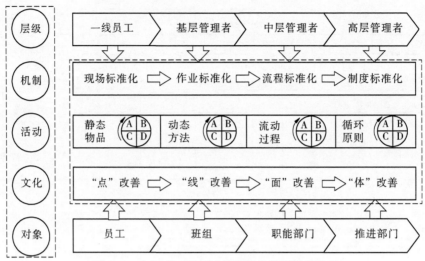

图1-12　"点-线-面-体"的精细化管理推进体系

1.4.2.5　总承包项目精细化管理的必要性

(1)行业发展趋势要求精细化。在我国,工程建设领域曾经是粗放型管理的典型,但随着工程建设行业竞争激烈程度加剧,工程建设技术的进步,以及工程复杂程度和工程建设环境不确定性的增加,粗放型管理已无法适应当前工程建设形势的发展,工程承包企业要想得到更好的发展,就必须吸收最新管理理念、方法,进行管理变革。"总承包模式+精细化管理"代表了国内外工程建设的主流趋势,统计数据表明"设计-施工"总承包已成为越来越多水利工程建设项目的首选建设模式;而"精益建造"也是国内外承包商获得承包项目价值增值的重要发展趋势。无论是设计,还是施工现场,都存在大量优化改善空间,从而消除浪费,创造价值。

(2)有助于工程质量控制,减少工程安全事故。总承包项目实行精细化管理,资源更趋于优化配置,对工程质量管理各环节能做到细致化管理控制,这都有利于工程质量的提升。精细化管理要求系统的管理链条更短,过程控制更精细,环节交接更流畅,影响反应更迅速,尤其要对现场安全隐患做出更快的反应,将隐患消灭在萌芽状态,从根本上提高安全管理水平。

(3)有助于提升管理水平,提高经济效益。精细化管理要求企业树立新的管理理念,会对员工的思维和行动造成良性影响,提高项目管理成效,管理水平的提高意味着经济成本的降低,精细化管理有助于更好地控制成本。

1.5　本书主要内容

本书站在设计企业作为总承包商的视角,遵循精细化管理理念,以时间维为主线,即从总承包项目市场承揽任务开始到项目交付,划分为营销与投标策划、设计管理、采购与分包管理、施工管理、收尾管理若干阶段介绍其管理思路、内容、方法,每一阶段管理内容介绍中融入知识维度的理论方法与工具,同时较为详细地介绍了逻辑维度的组织体系设计。鉴于目前我国设计企业为轻资产企业,风险承受能力较低,而总承包项目风险几乎都转移给了总承包商,如何做好总承包商风险管控,关系到设计企业生存与发展,因此将总承包项目风险管控单列一章论述。此外,总承包模式在我国总体上属于新兴模式,设计企业总承包业务也是新兴业务,在现有政策环境和企业条件下,设计企业总承包业务发展必然存在一些值得思考和总结的问题,本书对此也单列一章进行了初步探讨。由此,整本书共分为10章,各章节主要内容为:

(1)第1章主要介绍水利工程的概念、类型及主要特征,我国水利工程建设未来发展趋势;工程总承包的概念、特征,以及总承包模式的主要运作方式,并对总承包模式和相关工程交易模式进行了对比分析,总结了不同承发包模式特点;对工程总承包利益相关者进行了分析,探讨了单一工程总承包商的利益诉求与做法、设计施工联合体的利益诉求与合作;通过对工程总承包管理体系和精细化管理的内涵概述、管理体系和推进体系的阐述,提出工程总承包精细化管理的必要性。

(2)第2章在分析水利工程总承包服务特点的基础上,运用 CRIP 营销模型提出了水利工程总承包市场营销策略;提出了"市场竞争地位-市场容量"水利工程总承包市场细分二维模型和目标市场选择影响因素,以中水珠江规划勘测设计有限公司为例,分析其目标市场选择策略;继而分析工程总承包项目筛选原则、流程和影响因素;针对总承包项目的投标环节,着重介绍了招标文件分析要点和答疑技巧,同时对投标策划内容、联合体伙伴选择和分包策划、报价策划、投标风险分析及应对策划内容和要点进行了介绍。

(3)第3章在阐述组织设计理论及组织设计影响因素的基础上,基于项目治理理念,考虑到企业总承包业务管理架构对总承包项目有重要影响,首先介绍常见水利工程设计企业总承包业务管理组织架构,以及优化企业总承包管理组织架构的注意要点;然后聚焦于联合体组织的设计问题,讨论联合体协议编制要点、不同联合体组织结构特点,以及联合体模式下面临的管理问题。

(4)第4章首先阐述总承包项目设计管理原则、流程、内容和管控重点,随后着重介绍设计方案比选方法、优化重点和设计变更管理。设计对采购、施工影响深远,反过来,采购和施工对设计也有重要影响,设计接口管理必不可少,遵循设计管理一般原则和设计、采购、施工之间内在的技术联系,提出设计与采购、设计与施工接口管理的重要内容。

(5)第5章首先介绍总承包项目采购管理的一般内容和设计牵头单位采购管理关键环节;然后,从设备采购计划编制与审核、合同管理要点和设备供应商选择三方面讨论设备采购管理问题;再者,针对设计分包问题,讨论设计分包策划、设计分包商选择及合同订立和分包合同管理要点;最后,由于材料采购流程、方法、合同订立等与设备采购管理有较多类似的地方,因此第5章着重分析阐述材料接口管理的内容和措施。

(6)施工管理是总承包项目管理的重要阶段,也是减少浪费、节约成本的重要环节,直接关系总承包项目的质量安全和进度。第6章结合现行制度规定,运用质量管理、安全管理和成本管理等理论和方法,遵循"精益建造"理念,较详细地讨论了施工质量、安全、成本管理的主要内容、流程和方法,最后按照国内现行相关合同文本,介绍了施工合同管理的关键内容。

(7)良好的收尾管理对总承包项目的完美收官有着直接影响。对于总承包商而言,收尾阶段最重要的管理工作不外乎竣工验收、竣工结算和工程款的最终结清。项目文件与档案管理虽然贯穿于总承包项目全过程，但档案验收作为专项验收之一，是收尾管理工作之一，因此本书将文件归档与档案管理纳入收尾管理章节。同样，信息管理也贯穿于总承包项目全过程，而随着信息技术在工程建设领域应用日趋普遍，第 7 章初步介绍了项目管理系统常见的架构。

（8）第 8 章讲述了总承包项目风险的概念、分类和特征；依据项目风险管理的步骤，进行总承包项目风险因素识别，重点论述了常见总承包项目风险识别方法，得出项目风险清单；对识别出的项目风险因素进行分析与评估，得出影响项目各目标的主要风险因素；针对总承包项目面临的潜在的主要风险因素，做出相应的风险应对策略和措施，争取规避风险或降低风险的影响程度。通过本章的论述与分析，给出水利工程总承包项目风险管理的思路和常见方法，为项目做好风险管理计划提供理论依据，尽最大可能地规避、降低风险或减小损失，确保项目建设目标的顺利实现。

（9）第 9 章选取典型总承包项目进行案例分析，总结成效与经验。

（10）第 10 章在回顾我国工程总承包发展历程的基础上，总结分析了其中存在的问题及其可能的原因，进而从政府、发包方、承包方三方视角系统提出了进一步发展水利工程总承包建议。

第 2 章　水利工程总承包项目营销与投标策划

本章从分析工程总承包服务特点出发,基于市场营销经典理论,阐述了水利工程总承包市场营销及策略,并以某开展总承包业务的设计牵头企业为例,介绍了其目标市场选择和总承包项目筛选的思路和方法。在确定拟投标项目的基础上,着重阐述了招标文件分析、答疑要点,以及投标策划的主要内容和技巧。

2.1　水利工程总承包市场营销及策略

市场营销(marketing)是组织为了自身及利益相关者的利益而创造、沟通、传播和传递客户价值,为顾客、客户、合作伙伴及整个社会带来经济价值的活动、过程和体系。由于建设项目的特殊性,水利工程总承包市场营销及策略与一般制造业有所差异,有其自身特点。

2.1.1　工程总承包服务特点

由于建设项目的一次性、单件性及生产不可逆的特点,建设项目的生产与交易交织在一起,这与一般制造业产品先生产后交易及批量化生产的特点具有很大差异。工程总承包不同于仅仅"按图施工"的施工总承包,而是对建设项目的决策、设计、采购、施工和试运行的全过程或若干阶段的承包,也就是说工程总承包模式下,总承包商不仅仅是向业主(或建设单位)提供"工程产品",而且还提供一些无形的活动或利益,比如决策咨询、设计、项目管理等,从某种程度上讲,这种无形活动对"工程产品"的质量影响更为深远,因此工程总承包更倾向属于专业服务的范畴。总的来看,工程总承包服务具有以下特点:

(1)无形与有形兼具性。如前所述,工程总承包服务是以智力活动为中心的,其中工程设计和项目管理等具有明显的无形性,设备材料的采购、现场的施工安装等工作具有一些可见性,尤其是施工过程中的"中间产品"和"最终产品"皆具有有形性。因此,工程总承包服务既具备一定的无形性,又具备一定的有形性。

(2)不可分割性。与有形商品先生产后消费不同,工程总承包服务的产生和消费是同时进行的,并且与服务提供者无法分离,提供者和客户相互作用是服务营销的一个特征。因此,业主(或建设单位)不仅从最终"工程产品"角度,而且还从专业能力、沟通能力和技巧、管理能力,甚至于服务提供过程的工作质量、"中间产品"质量、工艺质量等角度对工程总承包服务整体质量进行评价。

(3)可变性。一方面,"工程产品"的生产过程受到自然、经济、社会、文化、技术等诸多因素的影响,由于建设周期长,不同因素的不确定性大;另一方面,服务本身取决于由谁来提供及在何时和何地提供,即使是同一个总承包商,但由于服务团队(项目团队)不同,其提供的服务也有可能是不同的,所以服务具有极大的可变性。

(4)易消失性。正是服务的产生和消费同时进行,工程总承包服务无法像有形商品一样被储存起来,留待后用,再加上建设项目的"定制"特征,当需求不稳定时,工程总承包服务就具有易消失性。

(5)独特性。建设项目的"定制"特征决定了不同业主(或建设单位)的满意标准不可能完全相同,有时候为业主(或建设单位)的"燃眉之急"或困惑,如方案优化、融资或建设进度问题提供了切实可行的操作方案,客户的满意程度就会很高,因此工程总承包服务具有独特性,这决定了工程总承包服务过程就是营销过程。

2.1.2　工程总承包市场营销目的与原则

2.1.2.1　市场营销目的

工程总承包企业是项目驱动型企业,因此市场营销的最终目的是有助于获取总承包项目,但根据企业战略不同,市场营销目的的具体表现又有所不同。

(1)既有市场中获得项目。工程总承包市场有行业和区域之分,基于资源禀赋的差异性,不同工程总承包企业在不同细分市场中的竞争优势也有所不同,比如中水珠江规划勘测设计有限公司前身是珠江水利委员会的下属事业单位,承担珠江流域综合规划等工作,拥有极为丰富的珠江流域水文水资源相关资料,且与珠江流域的地方政府或水行政主管部门有着良好的关系,因此在这些区域的水利建设市场中有着先发优势,在这些市场中获得新的水利总承包项目是其市场营销的首要目标。

(2)开发新兴市场。是企业发展到一定阶段必然要走的路径,工程总承包企业也不例外。新市场可以是传统水利行业以外的需要类似资源禀赋的总承包市场,如水环境治理、可再生清洁能源等领域的总承包市场;也可以是其他区域的水利总承包市场,比如走出华南区域,开发华东、西南、西北等区域的水利总承包市场。

(3)建立合作关系。竞争与合作,是当前市场主流。随着建筑供应链思想的发展,以总承包商为核心的供应链如何提高合作价值,是总承包企业追求的目标,而这需要供应链企业有共同的价值认知和良好的合作关系,尤其在投资规模巨大、风险高的总承包项目中更为重要。此外,随着我国政府投资项目建设管理体制改革,常设项目业主,如重点工程建设管理局、代建中心等情形日益多见,与政府主管部门、业主(或建设单位)建立良好合作关系十分必要。

(4)提高企业知名度。正向提高企业知名度,扩大企业在行业内的影响力,塑造品牌形象,将会有助于提高市场竞争力,进而扩大市场占有率,这在很大程度上需要良好的市场营销策略。

2.1.2.2　市场营销原则

(1)以法为凭原则。市场经济就是法治经济,正所谓"无规矩不成方圆",各企业只有依法进行各种营销活动,其正当权益才能受到法律保护,否则就会受到法律惩戒。

(2)诚实守信原则。诚实守信是道德层面的要求,是市场经济中企业经商道德的最重要的品德标准,因此也是总承包市场营销的至上律条。

(3)统筹协调原则。首先是短期利益与长期利益的协调,不能过分追求短期利益,而牺牲自身的长期利益和业主或用户的利益;其次是要统筹安排企业内部营销资源要素,进行优势整合,制定最有效的市场营销规划;最后是系统分析企业内部资源条件和外部环境,准确预测未来市场发展趋势,及时响应外部环境变化,不好大喜功,不单纯追求产值和市场占有率而损失利润。

(4)经济效率原则。追求经济与效率,是企业永恒的主题,工程总承包市场营销活动也不例外。这不仅要体现在工程总承包企业市场营销体系的构建上,而且还要体现在具体的营销策划活动中,在保证市场营销效果的前提下,尽可能地降低市场营销成本。

(5)业主需求导向原则。工程总承包服务的独特性决定了工程总承包企业的市场营销必须充分考虑业主或建设单位的需求和偏好,并以使业主或建设单位满意为原则。

2.1.3　工程总承包市场营销策略

2.1.3.1　市场营销理论的演变及主要内容

市场营销理论于 20 世纪 60 年代由美国密西根大学杰罗姆·麦卡锡教授提出,之后迅速被各国学者所接受,并广泛应用于指导商业实践。

(1)4Ps 营销理论。1960 年麦卡锡在其著作《市场营销学基础》中将市场营销组合的 4 个要素:产品(product)、价格(price)、渠道(place)、促销(promotion)概括为"4Ps",并建立了以此为基础的、以管理为导向的营销理论体系。4Ps 营销理论是最为经典的市场营销理论,遵循自上而下的运行原则,重视产品导向而非消费导向,宣传的是"消费者请注意"。

(2)NPs 营销理论。20 世纪 80 年代"现代营销之父"菲利普·科特勒在 4Ps 营销组合理论上增加 2 个"P",即政治权利(power)、公共关系(public relation),形成新的 6Ps 营销理论。这有助于企业冲破国际贸易壁垒及其所在国公众舆论,顺利进入被东道国保护的市场。之后菲利普·科特勒即在 6Ps 营销理论的基础上加入了"人(people:企业的人力资源、服务对象)、优先(priority:对目标市场的选择)、定位(positioning:市场定位)、细分(partition:市场分割)、探索(probing:市场营销调研)"5 个因素,提出了 11Ps 营销理论。产品、价格、渠道、促销被称为"战术 4P",而优先、定位、细分、探索被称为"战略 4P"。只有在搞好战略性营销过程的基础上,战术性营销才能顺利进行,同时还必须灵活运用"政治权利"和"公共关系"两项营销技能以最终满足"人"的需求。

(3)4Cs 营销理论。20 世纪 80 年代后,随着消费者个性化日益突出,加之媒体分化,信息过载,以"厂商为中心"的 4Ps 营销理论在应用过程逐渐显现出其问题,难以适应时代的要求。1990 年,美国学者劳特朋教授重新设定了市场营销组合的 4 个基本要素,提出了 4Cs 营销理论,即消费者(consumer)、成本(cost)、便利(convenience)和沟通(communication)。4Cs 营销理论则强调以消费者需求为导向,认为消费者直接影响了企业在终端的出货与未来。4Cs 营销理论虽然对 4Ps 营销理论有所改进,但其关心的问题事实上还是建立在产品、价格、渠道和推广体系上。

(4)4Rs 营销理论。随着时代的发展,市场需求趋于饱和,美国整合营销传播理论的鼻祖唐·舒尔茨于 2001 年进一步拓展了 4Cs 营销理论,提出了 4Rs 营销理论,认为企业仅仅站在消费者角度看待营销是不够的,还必须注重于与竞争对手争夺客户。"4Rs"分别指代关联(relevancy)、反应(reaction)、关系(relationship)和回报(reward)。4Rs营销理论以竞争为导向,侧重于用更有效的方式在企业和客户之间建立起有别于传统的新型关系。

2.1.3.2　工程总承包的市场营销组合策略

如前所述,市场营销理论不断发展和演变,整体从4Ps营销理论到4Cs营销理论再到4Rs营销理论,其中又产生不少新的流派,为企业市场营销策略的制定和营销活动的展开提供理论指导。但是工程建设行业与一般制造业存在着差异,工程总承包服务有着其自身特殊性,必须要对经典市场营销理论有所改进,方具有适用性。为此不少学者对此做出了努力。鉴于建设项目的"定制"特性,业主在与工程总承包商签署工程总承包合同时,不可能预先知晓或看见工程产品质量,只能通过工程承包商的专业技术、管理、财务等能力,社会声誉和双方合作所形成的信任程度来预判,因此有学者融合4Ps营销理论和4Rs营销理论,针对建筑行业提出了CRIP营销模型,该模型认为基础设施建设企业的营销策略的组合要素可以选择能力(capacity)、关系(relationship)、形象(image)和价格(price),缩写为"CRIP",如图2-1所示。优秀的能力、合理的报价、亲密的关系和良好的形象共同决定了工程总承包企业的市场营销基础。

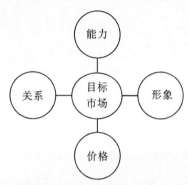

图2-1　工程总承包营销策略组合示意图

(1)能力营销策略。工程总承包商的能力是取得业主的信任,顺利完成工程项目的根本所在。工程总承包商应当在市场营销过程中抓好下面两种能力的建设和培养:

①技术能力。工程总承包企业的技术能力和设计、采购和施工等的集成管理能力是能力营销策略中的重中之重,不仅要提升施工的技术能力,更要建设工程。比如中水珠江公司长期以来深耕水利工程的设计技术,在低水头电站的设计与运行调度方面处于国内领先水平,可与国际水平相媲美。而且擅长排水工程如大型水处理构筑物、钢筋混凝土排水管道的设计与研究,以及水环境治理技术,在国内水环境治理实践中,实施过不少典型工程,获得市场高度认可。

②经济能力。工程总承包项目具有长周期性和一次性,工程款一般按节点时间支付,需要工程总承包商企业具有较强的资金实力和融资能力,这对提升企业的市场竞争力至关重要。

(2)关系营销策略。是建立、维持和促进工程总承包商企业和业主之间的伙伴关系,以实现双方的目标,从而形成的一种长期兼顾各方利益的关系。在市场经济日趋完善的体系之下,针对业主目前和未来的需要,进行持续性的沟通,从而形成建设项目的供应链,形成与业主的信任关系,追求各方的互利共赢。

工程总承包企业要以服务建立关系。工程总承包企业应在前期介入业主项目。企业越早介入,越能为企业赢得收益,提高项目可建性,减少技术风险。在项目决策阶段,提供咨询服务,并向业主表明企业的核心能力,赢得业主信任。在项目实施阶段,按期、按质、按量完成合同任务,提供优质生产服务,减少业主因工期延误、质量问题等造成的损失,为双方再次合作奠定基础。在项目运营阶段,定期进行质量回访,追踪调查客户满意度,与业主建立长期友好关系。

（3）形象营销策略。工程总承包商的企业形象包括了企业的品牌和信誉,员工的素质和能力、设计、采购和管理水平等,这些都是业主对于企业的直观感受,往往会对业主的选择产生非常微妙的影响。

工程总承包商应当建立企业形象的识别系统,有意识地扩大企业的知名度和社会影响,树立良好的品牌形象。同时,需要培养优秀的企业文化,形成全员良好的价值观导向,由内而外地树立正面的企业形象。此外,还需要明确顾客至上的理念认识,强调为业主服务,明确社会责任的需求。另外,工程总承包企业应该做好对已承接工程项目的宣传工作,建立企业承包工程项目信息数据库,及时录入、定期更新企业承建工程项目信息;及时对外发布在建工程项目进展情况、已完工工程项目情况等,并积极申报建筑行业的各项奖励,以达到宣传企业形象的目的。

（4）价格营销策略。利润是工程总承包企业营销活动的最终目的,企业在确定投标报价金额时,要充分和客观地分析、评价影响报价的市场成本、管理水平、风险因素、竞争对手等因素,避免造成低价中标项目的巨额亏损或资金不到位项目的情况。针对拟投标工程项目的特点,可以选择性地采用如下价格策略:

①"知己知彼"。针对评标方法在招标文件中已经确定的情况,企业根据竞争对手报价的惯用策略,预测竞争对手可能的报价范围,进而调整自己的报价,做到"知己知彼",增加企业中标的可能性。

②不平衡报价法。针对单价合同,指在总价基本确定之后,通过调整各子项的报价,以期在不提高总价、不影响中标的情况下,在工程结算时得到最理想的经济效益,但需注意将不平衡报价控制在合理范围之内,以免业主拒绝受标或要求进行平衡单价。

2.1.4　工程总承包市场营销配套建设

2.1.4.1　营销组织体系建设

工程总承包的营销组织建设需要按照工程项目建设规模的大小和工程的具体特性来确定。营销组织建设的关键就是专业营销人才,当今工程总承包行业往往缺少专业的营销队伍,但专业营销人才对于市场营销是不可或缺的,特别是在当今工程的市场环境下,需要具有专业能力和营销能力的人才领头进行相关的营销活动。所以,现在的工程总承包商内部需要一支专业营销队伍,对工程总承包的各类营销活动进行统筹安排和策划。此外,工程总承包商还可以发展公司外部的"线人",建立起自己的市场营销网络,形成完整的营销组织架构。

一般产品或服务,其生产和销售通常是分开的,工程总承包商企业的生产与销售却是紧密地结合在一起的,是一种开放式的营销过程。工程项目从设计到采购再到施工的过程中,业主随时可以检查或参观工程的建设和设计过程。参与工程项目的全体员工,不论是设计人员还是施工人员都是企业的营销代表,整个工程项目建设过程中的员工技术水平、工作质量、精神风貌、工作态度和服务水平都会给业主以不同的感知和评判,都会影响工程总承包的市场营销效果。因此,要保证全员都参与工程项目的市场营销,以正面积极的形象、良好的服务态度面对业主。

2.1.4.2　营销激励制度

想要建设一支专业的市场营销团队,就一定需要配套激励措施。激励的关键措施就是报酬体系,根据员工对于市场营销的实际贡献为基本依据,以责任结果为基本导向,创造属于每个员工的价值。需要保持营销部门薪酬的竞争性,薪酬和每位员工的实际能力相匹配,实施薪资等级和职位等级随其实际的产能变化而变化的动态管理。同时,可以实施一定的精神激励措施,增加营销人员对于企业的认同感,满足市场营销人员的内心需求,使他们获得各自在团队之中的认同感,获得专业队伍的认可和需要。

2.2　水利工程总承包目标市场选择与项目筛选

坚持人与自然和谐共生已纳入新时代坚持和发展中国特色社会主义的基本方略,水安全成为国家经济安全战略的重要内容,将水利摆在了九大基础设施网络建设之首,"国家水网"等重大工程提上议程,水利投资规模空前增加,仅以水库除险加固工程为例,"十四五"期间预计投资达到1 000亿元左右。自2003年以来,我国一直鼓励和支持推行工程总承包模式,2017年以《国务院办公厅关于促进建筑业持续健康发展的意见》(国办发〔2017〕19号)为标志,在政府投资项目领域加快推行工程总承包的精神已成为共识,这意味着水利工程总承包市场发展潜力越来越大,对于工程总承包企业而言,由于资源禀赋的限制,如何选择目标市场和进行项目筛选也就成为一个不可避免的决策问题了。

2.2.1　工程总承包目标市场选择

2.2.1.1　水利工程总承包市场细分

按照不同的划分标准,水利工程总承包有不同的细分市场。

(1)按地理区域进行工程总承包市场细分。根据中水珠江公司经营范围,水利工程总承包市场划分为国外市场和国内市场。国内市场可以按区域划分为华南地区、西南地区、华中地区、华东地区、华北地区、东北地区和西北地区;也可以按照我国省级行政区划进行划分,共分为34个省级行政区总承包市场。

(2)按水利工程功能和作用进行工程总承包市场细分。

①水资源工程总承包市场,包括供水工程、跨流域调水工程和水资源配套设施工程等。

②防洪工程总承包市场,包括大江大河治理工程、中小流域治理工程、水库工程、行蓄洪区安全建设工程等。

③水土保持及生态建设工程总承包市场,主要包括河湖水生态修复、水土流失综合治理等工程。

④农村水利工程总承包市场,主要包括农村饮水安全工程、农田灌溉工程、城镇防洪排涝治理工程、农村小水电绿色改造与清理整改、农村水系综合整治等。

⑤其他水利工程总承包市场,主要包括内河航运工程、渔业水利工程、海涂围垦工程等。

(3)多维标准组合划分法。比如考虑地理区域、水利工程总承包市场规模和与业主关系亲密程度等标准进行组合划分,见图 2-2。

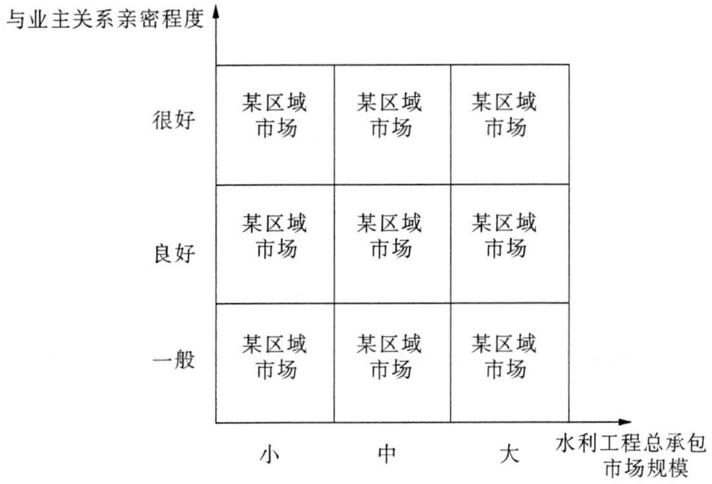

图 2-2　水利工程总承包市场细分示意图

2.2.1.2　目标市场选择

"十四五"期间,水利面临着前所未有的大好发展形势,规划投资规模巨大,但不同地区、不同类型的水利工程投资均衡性和未来发展潜力,以及财政支付能力、面临的竞争态势、政策支持力度等仍存在着差异。不进行目标市场选择,笼统采取无差异市场开发策略,市场全面覆盖的期望必然难以变成现实。因此,必须在市场环境机会威胁和企业内部环境优劣势分析的基础上,针对各个细分市场进行目标市场选择。

首先根据总承包商企业竞争地位和总承包市场规模或市场容量两个维度划分细分市场(见图 2-3),进而根据中水珠江公司实际确定目标市场。图 2-3 中总承包商企业的竞争地位受多种因素影响,此处主要考虑企业自身资源条件和能力、竞争对手实力、市场竞争的公平性和开放性、政府规制的透明性、政企关系或与合作方关系紧密程度等因素而确定;工程总承包市场规模(容量)综合考虑水利工程投资规模、当地工程总承包政策支持力度和水利工程总承包良好实践 3 个因素来确定。总承包市场规模(容量)越大,表明总承包项目呈现高增长态势。

(1)高增长和强势竞争地位市场——Ⅱ区和Ⅲ区。中水珠江公司近十年来的水利工程总承包业务主要集中在广东、广西、贵州、云南和海南等地,与业主关系密切,形成了良好的声誉。同时,Ⅱ区和Ⅲ区水系皆属于珠江流域,当地水行政主管部门与中水珠江公司有着良好合作的历史渊源。因此,对于中水珠江公司而言,Ⅱ区和Ⅲ区属于较为成熟的水利工程总承包市场,需要重点抓住和继续深入挖掘的市场,争取扩大市场份额。

(2)高增长但竞争优势相对缺乏的市场——Ⅴ区和Ⅵ区。近年来,中水珠江公司只是在浙江、湖南等地进行了试探性的市场开发。在浙江,借助杭州亚运会西湖水环境治理项目取得巨大成功的机会,凭借行业内已有的影响力,已经在该省进行试探性的水利工程总承包市场开发。总体看来,Ⅴ区和Ⅵ区中大部分省(自治区)经济较为发达,河流水系丰富,水资源开发潜力大,因此这是一块潜在巨大的待开发培育市场。

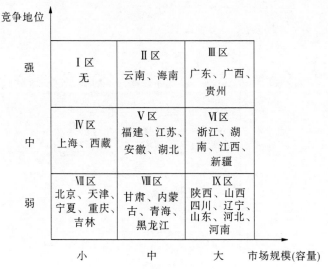

图 2-3　水利工程总承包目标市场选择图

（3）低增长和强势竞争地位市场——Ⅰ区（无）。

（4）低增长但竞争优势相对缺乏的市场——Ⅳ区。上海市传统水利工程投资规模相对较少，更多是河流综合治理项目或中小型水利工程，属于"点多面广"的项目，要求人员投入多，但单个项目体量不大，利润不高，同时市场相对比较成熟，竞争异常激烈，总体看经济性不够理想。西藏属于特殊高寒地区，但该地区内相关企业数量不多，且实力相对较弱，因此是许多外地大型企业关注的重点，竞争比较激烈，同时高寒地区水利项目技术特点与珠江三角洲地区有非常大的差异，因此中水珠江公司设计技术上优势不够明显。

（5）无竞争优势的市场——Ⅶ区、Ⅷ区和Ⅸ区。这些地区基本上位于北方地区，从横向来看，这些地区中的部分省（自治区、直辖市），如河南省水利工程投资规模也比较大，但由于历史体制分工和该地区水利工程特殊技术要求等原因，中水珠江公司在该地区没有竞争优势，同时由于市场相对比较成熟，竞争异常激烈，如果进入则会增加成本。

由以上分析可知，中水珠江公司水利工程总承包目标市场主要在Ⅱ区和Ⅲ区，Ⅴ区和Ⅵ区是拟开发的潜在市场。应根据不同市场的特征，做到有的放矢，制定相应的营销策略。具体而言，对于成熟的Ⅱ区和Ⅲ区市场，采取集中营销策略，集中优势资源，配置强有力的营销队伍确保市场份额，或与当地有影响力的企业、竞争对手等加强合作，提高竞争力。对于潜在的Ⅴ区和Ⅵ区市场，采取市场渗透战略，进行重点投资，价格略低于竞争对手，加强营销，扩大企业影响，树立形象，增进与业主的沟通了解，实施低成本扩张，提高市场占有率。对于其他的市场，采取收缩集中战略，减少投资，或不进入该市场。

进一步从水利工程类型看，对于中水珠江公司而言，比较具有竞争优势的是水资源工程和防洪工程，但随着国家乡村振兴战略的提出和对水生态问题的高度重视，水土保持、生态修复建设工程和农村水利工程投资会日益增加，因此也可尝试进入农村水利工程和河湖水生态修复工程总承包领域。

2.2.1.3　市场定位

根据市场营销理论，市场定位就是总承包企业在选定的目标市场上，根据自身的优劣势和竞争对手的情况,为本企业服务或生产的"工程产品"在业主心中,或者在社会上树立一种形象,以期实现企业的既定营销目标,其实质是差异化。市场定位涉及的要素有质量、技术、服务(态度)、人员和形象等。比如,在汽车制造业,某著名品牌汽车在社会上树立的形象是"成熟、稳重、大气",定位为 40 岁及其以上成功人士的座驾;在房地产行业,某地产产品在消费者心中的形象是"精致、智能"。但对于工程承包商而言,尽管"工程产品"设计是由其完成,但这种设计应该是按业主需求而进行的,也就是说"工程产品"定位是由合同委托方——业主确定的,工程总承包商主要是服务、技术或能力、设计和施工质量的市场定位。从企业的角度看,必须先确定一个较为清晰的定位,如优质服务、具有技术专长和负责任的工程总承包商形象,并通过各种方式明确无误地传递给业主和社会。不同市场定位,所需要付出的成本是不同的,尤其由于建设项目的"定制性"特征和行业平均利润率水平的约束,因此需要根据不同区域市场业主的偏好要求、"工程产品"的技术含量、质量要求和竞争策略,要有选择性地推出差异化;分析每一种属性在业主心中的位置,权衡属性所需的时间及成本、竞争者的态度及有可能采取的行动,要有针对性地采取适当的行动各个突破,逐步改善企业的定位。

此外,不同发展阶段的工程总承包企业的市场定位也会有所不同,对于初始进入者,由于经验、能力和企业的资源禀赋的差异,市场定位不易过高,此时可以采取紧跟主要竞争对手市场定位的原则;但发展到一定阶段,致力于成为行业领先者时,市场定位就应该有所提高,比如高质量形象,或优质服务形象,或高素质员工队伍形象,高文化品位或社会责任感形象,或前述各种属性定位的最佳组合。

2.2.2　工程总承包项目筛选

对于已选定的目标市场,政府计划投资的水利工程总承包项目数量很多,如何科学合理地筛选项目进行跟踪、投标成为一个不可避免的问题。

2.2.2.1　项目筛选准则

工程总承包项目最终筛选,即投标的准则一般有以下几条:

(1)满足期望盈利准则。工程总承包企业的利润来自于每个总承包项目,因此除了特殊情形,如拟进入新的目标市场,总承包项目能否获取合理盈利是一个基本的项目筛选准则。

(2)高中标概率准则。尽管中标概率与总承包项目报价高低或项目计划利润率有着强相关关系。但在既定计划利润率水平下,不同项目的中标概率是有差异的,因此中标概率相对高的项目应该优先考虑。

(3)典型性项目准则。有些项目具有典型性和代表性,如属于(地方)政府的重点项目,对区域或当地影响深远;或者从技术上看,具有一定前沿性,企业中标后借助项目平台进行技术攻关,可能会获得不少专有技术或专利,从而提高企业的技术壁垒,对企业做强做大,裨益多多。因此,如果工程总承包企业具有相应的资格条件,那么这种典型性项目应该优先考虑,并力争中标。

2.2.2.2　项目筛选考虑因素

筛选项目时考虑的因素主要分为环境、业主、项目等方面。

(1)环境因素。首先是当地的营商环境,尽管目前我国力推服务型政府改革,但由于区域差异性仍然较大,有些地方政府在项目报批报建手续办理过程中故意设置障碍,延迟办理,对项目建设进度影响极大,从而可能因为赶工而导致成本上升,影响项目盈利,甚至亏损;其次是项目实施的具体环境,工程总承包项目的实施或多或少影响到当地群众的生产生活,因此当地群众的支持是非常重要的,这在一些面广点多或线性工程中尤是如此。

(2)业主因素。一是业主的支付能力或项目资金落实情况。水利工程一般是政府投资项目,在一些财政实力较为薄弱的地方,可能会出现超前规划、过度负债建设的问题,比如某县的举债建设导致大量烂尾项目,因此要认真分析评估业主的支付能力或项目资金的落实情况。二是与业主关系的紧密程度。实践中,业主对与其有过良好合作经历的工程总承包企业更为信任,因此或多或少带有一定程度的偏好或倾向性。如果竞争对手与业主合作较为密切,而且业主对有过合作关系的伙伴倾向性比较明显,那么还是需要慎重考虑。

(3)项目因素。一是项目技术难度。对于一般项目而言,并不会考虑太多科研和技术攻关经费的投入,因此要考虑项目技术要求与企业能力的匹配性的问题,即工程总承包企业是否拥有项目设计、施工所需要的技术能力和管理经验。二是项目规模要求的资源条件与企业的匹配性。总承包项目规模越大,对总承包企业的融资能力要求就越高,因此企业应该选择与其资金实力相匹配的项目,否则难以满足资金使用要求,具有较高的融资风险。

2.2.2.3　项目筛选步骤/流程

由于发展阶段和发展战略的不同,以及工程总承包企业任务饱满度的差异性,工程总承包企业在筛选项目时,对前述项目筛选因素考虑的优先次序和权重也有所不同,比如处在发展初期的工程总承包企业着重于是否能承揽到总承包项目,主要考虑自身资源条件和能力与项目的匹配程度,即主要考虑自身的胜任力,而对环境和业主方面因素权重的考量要稍低些。但总体而言,工程总承包企业筛选项目的基本流程还是相似的,是对前述因素的综合权衡而定的,也就是说根据前述因素综合评价而定的,具体见图2-4。

(1)工程总承包企业市场经营部或相关部门要注重收集目标市场区域内省(自治区、直辖市)重点建设水利项目信息,跟踪了解业主是否有采用工程总承包模式的意向。

(2)对于潜在的采用工程总承包模式的水利建设项目,进一步根据企业自身情况从环境、业主和项目三个方面对项目进行综合评估,这可能需要工程总承包企业市场经营部、设计部门和总承包管理部门等相关人员参与。环境、业主和项目三方面因素考虑的优先顺序或权重大小根据企业的实际情况事先确定,同时需要明确项目综合评分最低取值的大小。

(3)如果项目综合评分高于项目筛选的最低要求,则进一步按照期望盈利、中标概率和项目典型性等准则做出是否进行投标的决策。

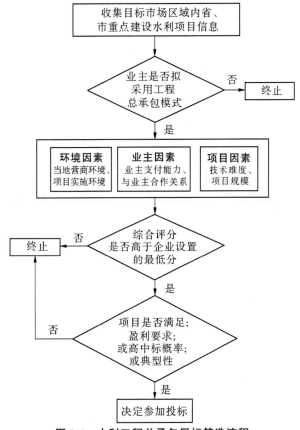

图 2-4　水利工程总承包目标筛选流程

2.3　水利工程总承包项目招标文件分析

2.3.1　工程总承包项目招标文件主要内容

总承包项目招标文件主要由正式文本和对正式文本的修改和补充两部分组成。其中,正式文本的主要内容如下所述。

(1)招标公告(或投标邀请书)。

招标公告和投标邀请书主要有招标条件、项目概况和招标范围、投标人资格要求、招标文件的获取及递交、发布公告的媒介、相关注意事项及联系方式等内容。

(2)投标人须知。

投标人须知是指招标文件中主要用来告知投标人投标时有关注意事项的文件。除投标人须知前附表外,主要由项目概况、项目资金来源、招标范围、计划工期和质量标准、投标人资格要求、招标文件、投标文件、投标、开标、评标、合同授予、纪律和监督、电子招标投标及需要补充的其他内容等组成,是招标文件中至关重要的一部分。

（3）评标办法。

评标办法可选择综合评估法或经评审的最低投标价法,其中综合评估法较为常见。评标委员会主要从承包人建议书、资信业绩、承包人实施方案、投标报价及其他因素等方面进行评分。评标的标准和办法为评标过程和结果的公正公平提供了保障。

（4）合同条款及格式。

合同条款及格式是招标文件中至关重要的组成部分。主要包括通用合同条款、专用合同条款和合同附件格式三大部分。通用合同条款主要包含发包人义务、监理人、承包人、设计、材料及工程设备、工程质量、变更、价格调整、合同价格与支付、违约、索赔、争议等方面内容。

其中,合同价格除专用合同条款另有约定外,应包括:①签约合同价及按照合同约定进行的调整;②承包人依据法律规定或合同约定应支付的规费和税金。合同约定工程的某部分按照实际完成的工程量进行支付的,应按照专用合同条款的约定进行计量和估价,并据此调整合同价格。

组成合同的各项文件应互相解释,互为说明。除专用合同条款另有约定外,解释合同文件的优先顺序为:①合同协议书;②中标通知书;③投标函及投标函附录;④专用合同条款;⑤通用合同条款;⑥发包人要求;⑦承包人建议书;⑧价格清单;⑨其他合同文件。

（5）发包人要求。

发包人要求主要包括工程目的、工程规模、工程范围、工艺安排或要求、工程时间要求、工程技术要求、联合试运行、竣工验收、文件要求、工程项目管理规定及其他要求等内容,是确定工程总承包范围和合同履行要求的重要依据。发包人要求的完整性、准确性、合理性直接影响发包人能否获得满足合同目的的工程成果。

（6）发包人提供的材料。

发包人提供的材料主要包括施工场地及毗邻区域内的气象和水文观测资料,相邻建筑物和构筑物、地下工程的有关资料,其他与建设工程有关的原始资料,发包人取得的有关审批、核准和备案材料及其他材料。

（7）投标文件格式。

投标文件格式主要包含投标函及投标函附录、法定代表人身份证明或授权委托书、联合体协议书、投标保证金、价格清单、承包人建议书、承包人实施方案、资格审查资料及其他材料的文件格式。

（8）投标人须知前附表规定的其他材料。

2.3.2　工程总承包项目招标文件分析要点

招标文件是招标投标活动中对招标投标双方同时具有约束力的法律文件,招标人对投标人的要求完全体现在招标文件中,其包含内容众多且每一部分都十分重要,投标人均应仔细研究。此外,投标人还要特别注重如表2-1所示的内容。

表 2-1　招标文件分析要点

要点	内容
1. 投标资格条件	（1）招标文件会明确指出工程的建设规模及承建目标,投标人需分析招标文件中的各类要求,明确投标资质。 （2）分析招标文件后,若发现本单位没有承建项目的资质,则需斟酌是否参与招标;若确定拥有招标文件所要求的商务资料,则需整合招标投标资源,抓住本次竞争机会。 （3）明确招标类型是个体投标还是联合体投标,若为联合体投标,则需从信誉、能力、技术实力、合作、业绩等多方面对合作伙伴进行评审
2. 评标办法	评标办法可选综合评估法或经评审的最低投标价法,但工程总承包项目一般都会选择综合评估法进行评标。在研读招标文件时,一定要明确招标文件中规定的评标办法、评标规则及评标指标权重,对于指标权重高的部分要着重分析,以提升中标概率
3. 承包范围	承包范围是成本估算、投标报价的基础,是中标后项目建设与管理的重要基础。因此,投标人在研究招标文件时应通过对"工作范围""发包人要求"等部分的仔细研究,从全过程角度对项目的承包范围进行界定
4. 合同文件	招标方与投标方签订的总包合同是项目的主要法律依据。投标单位在后期编制投标文件时,不仅要满足招标文件中提出的技术标的相关要求,还要符合招标文件提供的合同条件规定。因此,投标方在分析招标文件时,要对项目合同条件,尤其是专用合同条件进行充分的研究分析。其中,对自身不利的条款及风险条款要及时要求招标人进行澄清
5. 工程变更及索赔	水利工程受客观因素影响,会不断地出现设计或施工方案的变更,这些变更可能会涉及价格变化、变更索赔补偿等,因此投标人在分析招标文件时,需注意招标文件中是否说明了由于非承包商原因造成的工程变更的情形及其索赔相关事务
6. 报价	投标报价是招标投标活动中至关重要的一部分,投标人在分析招标文件时要明确属于报价范围内的工作内容,同时需明确报价清单编制的规则及格式。如某输水线路 EPC 工程中,招标文件规定临时用地补偿费不计入报价总价,某关键设备的设备费和安装费在 EPC 报价中,但联合试运转调试费不在 EPC 报价中
7. 招标文件中特定规范及技术要求	在分析招标文件时,投标人要特别注意招标人指定的设计及施工规范,以及招标文件中要求采用的特殊材料设备和指定的制造厂商,以便在报价前充分调查市场价格

2.3.3 工程总承包项目招标文件答疑

招标文件在招标投标活动中至关重要,其技术要求、投标报价、评标办法都要翔实,以便招标人、投标人有可靠的依据。其中,实质性要求、条件、合同条款、标准和分包都必须明确,尤其是实质性响应的商务和技术条款及投标人的资质要求。若投标人在分析招标文件过程中发现招标文件前后矛盾、用词有歧义或者有其他不明确的地方,均可要求招标人对其进行答疑。一般情况下,投标人要求招标人对招标文件进行答疑的有以下几种情况。

(1)招标文件前后矛盾。

承包人在分析招标文件时,要尽可能地从宏观角度进行分析,要系统性、整体性地研究招标文件,对于其前后描述不一致的情况要及时提出并要求业主进行答疑,尤其是工程量清单中报价条款前后不一致的情况。如某输水管道工程 EPC 总承包投标项目,需要隧道穿越潋江、梅江,线路工程量清单中隧道本体需要报价,但报价说明中明确隧道本体的安装费不在本次报价中,前后描述矛盾,需要求招标人对其进行答疑。

(2)招标文件中关键条款表述不严谨。

投标单位在分析招标文件时,对于关键性条款要重点分析,对于表述不严谨的条款,可要求招标人进行答疑。例如,某项目的招标文件中对投标人提出了五条资质要求。其中一条的资质要求表述为:投标人必须在北京设有分支机构。招标文件中要求投标人必须在北京设立机构,那么什么叫分支机构?分支机构的准确定义是什么?分支机构需要什么样的商务文件证明?招标文件中并没有对这些问题给出明确解释,从而导致本条要求很不明确。又例如,某输水管道工程分为两个标段,皆采用 EPC 总承包模式,但标书中给定的设计费基准价为一个总数 15 000 万元,需澄清两个标段设计费基准价格各是多少?对于这种关键条款表述不严谨的情况,投标人可要求招标人对此进行澄清,从而避免自己不必要的损失。

(3)招标文件中工程信息描述有误。

投标单位在进行投标前,须对招标项目工程所在地进行现场考察。通过考察获取工程所在地的地形地貌、施工条件及其他与工程相关的资料,在进行招标文件分析时,要注意招标文件中对工程相关信息的描述与现场考察获取的资料是否匹配,对于不匹配或者悬殊的地方,要及时要求招标人对其进行澄清。

(4)对自身不利条款的答疑。

投标人在分析招标文件时,对于那些不利于己方中标的规则或条款,要及时要求招标人对其进行答疑,尽可能地减少影响中标的因素。对于那些有利于己方中标的规则或条款,投标人一定要抓住机会,充分发挥自身优势,尽可能地提高中标概率。

2.4　水利工程总承包项目投标策划

水利工程总承包项目投标策划是对投标整体工作的统筹安排及确定投标策略的过程,对于提高中标概率和项目盈利能力具有重要的指导作用。投标策划工作参与人员视项目规模和复杂程度而定。但对于设计牵头企业而言,项目投标策划工作主要参与部门为企业经营业务部门、设计管理部门、各设计部门及总承包业务部门。经营业务部门为前期工作的主责部门,全面负责项目信息的收集、跟踪工作,负责组织项目的分析、评价工作,以及企业内外部的协调、联络工作。设计管理部门及各设计部门作为技术核心部门,需配合经营业务部门,提出可靠、合理的技术方案,并提供能满足招标文件或业主要求的图纸、BOQ 等技术文件,作为投标文件的技术部分和总承包业务部报价的依据。总承包业务部作为前期工作阶段的关键部门,需全力配合经营业务部门进行项目的投标报价工作,按招标文件或业主的要求提供相应的实施文件及报价文件,以保证前期投标工作的顺利实施。

2.4.1　工程总承包项目投标策划主要内容

工程总承包项目投标策划工作主要内容包括市场调研和现场踏勘、联合体伙伴选择和分包策划、投标文件编制策划、投标报价策划、投标风险评估及应对策划等。

2.4.1.1　市场调研和现场踏勘

充分而准确的信息是编制投标文件的重要前提。对于国内项目,在市场调研过程中,要着重了解业主基本情况、资金情况、工程款支付条件、招标计划、实施方案等情况是否具备招标条件,对项目信息的真实性、准确性、有效性进行深度核实确认,同时要调查了解项目所在地的物资供应情况、当地民风民俗和群众对项目的态度等。现场踏勘时要对项目现场地形地质、水文、气候,工作范围、内容,材料,承包人可能需要的食宿条件,现场交通道路运输情况,临时水电接入点,通信设施等条件进行调查。项目搜集完以上信息之后进行整理,作为项目报价、标书编制和项目实施策划的参考和依据。

2.4.1.2　联合体伙伴选择和分包策划

分析工程总包商自身的资质、技术水平、业绩、人员、设备、履约等指标是否满足业主要求,若个别指标不满足,且招标规定允许"联合体"投标的情形下,可以找寻联合体伙伴,实现资源优势互补,以满足资格条件,并提高中标概率。

投标人对于工程总承包任务中自己不擅长的,或者进行分包实施效率更高的专业工程,需要在投标前进行分包策划,确定哪些工程或任务需要分包,并且要对潜在分包商进行询价,以获取相关分包工程的成本信息。若有必要,还可在项目前期邀请这些单位配合项目策划及投标工作。

2.4.1.3　投标文件编制策划

(1)技术标编制。主要包括对拟采用的设计、采购和施工方案进行策划。针对项目特点,分析其中的关键点和难点,尤其是业主或招标人特别重视的内容,组织人员进行精心编制方案。对技术标准和规范的选用、设计优化思路的阐述、设备材料选型依据和采购计划、施工组织设计、主要工程施工方案和专项施工方案等要有针对性、适用性等。对于一些需进行技术攻关的项目，要提出技术研究思路、方法和技术路线等。技术标的编制一定要充分响应招标文件中的"发包方要求"，若有必要，还可以提出合理化建议。

（2）商务标编制。商务标中要着重关注项目管理团队人员配置问题，尤其是项目经理、设计经理和施工经理的业绩和经验，尽量配置具有类似工程经验的人员，同时从数量和人员结构上也要符合评审标准；是否建立了与工程总承包管理业务相适应的组织机构、项目管理体系；项目管理方案策划，重点在于项目进度计划、采购计划、质量安全管理计划的拟定是否准确合理，是否反映了投标人的整体实力、财务状况和履约能力；同时还要关注投标偏差表格填写是否合理。商务标策划的总指导思想是根据评标方法和标准，有所侧重，使得综合评分尽可能高。

2.4.1.4　投标报价策划

投标报价策划是商务策划的重点内容，但投标报价策划具有专业性，故单列予以强调。投标报价策划的指导思想是在采购文件或招标文件规定的报价范围内，合理测算工程总承包成本，综合考虑自身的设计水平、管理水平、采购能力、业主需求变化、施工方案调整、施工条件的变化、市场风险等不确定性因素的影响，并根据招标文件的评分办法，适当调整分项报价，以便在评分中占有相对优势，从而给出最有竞争力的报价。

2.4.1.5　投标风险评估及应对策划

风险无处不在，投标文件编制的过程中应该充分考虑潜在的风险问题，并提前制定风险应对策略，这就是投标风险评估及应对策划问题。投标风险需要从技术、报价、合同和法律等方面综合分析，如果投标阶段评估项目潜在风险高，则需要高报价对风险予以补偿，否则应该放弃投标。

2.4.2　工程总承包项目联合体伙伴的选择和分包策划

2.4.2.1　工程总承包项目联合体伙伴的选择

工程总承包联合体形式为设计单位、施工单位创造了一个双赢的机会，但是项目总承包联合体是相对松散、管理难度较大的组织形式，在实践中，这种组织形式运行过程中存在一些影响项目成功交付的问题。究其原因，除实施过程中的客观因素外，还在于对合作伙伴选择的影响认识不足，而错误的合作伙伴选择是任务失败最重要的原因。联合体伙伴的选择不仅是竞标成败的关键，更是项目成功建设的必要条件。下面就列举出联合体伙伴选择需要考虑的几个方面。

1. 技术互补能力

一般来说，业主发出的招标公告对企业资质、承揽业务等能力有明确要求，联合体伙伴与己方资源的差异性、互补性是考虑伙伴选择的基本原则，比如双方人员能力互相弥补，机械设备是否可以完善。

以设计单位作为牵头企业为例，牵头企业首先考虑的因素是伙伴的施工能力与采购能力，主要依据伙伴的企业资质、相关业绩、人员素质和质量合格率，这是考察企业任务能力的重中之重。采购能力是设计单位所欠缺的，但是联合体模式采购管理一般由设计单位所承担,必要时,施工单位专业人员可以弥补设计单位的短处。

2. 合作伙伴的运营情况

企业的运营情况对合作伙伴的选择非常重要。要求打算长期合作的合作伙伴和总承包商在战略经营、组织及企业文化上应保持和谐。要核查分包商财务状况和施工设备及技术力量等,一般通过这些可以看出合作伙伴的施工能力。

3. 合作伙伴的财务情况

财务报表是投标文件中重要的内容之一,财务指标通过盈利能力、偿债能力与资金稳定性来体现,是项目成功的基本保障。选择合作伙伴时,合作伙伴的财务报表有可以帮助牵头企业了解其财务能力,进而估算合作风险。

4. 合作的能力

选择合作伙伴的关键因素一般涉及合作伙伴的战略意识、企业文化、组织管理能力、合作态度等。对于战略意识考察的是潜在的合作伙伴企业的合理动机与目的、战略规划等,这是关系到企业能否在建筑行业长期良性发展的因素。

作为牵头企业,应该充分了解和评价潜在合作伙伴的企业文化,充分评价企业之间文化的相互融合水平,企业文化方面的评价密切关系到合作过程中双方沟通协作通畅程度和工作效率的水平,了解合作伙伴的企业文化可以使合作效率事半功倍,而且为长期合作提供便利,减少合作伙伴之间磨合的时间。

在组织管理能力方面,牵头企业应该根据自身的组织结构、内部协调能力与风险管理水平、合作伙伴的组织与管理能力进行对比考察,双方的管理模式是否兼容,避免合作之后发生不必要的矛盾。

2.4.2.2　工程总承包项目的分包策划

工程总承包项目的分包策划是指在工程项目实施前通过实态调查和搜集相关资料,对分包范围的可行性和分包商选择做出的科学分析和论证。分包策划的根本目的在于为建设项目增值。分包策划的主要内容有以下几点。

1. 明确是否需要进行分包

①需要考虑承包方自有资源。如评估自有资源不足,不能满足项目施工需求,则需进行分包。②需要考虑专业工作的技术难度。如某项工作的技术难度高,必须企业自有的核心技术人员才能完成,则不能分包。③如果分析市场情况后得出某一专业类别的分包单位在市场上表现出技术和专业化程度很高,价格水平具有优势,市场非常成熟,则优先考虑采用分包模式。

2. 确定分包模式

分包模式一般有劳务分包、专业承包型分包(简称专业分包)、装置多专业分包(简称装置分包)等。确定采用哪种分包模式,需要综合考虑自有资源情况、分包市场专业化程度、成本费用等。一般来说,类似工程项目主要采取专业分包为主、劳务分包为辅的操作模式。至于装置分包,一般是以设计公司为龙头的 EPC 总承包项目,或者体量非常大的项目,项目总承包商的施工管理力量不足,故采用装置分包的模式让大型的施工总承包单位介入项目执行。

3. 明确分包工作的工程量

结合工期和进度要求,从而得出需求人数和分包单位数量。分包工作的工程量,决定了需要投入的资源量,如总人工时。再结合工期要求,得出需求人数。工期越短,需求人数越多,需求的分包单位数量越多。

4. 结合施工进度计划,明确分包单位进场时间

分包单位进场时间,一般按照项目总体进度计划来确定,另外考虑一定的施工前准备时间。

2.4.3 工程总承包项目投标报价策划

2.4.3.1 工程总承包项目投标报价规则和特点

在我国,按照招标阶段不同,水利工程总承包项目招标分为可研批复后招标、初步设计批复后招标两种。不同阶段招标,工程总承包项目的设计精度、报价规则及面临的风险大小是不同的,由此投标报价策划也存在较为显著的差异。

(1)可研批复后招标。由于设计深度不足,需求不够明确,建设规模与建设标准不确定,一般采用下浮率报价与最终批复概算作为上限价的结算方式,通常合同也明确为总价包干合同。该阶段造价人员只能根据以往相似项目的指标及本项目的特点,粗略估算项目造价,相对实施阶段的造价精度较低,实际施工过程中的成本与投标报价偏差幅度较大,投标报价难度较高。

(2)初步设计批复后招标。由于初步设计阶段方案已确定,图纸相对清晰,主要工程量可以按图计算,图纸没有反映的零星项目可以通过零星工程费解决,材料设备价格参照项目所在地的造价信息价格及指定品牌的市场询价或以往已实施项目的采购价格确定,造价计算结果与施工实施阶段所面临的施工内容和环境比较吻合,投标价格相对比较准确。设计优化空间明显,限额设计能够较好地掌握。此时一般要求投标人自行编制估算工程量清单或者按照发包人提供的项目清单报价,采用总价包干的合同计价模式。如果需约定材料费用、人工费用的调整,则一般招标时先固定调差材料、人工在工程总价中的占比,结算时以中标价中的工程建安费用乘以占比作为基数,再根据事先约定的调差方法予以调整。

2.4.3.2 工程总承包项目投标报价构成及方法

工程总承包项目如果按批复初设概算的下浮率进行竞价,下浮率水平的确定主要考虑项目工期长短、物价风险、市场竞争激烈程度、以往类似项目的投资指标和自身的投标策略等因素而定,从某种程度上讲,此种情况下的报价水平确定可能更侧重于考虑市场竞争和投标策略两个因素,即在分析判断竞争对手可能报价的基础上,按照生存型、竞争型或盈利型策略的其中之一,确定下浮率水平,报价策划空间不是很大。

而在初步设计批复后招标,投标人须按照估算工程量清单进行报价。水利工程总承包项目报价构成主要包括建筑安装工程费、机电设备及金属结构设备购置费、工程勘察设计费、总承包管理费、利润和税金等。常见的费用估算方法见表2-2。

表 2-2　常见的费用估算方法

序号	费用名称	可采用方法
1	建筑安装工程费	(1)详细估算法(投标时间长、设计方案较详细时用); (2)指标估算法(投标时间短、设计方案较粗略时用); (3)市场询价法(包含特定专业或系统的项目用)。 设备安装费按指标估算法计算
2	机电设备及金属结构设备购置费	采用市场询价法
3	工程勘察设计费	参照国家出台的指导性文件并结合市场情况进行报价。报价范围中包括勘察设计图纸审查的,其费用也应参照市场报价情况进行估算报价
4	总承包管理费	
4.1	现场管理费	(1)固定资产费用可以根据拟建项目部的临时办公、生活设施,交通工具进行估算; (2)人员费用根据项目部拟派人员类别及服务时间,采用包含工资、现场津贴、五险一金、企业年金的全费用人工单价估算方法; (3)办公费用可以根据项目复杂程度及人员配置情况,采用人员单位办公费用估算,或采用人员费用系数估算; (4)其他费用根据项目及企业情况进行估算
4.2	总部管理费	现场管理费系数法,系数可按其他已完项目积累分析的总部管理费用占现场管理费用的比例,并结合项目的复杂程度及公司参与管理的内容,进行综合确定
5	利润	采用工程费用比例法计算,需要根据项目投标企业情况、投标项目情况、评分办法、投标策略等因素综合确定
6	税金	按国家有关税收政策计算

2.4.3.3　影响工程总承包项目投标报价策划的因素分析

由于我国目前定额体系是按照常规的施工组织与措施方案、工期、质量标准编制的,因此需要结合项目特定情况、合同要求,对其中的影响报价的因素进行调整,以便减少报价风险,形成合理报价。影响工程总承包项目投标报价策划的因素及应对策略见表 2-3。

2.4.3.4　工程总承包项目投标报价策划技巧

工程总承包项目投标报价由成本和利润两部分组成,成本与承包商的技术、管理水平和政策取费水平相关,而利润的取值与市场竞争、工程总承包商自身的资源条件和策略定位有关。工程总承包项目投标报价策划本质上是利润与中标概率二者之间的良好权衡。常见的报价策划技巧有:

表 2-3　影响工程总承包项目投标报价策划的因素及应对策略

序号	因素	应对策略
1	招标项目规定工期过短或工期延误风险高	（1）招标项目取定额工期，但由于招标项目规模大，且地质条件复杂，工期延误风险大。需要预先在报价中适当考虑工期延误可能造成的费用增加，同时合同谈判时应对工期索赔条款进行条件界定，即非承包人原因造成工期延长，不进行工期罚款，材料价格据实调整，避免合同风险；合同中也应约定工期延长的管理费用计算方法。 （2）招标项目规定工期短于定额工期，需在报价中计算赶工措施费
2	招标项目规定的质量标准高，如需要获奖或达到优良等级	（1）报价时在分部分项主要材料设备项内选用质优价高品牌材料设备，措施项内增加钢筋、模板、检测检验、环境保护等措施费。 （2）正常进行分部分项和措施项报价，在费用汇总中加一项创优增加费，一般按分部分项和措施项总金额的一定比例计取
3	变更洽商	施工图设计变更是承包方原因引起的，由于是总价合同，一般不予以调整；或者由于暂估价项目的存在，因此需要预先在报价中考虑部分变更洽商费用，一般采用积累的类似项目中非业主方原因的变更洽商占工程费用的比例进行估算。根据已实施项目案例，目前由于设计自身原因导致的变更洽商占总造价的 2% 左右
4	安全文明及环境保护要求可能导致费用的增加	环境治理要求日趋严格的背景下，安全文明及环境保护合同要求高，但政府规定取费标准偏低，需要分析项目具体情况和合同规定在报价中预估一笔费用
5	设备材料品牌影响	询价时需明确供应商报价是否含有附属设施、配品配件和安装费等；招标人指定品牌询价差异较大时，应与招标人沟通核实
6	场地情况	场地周围是否有既有建筑物？施工对其影响程度如何？场地内是否有地下障碍物？场地内工程地质条件复杂对工程实施的影响，是否要考虑工程实施方案中预留一笔处理费？以应对基础土方/石方开挖、支护和基础工程施工中出现的风险。 施工场地狭小，临时设施布置无法在现场部署开，材料需要二次搬运，人员等需要增加交通运输、租赁费等，需要在报价中考虑
7	市场波动情况	工程费用的报价除考虑静态的费用报价外，还需要根据合同条款对于市场波动引起的动态风险费用进行估算，暂估一笔费用计入投标报价。风险费用一般需要首先估算风险要素数量。根据国家相关规定，材料价格的风险范围一般在 5% 内，超过部分由建设单位承担或受益
8	特殊工程措施费用	需要考虑高大空间模板支撑、特殊大型施工机械、特殊的地基处理措施、特殊的场地等导致的措施费用的增加

续表 2-3

序号	因素	应对策略
9	报价范围的影响	仔细研究招标文件所规定的报价范围,是否包括常规项目和费用之外的费用项目,避免重大漏项、缺项,如是否包括招标代理服务费、建设工程交易综合服务费、建设消防检测费、防雷检测费、规划验线费用等
10	报价工作人员经验	注重结合以往相似项目的价格及设备材料的来源,对市场询价加以鉴别分析,避免出现过高或过低及不合理的价格。如某输水线路 EPC 工程中,气压给水设备(流程 8 m^3/h、扬程 40 m)市场询价为14.5 万元,但根据以往经验反馈,应为 10 万元,最终报价采用 10 万元
11	设计文件	一般设计、报价由不同专业人员完成,报价人员要熟悉设计文件,防止估算工程量清单漏项。如某输水线路 EPC 工程中设计文件中有关于穿越国家湿地公园、大中型河流穿越施工措施的描述,但估算工程量清单中遗漏了穿越国家湿地公园补偿费、河流大开挖需要的混凝土稳管、混凝土连续覆盖层等施工措施费,以及设计文件中提及的鱼塘的降排水、排污费等

(1)保重点。在报价策划时首先要确保业主最大限度地发包给总承包商的部分工程利润,比如工程总承包商拥有的核心技术、专业技术等,应确保该部分合理的利润,对于其他次要的部分则只需考虑微博利润就好,只有这样才能保证竞争力。

(2)合理运用不平衡报价。在实践中,业主方非常重视承包商的不平衡报价技巧的运用。如果业主在合同履行期间发现报价中有很多不合理的不平衡报价部分,可能会通过变更,将这些报价不够合理的承包范围取消掉,导致原有报价不能利用,或者报价低的部分工程量增加,最终可能导致承包商损失应得的利润。

(3)善用设计优化技术。针对业主关心的问题,尽心组织设计,提出优化建议,或既能降低工程造价,又能适当提高总承包利润;或适当增加成本,但能大大提高工程性能、降低施工难度,起到缩短工期的作用,可以提高总承包合同价格等。

(4)合理预测竞争对手报价,清晰自身报价定位。投标报价过程就是博弈过程,必须知己知彼。因此,在编制投标报价时不但要清楚自身实力,更要关注竞争对手实力,分析对手对项目的重视程度和期望利润、投标报价的可能策略及技巧,同时考虑本单位当前项目储备情况、对所投标项目的施工工艺(技术)掌握情况,项目所在地与总部距离及周边是否有在施项目等因素,针对不同项目特点可采用低价保本策略(当地市场竞争激烈,单位项目较少,可实行微利政策,降低报价,以维持再生产和人员安置)、先亏后盈策略(为打入某一地区市场,或建设单位后续有较大项目,可降低报价,先占领市场,以后续项目盈利来弥补本次投标报价的亏损)、竞争性策略(若有可能,报价采用较低利润)、盈利性策略(自身有绝对竞争优势时或单位任务饱满时采用)等。

2.4.4　工程总承包项目投标风险分析及应对策划

工程总承包项目通常采用总价合同,承包商要承担大部分的费用风险。若投标阶段未能对项目的各类风险进行妥当管理,很有可能会给工程总承包商带来重大损失。因此,在投标阶段,工程总承包商必须全面分析、辨识可能存在的风险,并采取相应的应对措施,制定最佳的投标策略。这就是投标风险分析与应对策划的主要任务。

2.4.4.1　投标风险分析

所谓投标风险,主要是指投标阶段各类明显的或者隐藏的,可能对投标过程及投标结果造成影响的风险因素,从而导致投标决策不当,实际结果与预期结果出现偏差。

通过文献梳理和水利工程总承包投标实践经验总结,水利工程总承包项目主要投标风险见表2-4。

表 2-4　水利工程总承包项目主要投标风险

序号	风险因素	表现形式
1	自然环境与现场建设条件风险	气象、水文、工程地质条件复杂,地质灾害隐患高;交通道路、临水临电等建设条件较差。上述不利设计施工因素在投标阶段考虑不足,导致设计、施工方案不够合理、报价不全面等
2	施工与设计技术风险	由于缺乏类似工程设计、施工的经验及其业绩,或者拟投标工程不是企业自身擅长的工程类型,或者不熟悉招标文件要求采用的技术标准、规范,导致提出的设计、施工方案不尽全面,存在一定缺陷
3	设备材料采购与分包及其询价风险	对于招标文件规定的设备材料未能进行较为细致的市场询价,并达成初步购买意向,导致估价不准或将来成为单一来源采购,购买价格过高;指定分包商经验与能力不足,或分包报价、总承包管理费因估算而存在的不确定因素
4	物价波动和政策风险	对项目建设期间的物价波动因素估计不足,对项目所在地相关政策如税收政策等不熟悉而导致的报价不合理
5	社会风险	项目所在地的民风民俗、当地的营商环境等,对项目报建、施工等方面产生的不利影响,导致工期延误、成本增加等

续表 2-4

序号	风险因素	表现形式
6	合同条件风险	主要为工期规定、报价范围、合同价格调整条件、合同支付方式、变更范围和内容、履约保函类型和金额要求对投标及其报价的不利影响
7	业主支付能力风险	业主资金来源没有完全落实,或业主资金实力不够,缺乏付款能力,导致过度垫资的可能
8	投标合作风险	与联合体伙伴初次合作,关于信誉度、能力和配合度的风险
9	投标组织风险	投标编制小组成员配置不够合理,且投标准备时间不足等,导致编制的投标文件出现错误或遗漏等问题,导致投标资格丧失,或投标评分过低等

2.4.4.2　应对策划

投标风险应对措施一般有转移、回避、承受和抑制 4 种。在不同情况下,这 4 种措施有不同的表现形式。在投标阶段,为应对投标风险,常采用的应对措施有:

(1)组建高效精干的投标团队。招标人给的投标文件编制时间往往比较紧张,因此需要组建高效精干的、多专业协调配合的投标团队,尤其注意根据拟投标项目的专业技术特征和投标时间的紧迫性,配备具有类似项目投标或实施经验的人员参与投标工作。同时,投标团队的负责人还应与拟投标项目的重要性相匹配,以便在投标工作期间调配资源要素。

(2)重视市场调查和现场考察。市场调查和现场考察是依据工程项目实际情况报价的重要基础工作。市场调查应调查工程所在地的经济、自然环境、税收等政策及法律规定,同时要充分了解当地劳动、材料、设备等的市场价格,尤其是要充分询价,避免出现过高、过低或不合理的价格。

现场考察是对施工现场的地理、地质、气候、水文、交通等条件进行考察,考察时应与业主提供的工程相关资料结合起来进行分析,以便预先发现设计、采购、施工、安装中可能出现的不利情况,提前采取相应措施并反映在投标报价中。同时,应尽可能与业主(建设单位)沟通,深入了解业主(建设单位)要求或希望达到的效果,从而使设计方案更有针对性;在询标、合同谈判时,对业主要求承包商提供采购某一品牌承诺的,承包商需要提前和品牌供应商就价格问题达成一致,而后才能承诺,不能盲目向业主出具相应承诺书。

(3)注重审查招标文件。投标报价获胜的关键在于充分理解招标文件,总承包商要重点分析工程招标范围、投标人须知、评标标准和方法、报价范围和方法、发包人要求、主要合同条款(如合同权责利条款,支付、风险分担等条款),并列表总结出招标文件中可能存在哪些有利和不利的因素、条件,以及需要向招标人进行答疑澄清的问题。

（4）确定适当的设计、采购标准。在编制技术标时，承包商应尽可能地给自己在工程实施中留有选择的余地。另外，在符合招标文件要求的前提下，设计、设备采购标准尽量不要定得太高。

（5）建立自己的供应商名录，做好询价工作。如果招标人对设备没有特别要求，则尽可能在自己的供应商名录中选择，同时要遵循先询价后报价的操作流程，尽可能地锁定价格，降低中标之后供应商高价报价的可能性。

（6）报价中考虑风险补偿费。这对于固定总价合同尤为重要，对一些潜在风险，根据该风险可能产生的损失和概率，结合自身的竞争能力，在报价中考虑一定的风险费。

（7）注重与联合体伙伴和分包商建立长期稳定的合作关系。在条件允许的情况下，尽量选择与自己有良好合作关系的联合体伙伴和分包商，如果条件不允许，企业应该建立一套联合体伙伴和分包商选择的评价体系和内部审核流程，并且尽量通过现场考察、网络查询和关系人收集潜在合作伙伴的信誉、能力、资金实力等相关信息，最终选择既具有良好合同履约意识和能力，又具备足够业绩和管理技术能力的合作伙伴。

第3章 水利工程总承包项目精细化组织管理

随着工程总承包市场竞争的不断加剧和工程总承包企业自身发展,工程总承包企业原有的粗放式组织管理模式必须改变;工程总承包企业通过建立内部的精细化组织管理体系,向组织管理要效益,实现组织管理模式的根本转变,成为其解决自身存在的管理问题、稳步提升并保持自身竞争力、逐步与国际先进工程总承包管理接轨的必经途径。工程总承包商精细化组织管理体系的构建一方面能大大提升工程总承包企业管理水平和市场竞争力,另一方面又拓宽了精细化组织管理理论的应用领域。

3.1 组织设计理论及组织设计影响因素

3.1.1 组织的概念

所谓组织(organization),是指这样一个社会实体,它具有明确的目标导向和精心设计的结构与有意识协调的活动系统,同时与外部环境保持密切的联系。该定义包含以下三方面的内容:

(1)组织是一个有明确目标导向的实体。战略的制定就是要确立组织的目标,并决定怎样通过各种战术来实现目标。

(2)组织有一个精心设计的结构,并且是有意识地进行横向和纵向的协调,使组织结构与组织的目标相融合。

(3)组织不仅与内部的子系统相互联系,而且组织与外部环境也是有机结合的统一体。组织的内部是分工有序的子系统,组织的外部又是开放的、反馈的系统,组织不断地从外界接收资源、能源和信息,经过转换后又将产品或者服务输送到外界环境。

3.1.2 组织设计原则

组织设计内容包括组织结构及其运行方案的设计,组织设计理论虽源自企业组织,但随着项目建设规模、复杂程度的增加,项目建设周期愈来愈长,短则几年,长则十几年,项目组织存续时间也由此延长。因此,企业组织设计理论对项目组织设计依然具有非常强的指导性。组织设计的一般原则如下:

(1)任务目标原则。任何一个组织,都有其特定的目标和任务,组织设计是一种手段,一方面,其目的是更好地完成组织的战略任务与目标;另一方面,组织战略任务与目标实现的程度,又是衡量组织设计是否正确有效的标准。

这一原则表明,组织设计必须服从和服务于组织战略任务与目标,同时检验组织设计效果如何的标准,最终要看它是否有效促进和保证了组织战略任务与目标的实现。

(2)精干高效原则。在完成任务目标的前提下,组织机构越精简越好,用人越少越好,因为这是提高组织效率的条件和保证。但是,在精简机构的过程中一定要注意,精简机构本身并不是最终目的,它归根到底只是实现组织任务目标的手段与途径。因此,如何精简机构,哪些部门要压缩,哪些部门应砍掉,哪些部门需要增设或者充实,这些必须区别对待。否则,为了精简而精简,只是从数量上压缩机构、减少人员,反而可能扰乱和削弱管理工作,降低管理效能。

(3)分工协作原则。研究表明,专业分工有利于提高管理工作的质量和效率;但是在实行专业分工的同时,组织设计不能把专业化分工和横向协调配合这二者割裂开来,孤立地、片面地只考虑其中一个方面。也就是说,只要实行专业分工,就一定会产生某些矛盾与摩擦,因而必须研究解决如何协作配合的问题。为了加强彼此间的协作配合,可以采取多种多样的措施,包括合并某些部门或岗位,但是不能因此而否定合理的专业化分工,因为取消了分工,也就同时取消了以分工为前提的协作配合的现实性和必要性。

(4)有效监督制约原则。部门间的分工,不仅是为了提高管理工作质量和效率,也是相互制约、有效监督的需要。特别是组织中的执行机构和监督机构(如质量监督、财务监督、安全监督等)一般应当分开设置,不应合并成一个机构或者归属同一个主管人员领导。分开设置后,监督机构既要履行监督职能,又要加强对被监督部门的服务。这就是有效监督制约原则的含义。

这一原则表明,有些部门、岗位和业务活动按照效率原则本来也许可以合并,但是,如果合并起来由一个部门或人员承担,则可能丧失制约机制,削弱相应的管理职能。例如,如果生产部门既自己生产又负责检验自己生产出来的产品,遇到质量瑕疵,为了保证按时完成生产任务,就有可能蒙混过关。因此,生产和质量监督在一般情况下适宜分开设置,以防止质量监督形同虚设。此外,像会计与出纳、采购与检验等岗位要分开设置,其道理也是如此。

需要注意的是,有效监督制约原则在强调监督机构一定要履行好监督职能的同时,也提醒监督部门要加强对被监督部门的服务。所谓服务,就是要帮助被监督部门及时有效地解决发生的问题,并采取措施预防类似问题重复发生。这样,监督部门和被监督部门才能真正围绕着共同的战略目标而协同作战,达到设置监督部门的最终目的。

(5)统一指挥原则。组织设计应当保证行政命令和生产经营指挥的集中统一,避免多头领导、多头指挥。这是社会化大生产的客观要求,否则就会造成生产经营活动的混乱,造成各级责任制的落空。长此以往,下级将感到无所适从,积极性严重受挫,整个组织就会陷于瘫痪。

该原则表明,组织设计要注意贯彻以下几点要求:一是实行首脑负责制,即一个部门、一个生产经营单元只能由一名领导者负总责。二是明确正职与副职之间的领导与被领导的关系,副职是正职的助手,要对正职负责,遇有分歧意见时,必须服从正职的决定。三是一级管一级,逐级指挥,不要越级命令,否则,下级领导就会被架空,统一指挥的链条就遭到破坏。四是实行直线-参谋制,即区分两类机构和人员,一类是直线机构与人员,对下拥有指挥权;另一类是参谋机构与人员,它们协助同级领导进行管理,对下不能直接发号施令。

(6)责权一致原则。组织设计要使每一层次、部门和岗位的责任与权力相对应,防止权大责小(有权无责)或者权小责大(有责无权)。组织设计之所以要贯彻责权一致的原则,这是因为权力是履行责任的条件与手段。所以,如果责权不对等,责任大而权力小,那就难以有效开展相关管理业务活动,责任势必落空;反之,如果权力大而责任小,那就颠倒了权力与责任的关系,把作为手段的权力变成了追求的目的,只享受权力带来的种种利益,却可以不承担错误行使权力而造成的损失责任。也就是说,组织设计在操作过程中,要做到"责字当头、以责定权",先把各级各部门各岗位的职责研究确定下来,再赋予相应的职权。

(7)稳定性与适应性相结合原则。组织结构及其运行要有一定的稳定性,以利于生产经营活动有序进行。同时,组织结构及其运行又必须有一定的适应性,能迅速适应企业外部环境和内部条件发生的变化。组织的稳定性与适应性二者的关系是互为条件、相互依赖的,而不是对立的。因为组织如果没有一定的稳定性,各个组成部分、各项业务活动的处理程序与办法等都在变化之中,这样的组织就会陷于混乱和低效,无法适应环境变化;反之,组织若缺乏适应环境变化而及时调整的能力,各方面都处于僵化状态,这样的组织就会被激烈的市场竞争所淘汰,所谓稳定性也就不可能继续存在了。

3.1.3　组织设计影响因素

企业组织结构设计及运行,总是发生在一定的环境中,受制于一定的技术条件,并在组织总体战略的指导下进行的。组织设计必须考虑战略、环境、技术条件等因素的影响。此外,组织的规模及其所处阶段不同,也会对组织的结构形式提出相应的要求。组织设计影响因素主要有:

(1)外部环境。企业所处的外部环境是复杂多变的,环境中的各个要素是存在于企业之外,很难被企业控制的,这些因素有些是能对企业产生直接影响的潜在因素。按照对企业的影响程度可以分为任务环境和一般环境两个层次。任务环境能直接影响企业目标的实现,对企业的经营和效益起着重要的作用,诸如客户、竞争对手、供应商、行业协会、金融机构、政府机构等;一般环境对企业的影响不是那么直接,但从长远来看影响也很重要,诸如治安、文化、法律、政治、国际环境和生态环境等。

企业外部环境的主要特点就是不确定性,这种多变的特点使得企业经营失败的风险加大。环境的影响主要表现在几个方面:影响企业部门和岗位职能设计、影响企业部门重要性及部门间的关系、对企业组织机构的柔性要求不同。

(2)企业发展战略。战略对企业的组织结构的影响是深远的,战略决定组织结构类型,组织结构帮助战略实现,是战略实施的载体。从业务视角看,战略与组织结构之间的关系简单来说有 3 种情况:一是企业业务只有一个领域时,一般适宜采用职能式组织结构类型(或 U 型组织结构);二是企业的业务较多但都是相关行业时,适宜采用 M 型组织结构类型(亦称事业部制或多部门组织结构);三是若企业业务种类较多且并不相关,在不同的地区有分公司的情形下,多适合采用混合型组织结构类型。

从企业对竞争采取的策略和态度看,企业发展战略分为保守型战略、风险型战略和分析型战略。不同发展战略,适用的组织结构也有所不同。

①保守型战略往往认为内外部环境比较平稳,企业的市场占有率已经饱和或者变化不大,企业此时的主要任务是完善管理职能,改善产品生产条件,寻求降低成本、提高效率的策略。在组织设计上主要以提高生产和规范管理为目标,因此此时组织需要适度的集权,往往采用"机械式"结构,通过行政管理来达到对组织的严格控制。

②风险型战略认为内外部环境变化较快,市场变化快但前景广阔,此时组织需要不断地创新和开拓,需要适度地加大权力的下放,那些能促进企业发展和带来良好效益的部门应当适度增加权力,获得更多的资源,以便实现企业的扩张。同时,企业在组织结构设置上比较注重灵活。

③分析型战略介于保守型战略和风险型战略之间,企业对任何战略的选择都小心谨慎,注重风险和利润的平衡,在保留传统产品和优势市场的同时,市场的开拓和产品开发上多采取跟随其他成功企业的战略。此时企业组织结构呈现保守型战略和风险型战略的双重特点。

(3)企业发展阶段。企业在不同的发展阶段,组织结构是不一样的,一个有效的组织结构会随着企业的发展而不断进行调整。目前,关于发展阶段和组织结构的关系理论,主要是美国学者 J. Thomas Cannon 提出的组织发展五阶段理论。该理论认为在不同的发展阶段,要有不同的组织结构相对应。

①创业阶段。企业高层领导做出大多数决策,部门设置和岗位职能还不健全,职责和权限还不明确,信息在企业内的传递没有流程可依。

②职能发展阶段。组织意识到职能设计的重要性,企业发展规模要求企业进行职能专业化设计,并强调各职能之间的配合和信息沟通。

③分析阶段。随着产品增多和市场区域的扩大,组织需要进行专业化分工,通常开始按照产品或地区建立事业部,这些事业部有相对独立的经营权。但是此时容易形成事业部之间的利益之争及总部对事业部的控制力有所减弱。

④参谋激增阶段。集团总部领导为了加强对事业部的控制,不得不增加许多参谋助手,此时企业的统一命令原则有可能被破坏。

⑤再集权阶段。经过分权和参谋激增阶段后,企业高层可能会通过集权来解决这两个阶段产生的问题。

(4)技术。是指企业把原材料加工成产品并销售出去这一转换过程中所采用的有关知识、工具和技艺。主要包含两大类:一类是作用于资源转换的物质过程的生产技术;另一类是主要对物质生产过程进行协调和控制的管理技术,而快速发展的信息技术是目前管理技术的重要内容。具体来说就是:工艺整体性要求高和技术复杂度高的企业,适宜集权和分权并存的组织结构类型;工艺整体性要求不高但技术要求高的企业,适宜采用分权的组织机构类型;工艺整体性要求高但是技术要求较低的企业,适宜集权的组织结构类型;工艺整体性要求和技术要求都不高的企业,进行组织结构设置时,可以忽略技术因素。

3.2　常见水利工程设计企业总承包业务管理组织架构

3.2.1　设计企业总承包业务管理组织架构概述

设计企业总承包业务管理组织架构与企业整体的组织架构息息相关,在直线职能式和矩阵式的不同企业组织架构下,总承包业务管理组织架构存在差异。从现状看,目前设计企业采用的总承包管理组织架构主要可分为两大类型。

(1)独立总承包组织架构,即成立独立于设计业务的总承包机构,与设计业务机构平行的管理组织架构。在此组织架构下,根据管理的内容又进一步分为独立经营管理和独立生产管理两类,前者市场开发、生产组织一体化,独立核算;后者只开展生产,相关职能部门配合,按项目实行核算。

(2)总承包业务与设计业务混合管理组织架构,即与设计业务融合在同一机构的管理组织架构,由相应业务的设计机构组织市场开发和生产,与设计业务统一核算。

水利工程设计企业总承包业务由设计业务拓展而来,起初一般都采用独立总承包管理组织架构,该组织架构的特点是由专门机构开展总承包业务的生产管理,独立于传统勘测设计业务生产管理,目前不少水利工程设计企业仍保持该管理组织架构。部分设计企业在经历了多年发展后,开始按工程公司建立管理体系,将设计业务与总承包业务管理相结合,实现咨询、设计和总承包一体化管理,构建了总承包业务与设计业务混合管理组织架构。

对于业务种类较多、总承包业务规模占比较大、战略定位为工程公司的水利工程设计企业,应建立与工程总承包相适应的组织机构,淡化设计管理模式,将设计业务与总承包业务融合,按设计业务分类组建与设计业务管理混合的管理机构,追求总承包项目效益最大化;同时,继续开展单一的勘测设计服务,提高设计服务能力,最终建设集咨询、设计、总承包为一体的专业队伍,达到灵活应对市场的目的。对于小型水利工程设计企业,可通过成立总承包机构,采取独立生产管理型模式管理,实行矩阵式管理,各职能部门实行项目经营控制,项目部负责生产管理。

3.2.2　独立总承包管理组织架构

采取这一模式的设计企业,在开展总承包业务时,可保持传统水利工程勘测设计生产管理组织架构稳定,易实现总承包业务的专业化、规范化管理;缺点是总承包项目的设计优势没有得到充分发挥,设计人力资源不易被充分利用,总承包项目的管理与设计没有形成有机整体,项目经营考核难度较大。

这一组织架构又可分以下两种:

(1)独立经营管理型。将水利工程总承包业务独立,成立相应的分公司或事业部,实施总承包业务的市场、生产、核算全方位的独立经营管理。在具体项目执行层面,设置项目部,项目部尝试采用项目经理负责制。采用此类管理组织架构的多为大中型设计企业。

(2)独立生产管理型。这一模式以水利工程总承包项目生产为主要目的成立总承包管理机构,配备少量项目管理人员,项目的主要经营工作由相关职能部门负责,总承包部门组建项目部,项目部通用管理人员由总承包部委派,其他相关专业技术人员和经营人员由企业相关部门委派,进行矩阵式管理。此类管理组织架构多为中小型水利工程设计企业采用,项目经理负责制较难实现。

3.2.3　水利工程总承包业务与设计业务混合管理组织架构

通过建立水利工程总承包业务生产管理流程和管理机制,将相同业务的设计和总承包交由同一生产机构完成。同一生产机构可以是专业生产部门,也可以是根据业务分类设立的分公司,各业务管理单位根据项目需要成立项目部。目前,行业内一些专业门类较全、体量增长较快的设计企业已实施或正在实施这一模式,独立经营核算,统一考核。

总体上看,总承包业务与设计业务混合管理组织架构多为实行按业务分类开展生产经营的企业采用,目的在于总承包业务与设计业务人力资源可实现共享,建立项目生产经营利益共同体,消除设计与总承包业务的界限,实现勘测设计与总承包业务的互补,减少市场波动给生产机构带来的影响。在此基础上,解决一些长期困扰总承包项目开展的突出问题,比如项目经营考核激励难以实现、设计技术优势和前期市场优势较难发挥、总承包和设计复合型人才不易培养等。

3.2.4　设计企业优化总承包业务管理组织架构的注意要点

(1)健全工程总承包项目管理体系。设计企业应制定一系列有关工程总承包的规章制度和管理办法,完善项目管理体系。对于尚未实行分公司制的企业,建议在企业层面保留一个总承包管理部门,负责企业总承包管理制度、流程的建设,并对总承包项目生产经营进行监督考核。对于已实行分公司化的企业,在分公司层面建立总承包生产经营的考核与管理体系。总承包生产管理必须依靠项目部实施,在项目部内部明确计划经营、工程管理、HSE管理、设备采购等职责,对项目进行全方位管控,实现总承包业务的规范化管理。

(2)发挥总承包项目的设计龙头作用。设计企业在组织架构和人员配置时,可把项目设计总工程师(简称设总)和项目经理放在项目部,从组织体系上加深管理融合。完善设计对项目实施的支持与服务管理流程,及时配合项目部解决制约项目进展的重大技术问题。建立信息反馈渠道机制,及时将项目实施过程反馈至设计,开展设计优化。要确保设计能够根据设备采购、物流和仓储需要、施工和安装需要调整设计流程,发挥设计在总承包项目中的主导作用。在设计人员配置方面要采取有效举措,避免承担项目设计的设计人员"游离"于项目之外,停留在设计分包人的角色上。

(3)落实项目经理负责制。设计企业开展总承包业务大部分都已成立项目部,设置了项目经理岗位,但均不同程度地存在项目经理责权利不到位的情况,尤其是项目经理对设计环节的管理和奖惩不到位,进而影响项目经理制的推行,降低项目实施效果。设计企业要创造条件,逐步扩大项目经理的责权利,制定项目经营目标考核的奖惩机制,并配套相应的管理制度及监督机制,提升项目管控效果,从平衡矩阵管理过渡到真正的强矩阵管理,实现总承包项目的利润最大化。要注重项目部的成本控制,提升税务、技术经济、费用控制等环节的综合能力,降低财务成本,提高总承包项目的盈利能力。

(4)完善总承包项目考核激励机制。设计企业在制定项目目标的基础上,应通过建立以项目经营效益为核心的考核机制,发挥勘测设计和项目管理两方面的能动性和积极性,实现总承包项目效益最大化。在项目收入分配方面,一类是总承包项目部和勘测设计部门的正常生产管理奖励,项目部工作人员一般参照企业生产部门奖金确定,勘测设计生产人员按设计企业原定方式确定奖金;另一类是项目经营目标奖励,在项目结束后,经企业财务核算,确定项目经营目标超额奖,由项目经理考核分配,鼓励设计部门优化设计、项目部控制成本。

3.2.5　中水珠江公司工程总承包组织架构案例

中水珠江公司负责某流域水利水资源规划设计工作,并长期致力于流域水利水电工程的规划、勘测、设计和科研等工作,是大型水利、水电、供水、建筑、出海口门治理、市政、交通工程等多功能的综合性甲级勘测设计研究单位。

公司目前拥有工程勘察、水利水电设计、建筑行业设计等多项甲级资质和乙级资质。公司专业配套齐全,技术力量雄厚,人力资源丰富。公司自成立以来,承接和完成了大量的大中型水利水电工程、供水工程、工业与民用建筑工程、城市防洪排涝、河流治理、湖泊治理、市政工程、码头工程等的规划、勘察、设计、监理、咨询等工作,在流域治理开发和地方经济建设中取得了丰硕的成果。通过开展大量的工程勘察设计、监理、咨询实践,积累了丰富的经验,造就和培养了一大批高素质的专业技术人才。特别是在城市防洪、河道治理、低水头径流式电站设计、出海口门治理开发、海域测量及物探、软基处理、新能源风力发电等领域具有较大优势。

公司以工程顾问服务为主旨,以各种成熟人才和科技作为主要支撑,大力拓展投融资能力,力争在战略规划预期内将公司建设成行业中最具活力和影响力的优秀的国际型的现代工程顾问企业,当前正在积极承接水利水电工程总承包业务。

3.2.5.1　工程总承包制度建设

为保证公司工程总承包业务的有序开展,规范工程项目总承包管理,实现产品的过程控制,中水珠江公司制定了建设项目工程质量、职业健康安全、环境生态保护等方面的管理要求,以保证项目产品和服务的质量、功能和特性,满足法规、业主、合同及其他相关方的要求。对于建设工期短、项目简单的二级经营总承包项目可供参考。

建设项目全过程一般包括项目建议书、评估、决策、勘察、设计、采购、施工、试运行、接收使用等。过程控制程序所指工程总承包可以是全过程的承包,也可以是分阶段的承包,具体视项目合同的约定。过程程序适用于各种类别的总承包方式,如设计-采购-施工(EPC)/交钥匙总承包、设计-施工(DB)总承包、设计-采购(EP)总承包等方式。过程程序所含内容不包括工程监理环节,当业主聘请项目管理机构或监理机构时,项目部应按合同约定接受管理并配合工作。

3.2.5.2　组织职能分工

工程总承包业务由总承包事业部归口指导。根据公司《生产管理办法》《经营管理办法》的规定,公司各职能部门按《中水珠江规划勘测设计有限公司 工程总承包管理分手册》要求进行管理,确保总承包项目处于受控状态。

1. 总经理

(1)指定项目分管领导。

(2)批准项目经费总预算。

(3)指定专门招标采购小组负责总承包项目施工分包等重大采购事项。

(4)批准、签订重大项目外委合同。

2. 分管领导

(1)负责总承包项目策划和生产经费的控制,批准总承包项目管理计划、项目生产预算内的分配方案;批准"总承包项目管理目标责任书"、项目采购计划。

(2)与公司总工程师协商确定项目分管总工程师;确定项目经理、项目副经理及以下主要岗位人员;批准成立总承包项目部;负责协调解决项目进度、质量、安全等问题。

(3)在授权范围内批准、签订项目相关的变更合同、采购合同。

(4)批准项目重要成果(含重要设计成果、项目管理工作报告等)出公司的交付。

3. 分管总工程师

(1)核定总承包项目管理计划。

(2)核定重大技术设计原则、重要技术文件。

(3)主持重大技术方案评审,解决施工过程中的重大技术问题。

(4)协助分管领导解决项目进度、质量、安全等问题。

4. 项目经理

(1)贯彻执行国家有关法律法规、方针、政策和强制性标准,执行公司的管理制度,维护公司的合法权益。

(2)组织编制项目管理计划和实施计划,负责协调项目内外部接口,推动项目按进度计划完成。

(3)主持项目部的工作,组织制定并批准项目的各项管理规定。

(4)根据授权,代表公司组织实施工程总承包项目,按照公司《生产管理办法》对实现项目的质量、安全、进度和回款等目标负责;负责按照项目合同所规定的工作范围、工作内容,以及约定的项目工期、质量、费用等合同要求全面完成合同项目任务,为顾客提供满意服务。

(5)完成"总承包项目管理目标责任书"规定的任务。

(6)参与项目生产经费的预算编制、控制和结算。

(7)负责组织总承包项目的竣工结(决)算、验收、移交、总结和归档工作。

5. 经营部门

(1)组织项目承接,下达"项目任务通知书"。

(2)负责项目合同归口管理,监控项目部进行项目执行过程中的合同变更、合同谈判等相关事宜。

6. 生产管理部门

(1)与总承包项目实施部门协商后,拟订"总承包项目管理目标责任书",并对项目经理进行考核。

（2）协助项目人员和经费的合理配置，沟通协调；对项目质量、进度、成本、安全等进行动态检查监督、跟踪记录。

（3）根据项目分管领导、项目分管总工程师和项目经理的要求，组织各种会议（如项目启动会、综合性现场查勘和技术策划会、中间成果评审会、重大技术问题讨论会、专业技术协调会，组织外部项目审查会）。

（4）审查项目采购计划，组织采购小组完成采购任务。

（5）组织项目专项外委及专业外委，审核外委经费月度支付计划。

（6）负责项目生产经费预算的编制、审核，协助项目经理进行项目工程结算。

（7）负责顾客投诉处理，对顾客意见进行调查、分析、处置、反馈。

7. 总承包事业部

（1）负责制定总承包项目管理制度、总承包业务工作流程，对公司的总承包项目管理方法进行规范和持续改进。

（2）负责收集国内外总承包工程信息，协助经营部门组织编制工程总承包投标文件，协助相关部门承接总承包项目。

（3）负责对总承包项目进行指导和技术支持。

（4）负责工程总承包业务的人才队伍建设和培养工作，协助对总承包项目经理的培养、考核、认定和管理工作；负责对本部门的人员进行考核。

8. 相关勘察设计生产部门

根据生产管理部门及总承包项目管理计划要求，配置本部门的勘察设计资源，组织项目的勘察设计产品的实施，对项目有关本部门的勘察设计进度、质量、安全、经费控制等负策划、协调、指导、监督实施完成的责任。

9. 总承包项目实施部门（简称实施部门）

（1）负责本部门实施的总承包项目的项目部组建，对项目进行全面管理，包括对项目实施全过程进行策划、组织、协调和控制。

（2）负责协调和处理与项目有关的内外部事项，包括与公司各职能部门、分包商和供货商、业主和业主工程师、其他项目相关单位等的协调，解决项目中出现的问题。

（3）协助生产管理部门拟订"总承包项目管理目标责任书"和考核项目经理。

10. 其他

总承包项目部的机构设置及各级岗位职责应在项目管理计划中明确。

总承包项目实施部门根据项目的级别、阶段、特点及公司资源状况等，推荐项目部总工程师（必要时）、项目部各部门负责人，协助组建项目部；生产管理部门协调配置设计经理及相关勘测设计专业负责人，由项目分管领导批准。公司发文成立项目部，任命项目经理，启用项目公章，并由公司法定代表人签发书面授权委托书。项目分管领导、项目实施部门与项目经理签订"项目管理目标责任书"。

对于公司与施工单位组成联合体承接的总承包项目，由施工单位的施工项目经理任总承包项目部副经理并兼任施工经理。

3.3　水利工程总承包联合体组织关系与联合体协议编制要点

3.3.1　联合体

3.3.1.1　联合体概念及特征

工程总承包联合体,是指两个或两个以上的法人或其他组织自愿组成联合体形式,通过联合体之间的协议结成联营组织,并通过协议明确内部分工或共同经营的方式,对外作为一个整体向发包方承揽特定的工程。工程总承包联合体通常具有以下特征:

(1)工程总承包联合体由两个或两个以上法人或其他组织共同组成,但工程总承包联合体本身不具备法人资格,仅作为开展工程总承包业务的临时组织。

(2)工程总承包联合体内部有着联合协议,明确联合体各方具有和应承担的权利和责任。

(3)工程总承包联合体中标后,联合体各方共同与招标人签订合同,并就承包合同的履行向发包人承担法律规定及合同约定范围内的连带责任。

水利工程总承包是项目业主或建设单位为适应工程建设规模不断扩大,建设投资不断提高,建设技术与管理日益复杂专业化的特点,采取的全新项目管理模式,是市场经济调节作用下建筑市场资源配置的选择。

目前,国内能够独立承担水利工程总承包建设任务并且同时具备设计、施工、采购等资质水平条件的总承包商较少。因此,现阶段实施水利工程总承包的一般是由具备设计、施工等单一能力的工程企业单位组成联合体,分别负责完成设计、施工等相应部分的工作。

3.3.1.2　联合体组织关系

(1)联合体成员权利义务。在水利工程设计施工总承包模式下,联合体通常由一个牵头企业和 N 个($N \geq 2$)负责设计、施工、咨询等建设任务的成员组成,联合体牵头企业会分别与不同成员就其风险承担比例进行协商。联合体作为一个整体与项目业主签订总承包合同,但是在联合体内部,成员之间的合作是在联合体牵头单位的统筹管理下并以"联合体协议"为指引进行的,联合体成员之间的关系是建立在"收益共享、风险共担"的基础上的。联合体内部之间应在共同投标协议中或联合体签订的合同中约定各方的权利义务关系,联合体内部之间权责关系需要以联合体各成员企业共同订立的合同为法律依据。

在水利工程建设项目实施过程中,联合体各成员企业应享有的权利有:工程项目的知悉权、联合体各方相互的监察权、项目信息的共享权及工程完工后的收益权,联合体牵头企业还有对项目整体工作中的协调权和管理权等。联合体各成员企业应履行的义务有:对建设单位应及时通报所承担的项目任务的进度和工程质量情况、保质保量完成所承担的项目任务并如期交付相应成果的义务;对联合体各成员企业应支持和配合各方顺利完成所承担的项目任务的义务;对联合体牵头企业,联合体各成员企业还应服从联合体组织的协调管理的义务等。

（2）联合体成员之间的法律关系。联合体协议是联合体成员之间的"法律"，各方必须遵守并承担相应的违约义务。联合体成员之间的责任按阶段分为招标投标阶段的责任和合同签订后的责任。在招标投标阶段由于没有签订合同，双方不承担合同责任，此时承担的是缔约过失责任。如果缔约一方故意或者过失地违反诚实信用原则，所产生的先合同义务，而造成对方信赖利益损失时，损失方可要求其依法承担民事赔偿责任。合同签订后，企业之间或者企业、事业单位之间联营，按照合同的约定各自独立经营的，它的权利和义务由合同约定，各自承担民事责任。为了更好地开展合作，避免成员之间产生争议和索赔，国际惯例经常约定联合体成员之间适用"互不索赔原则"（no cross claim），即成员之间就一般纠纷原则上不得索赔。"互不索赔原则"适用的范围是直接损失，对于间接损失绝对不能索赔。当然"互不索赔原则"也有例外，例如：一方有恶意欺诈行为；一方的重大过错或者过失造成严重违约；一方出现资不抵债、破产、倒闭、清算、重组等情况。

联合体成员之间发生争议时经常采用"比例份额责任原则"。比例份额是指联合体成员之间各自承包的合同份额，联合体成员之间有争议（收益或者责任），或者是混合责任不能确定责任比例，先临时按份额承担责任或按份额获得收益。例如，如果因为联合体成员的过失，业主要求支付违约金，过错方应支付违约金。如果暂时不能确定是哪方的责任，或者是混合责任但不能分清承担责任的比例，应先按合同价款中约定的比例支付，争议最终解决后，再按最终的结果支付。

在专利权保护上，联合体各方应确保对方免受针对自己工作范围内提出的有关知识产权的索赔，包括设备、材料、工艺、机械设备的实际侵权或者被指控的侵权。任何一方也不得擅自揭露对方在履行合同期间的发明、改良或者有可能获得专利的具体内容。

3.3.1.3　工程总承包联合体优势

作为现阶段国内普遍采用的工程总承包经营方式，工程总承包联合体自有其组织形式的优越性。

（1）优势互补，强强联合。在开展工程总承包市场业务时，多数企业普遍只具备某一方面优势能力（如设计、施工、组织协调管理），缺乏覆盖设计、施工、管理等方面的综合建设实施与管理能力，难以独立完成建设项目的全部建设管理任务。工程总承包联合体模式下，设计、施工、咨询管理等建筑企业能够实现企业间的资质互补、能力互补，令资源有效配置，增强联合体总体竞争能力。

（2）统一管理，减少投入。联合体各方依据内部协议，由牵头方进行统一管理，采取集中式办公，不仅有利于设计、施工等人员的沟通、交流，令项目投资、进度、质量与安全管理目标更易实现；同时联合体内部分工明确，各成员按照内部协议开展各自管理工作，还有利于减少联合体成员企业管理人员和费用的投入。

（3）分散风险，积累经验。工程总承包联合体形式下，联合体成员能够克服个体抗风险能力弱的难题，通过企业联营共同应对项目工程质量、安全、进度、投资等风险。同时，在项目管理实施过程中，联合体各成员能够从其他成员处学习相关技术、管理知识，积累自身工程总承包项目经验，为企业未来的扩大发展、独立经营积蓄力量。

3.3.2　联合体模式下的管理问题

水利工程总承包联合体,是现阶段我国水利工程总承包市场采取的主要业务经营方式,一定程度上能够满足建设、投资规模不断扩大的水利工程总承包项目管理要求。但在实践过程中,水利工程总承包联合体还存在一些亟待解决的发展问题。

(1)管理权限问题。水利工程总承包联合体由牵头方对各成员主体进行统一管理,但如设计、施工等管理人员都各自隶属不同单位,实际管理权限仍掌握在各自单位手中,相关管理人员并未认同牵头方的统一管理权限,因此存在对联合体项目部制定的规定及所发指令阳奉阴违、执行不力的情况。

此外,联合体成员之间缺乏协作意识,缺乏信任感,受"利己性"影响,导致联合体工作配合与衔接不力,甚至出现矛盾纠纷。

(2)内部协议问题。水利工程总承包联合体由多个利益主体组成,内部协议是明确各方权利义务、规范约束各方行为的主要办法。联合体之间必须制订完善的内部协议,防止可能出现的风险责任与分包转包问题。

(3)风险责任问题。水利工程总承包联合体各方既是利益共同体也是责任共同体,联合体成员依据合同要求,就承包合同的履行向发包人承担法律规定及合同约定范围内的连带责任。发包方依据总承包合同追究总承包商责任的,可以向联合体牵头方追责,也可以向联合体成员的任何一方追责,这就为联合体各成员造成相应的责任风险。为了保障自身权利,减少风险,联合体内部应对各方的责权利进行尽可能详细的约定,避免后期各方相互推诿、"扯皮",损害联合体成员利益。

(4)避免违法分包与转包。各承包商组成联合体共同与发包方签订合同后,联合体与内部成员另行签订承包协议易被认定为违法分包关系或转包关系,从而导致合同效力存在不确定性的风险。

整体而言,水利工程总承包联合体是现阶段较为适宜我国开展水利工程总承包市场业务的经营模式。尽管目前在实践中仍存在一些发展问题,但瑕不掩瑜,水利工程总承包联合体仍然是我国推进水利工程总承包市场发展,促进各类设计企业转型为工程总承包企业的必经之路。

3.3.3　联合体协议编制要点

2020年3月1日起,《房屋建筑和市政基础设施项目工程总承包管理办法》开始施行。《房屋建筑和市政基础设施项目工程总承包管理办法》第十条规定:工程总承包单位应当同时具有与工程规模相适应的工程设计资质和施工资质,或者由具有相应资质的设计单位和施工单位组成联合体。因为双资质要求的限制,设计单位和施工单位组成联合体开展工程总承包业务将成为一种常态。

水利工程联合体成员之间的关系是建立在"收益共享、风险共担"的基础上的。对联合体牵头企业来说,如何实现联合体内部公平的"风险共担"存在极大的困难,原因在于,参与工程建设的联合体成员都是独立法人,或者说是相互独立的企业/机构,从经济学角度来说,联合体成员作为独立法人是以追求自身效用最大化为目标:基于风险规避的考虑,联合体牵头方希望将更多的风险转移,由联合体成员承担,通常来说,风险承担得越多就意味着防范风险的投入就越多,过多的投入会导致收益减少,因此联合体成员在风险分配比例与风险投入中寻找平衡点并综合考虑自身收益。

这种模式下,设计单位和施工单位所签订的联合体协议,对于双方来说都至关重要。以下列举联合体协议中的主要风险点。

3.3.3.1　联合体成员之间的分工

在联合体协议中,应当约定由哪方作为联合体牵头方,哪方作为联合体成员方,牵头方及成员方的具体分工是什么。《房屋建筑和市政基础设施项目工程总承包管理办法》第十条规定:设计单位和施工单位组成联合体的,应当根据项目的特点和复杂程度,合理确定牵头单位,并在联合体协议中明确联合体成员单位的责任和权利。以免在履约过程中双方权责不清,影响项目的具体开展。例如,设计单位除完成设计工作外,是否还需要承担部分项目管理职能等。

3.3.3.2　关于向发包方承担连带责任的问题

《中华人民共和国招标投标法》第三十一条规定:联合体中标的,联合体各方应当共同与招标人签订合同,就中标项目向招标人承担连带责任。

《房屋建筑和市政基础设施项目工程总承包管理办法》第十条规定:联合体各方应当共同与建设单位签订工程总承包合同,就工程总承包项目承担连带责任。

虽然在联合体协议中约定了各方的分工,但这并不意味着可以完全免除联合体成员分工之外的责任。按照法律规定,联合体成员各方应当向发包方承担连带责任。因此,这就需要在联合体协议中,就该连带责任问题做出具体的约定。联合体发生违约行为被发包人索赔的,联合体成员中的责任方应当负责主动解决。本方分工之外的部分,因联合体另一方的原因,导致本方向发包人承担责任的,有权向责任方进行追偿,并可以约定相应的违约金。通过这种约定,促使联合体各方积极履约。

3.3.3.3　总承包合同签订方式及履约担保提交

联合体各方应当共同与发包单位签订工程总承包合同,即联合体各方均是工程总承包合同的当事一方,而不是仅由联合体牵头方与发包方签订合同。

在工程总承包合同中,总承包方通常需要提交履约保函或者履约保证金等履约担保。在联合体协议中,应当约定各方提供履约担保的责任划分,例如施工方和设计方按照各自承担的工程造价的比例向发包方分别提供保函,或者由牵头方负责提供保函等具体方式。

3.3.3.4　工程款的分配

在联合体协议中,应当根据联合体各方的分工,约定工程款的分配方式。常见情况为设计单位收取勘察费、设计费,施工单位收取建筑安装工程费、设备购置费等。如有特殊约定,应当在联合体协议中明确。所约定的费用名称,应当与工程量清单中的相应项目名称一致,以免发生争议。需要注意的是,对于总承包其他费用的分配,易发生争议,应当进行特别的约定,总承包其他费用主要包括研究试验费、土地租用占道及补偿费、总承包管理费、临时设施费、招标投标费、咨询和审计费、检验检测费、系统集成费、财务费、专利及专有技术使用费、工程保险费、法律服务费、其他专项费等。

除需约定工程款的分配外,还应约定好具体的支付方式与发票开具方式。实践中通常有两种方式:一种方式是由发包方按联合体成员的分工分别向各成员直接支付工程款,各成员方分别向发包方开具发票;另一种方式是发包方向联合体牵头方支付,牵头方向发包方开具发票,再由牵头方向成员方支付,成员方向牵头方开具发票。具体采用哪种方式,应当由各方协商确定,并在联合体协议中明确约定,同时在工程总承包合同中一并约定,以免资金流向、发票流向、货物(含劳务、服务)服务流向与合同不一致,产生涉税风险。

3.3.3.5　质量安全责任划分

在联合体协议中,应当对工程的质量、安全责任主体做出划分。因设计造成的问题,应当由设计单位承担;因施工造成的问题,应当由施工单位承担。

需要注意的是,联合体下的质量安全责任可以分为刑事责任、行政责任和民事责任。民事责任可以通过联合体协议内部约定进行划分,刑事责任、行政责任不能因联合体内部的约定而转移。但是仍然可以在联合体协议中,约定与行政或刑事处罚相关联的特殊的违约责任,通过提高违约成本等经济措施反向控制质量安全风险。

3.3.3.6　设计与施工的融合问题

工程总承包模式的核心在于设计、施工的深度融合。这种融合对于单一的总承包单位来说不存在问题,但是对于联合体来说,就容易产生冲突。例如,非发包方原因产生的工程变更,在实践中往往不可避免,因该种变更发包方通常不会给予补偿,增加的费用需要承包方自行承担。这种情况下,则需要联合体各方对因设计、施工冲突产生的损失承担做出约定。例如,因设计单位的设计错误产生的变更损失,应当由设计单位承担。

另外,设计单位对工程设计进行优化,也可以减少施工成本,使得施工单位受益,对于这种收益的分配,也可以在联合体协议中做出约定。

3.3.3.7　分包连带责任风险规避

目前的法律法规中,仅对联合体各方对发包方承担连带责任有明确的规定,而关于联合体各方对分包单位是否需要承担连带责任,实践中还存在争议。这就需要针对该问题在联合体协议中进行约定,以避免己方承担不必要的责任。联合体各方应当按照联合体协议中的分工,承担相应的责任。在联合体协议中,应当约定成员方只能以自身名义,对外签订工程分包、材料采购、设备租赁、设计分包等合同,并应当在联合体协议中约定相应的违约责任,如联合体一方对于自身分工范围内的职责不履行或履行不到位,导致第三方向联合体另一方主张权利的,责任方应负责及时解决,给另一方造成损失的,责任方应予以赔偿,并可以约定一定的违约金。

3.3.3.8　接管与退出

原则上讲,联合体成员不得随意更换。但如联合体一方持续性不能履约,将给联合体整体造成损失。因此,可以在联合体协议中约定,由于联合体一方的严重违约行为,为防止给联合体造成更大的损失,经发包方同意,另一方可以接管全部工程。甚至在一定条件下,经发包方同意,联合体中的违约方应当退出联合体。

目前的法律法规中,对于联合体的法律地位并无特别具体的规定,这就更需要总承包联合体各方签订完善的联合体协议,通过契约的方式,对民事权利和义务做出约定,以弥补法律规定的不足。联合体协议是工程总承包联合体各方权利和义务的基础,应当予以足够的重视。

3.4　水利工程总承包联合体组织

3.4.1　水利工程总承包联合体组织结构类型

根据不同项目各自的特点和联合体各方合作的深度,水利工程总承包联合体可分为松散型联合体和紧密型联合体。

3.4.1.1　松散型联合体

松散型联合体的各方承担相对独立的工作,自负盈亏,合作程度相对较低。该模式适用于规模较大,但是单个企业难以满足项目总体要求,且容易分解成各个独立工作段的项目。其优点是联合体各方之间的矛盾冲突较少,易于管理。松散型联合体中标后,各方分别组建独立的项目部,各自承担相对独立的工作,见图 3-1,这使得松散型联合体具有如下弊端:①组织机构和人力资源重复配置,浪费资源;②设备、技术等资源共享程度低,无法有效整合优势资源;③组织间协调工作接口繁多、流程复杂,导致沟通效率下降,容易引发相互不信任、合作失败等后果。而紧密型联合体能够有效解决上述问题,实现各参与方之间资源的高度整合和信息的高度共享,创造更高的经济效益和社会效益。

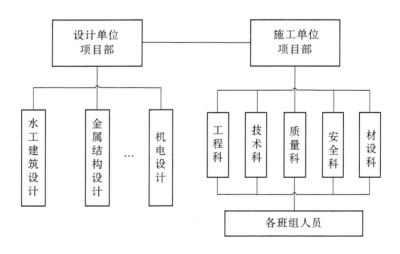

图 3-1　松散型联合体组织结构

【案例】　**鲁南某水利工程总承包项目松散型联合体组织结构**

鲁南某水利工程是由四川省水投投资开发的。该项目由中国电建集团某勘测设计研究院和中国水利水电某局有限公司共同组成联合体中标,按照招标人要求,设计单位作为联合体牵头人,联合体成员双方共同与项目发包方签订了 EPC 总承包合同。为进一步明确工程实施阶段联合体成员双方的责任、权利和义务,联合体成员双方签订了项目实施阶段联合体协议,协议对联合体模式定位为松散、协作型联合体,联合体的组成不影响各自组织、经济的独立性,双方按照联合体协议的约定开展合作,独立核算,在各自的权益范围内包干经营、自负盈亏。协议对联合体成员双方的责任、权利和义务进行了详细规定。

根据联合体协议和合同,成立"某勘测设计研究院·中国水电某局 EPC 总承包项目部",项目部实行项目经理负责制,下设设计管理部、施工管理部、综合管理部及采购部。其项目部组织结构如图 3-2 所示。

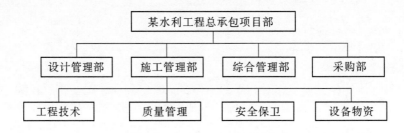

图 3-2　鲁南某水利工程总承包项目部组织结构

本工程虽然应招标人要求成立了联合体管理委员会,但是根据联合体成员双方签订的项目实施阶段联合体协议,联合体的组成不影响各自组织、经济的独立性,双方按照联合体协议的约定开展合作,独立核算,在各自的权益范围内包干经营、自负盈亏,因此本质上仍然是松散型联合体。

松散型联合体解决了只具有设计或施工单一能力的问题,具有整合资源、实现企业优势互补、提高企业市场竞争力等优点,但该管理模式在项目实际管理过程中暴露了不少问题:

(1)联合体双方各自为政;总承包牵头方(设计单位)必须通过总承包参与方(施工单位)进行施工管理,管理链条较长,总承包牵头方夹在业主、总承包参与方之间,牵头方风险较大。

(2)联合体项目部由各成员单位共同组建,在联合体各成员单位共同签订的联合体协议中,关于各成员单位责权利相关内容及项目管理费用若没有规定明确,后期易产生"扯皮"、推诿及纠纷情况,影响项目正常运营。

(3)联合体项目部各部门主要管理人员多为临时抽调各成员单位、各专业技术人员临时组建而成,各成员单位所派管理人员更多考虑的是服从于各自单位而非 EPC 总承包项目部综合管理整体需要,同一单位管理人员容易分别抱团,导致成员单位间配合不默契,容易产生纠纷。各成员单位所派管理人员彼此缺乏信任感,联合体项目团队缺乏团队凝聚力,导致工作相互配合度和执行度差,存在人浮于事、敷衍了事的工作作风问题。

目前,我国水利建设工程项目中最常见的联合体组织形式是松散型联合体。然而,随着总承包模式在我国水利工程领域的推广与发展,松散型联合体已难以满足大型工程总承包项目的要求;工程企业组建紧密型总承包联合体开展更为深入而紧密的合作,以应对市场变化、进一步提高企业间合作带来的效益,将成为新的发展趋势,因此后文重点介绍紧密型联合体。

3.4.1.2　紧密型联合体

紧密型联合体中联合体各方共同经营项目,以联合体协议为依据承担相应的工作和责任,按照约定比例共享收益、共担风险、合作共赢。紧密型联合体能够发挥出联合体的整体优势,提高效率,节约资源,创造更多的经济效益和社会效益,在规模大、工作内容复杂、工序交叉且相互影响的项目中尤为适用。紧密型联合体的结构为交叉式联合体组织结构,见图3-3,各联合体参与方共同组建新的项目部,来自不同联合体成员企业的人员交叉配置于项目部的各个部门,在统一的管理制度下实施项目。

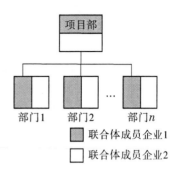

图 3-3　紧密型联合体组织结构

紧密型联合体在组建过程中打破了原有的组织边界,从传统的多个组织转变为融合组织,融合组织是指由两个或两个以上的组织相互融合组成的、性质介于单个组织和多个独立组织之间的一种新型组织。项目结束后,联合体成员回归到原组织,联合体解散。从外部来看,紧密型联合体是一个完整的组织,具有独立的组织结构、统一的管理制度和共同的目标,能够实现资源的高度共享和信息的有效传递,效率更高。从内部来看,紧密型联合体的成员来自联合体参与各方,其行为仍保留原组织的特点,并在组织内部决策过程中代表原组织的利益参与博弈,这使得紧密型联合体在管理上存在诸多难点,需要更为复杂的管理机制来保障联合体能够紧密联合并有效运行。

3.4.2　水利工程设计企业牵头的联合体组织结构

3.4.2.1　设计企业牵头总承包的联合体

针对设计企业牵头施工单位组成的联合体,多数是由于利益的驱动,为了增加中标的概率而结合在一起。而中标项目又存在不确定性,设计企业与其合作伙伴在期初并没有花费更多的精力和成本在联合体如何管理上。所以,真正的管理其实开始于工程总承包项目正式确认实施后,设计企业需要建立合理的组织架构,实现统一的管理程序与沟通路径,保证联合体的整体管理效果。在采用松散型联合体组织中,联合体只是充当了一个临时性的机构,不具备法人的特征,但却需要以一个整体身份完成与业主签订的工程总承包合同内容。具体是由联合体各合作伙伴完成各自的专业工作,并从中获得相应的利润。对内而言,联合体各成员负责其各自分配的工作;对外而言,联合体各合作伙伴针对整个项目向业主承担连带责任。在松散型联合体组织架构下,项目被划分成不同的区段,联合体各成员承担与各自区段相关的履约费用及责任,联合体通常成立联合体管理委员会进行整体管理控制,建立项目管理部负责项目的具体事项管理。

3.4.2.2　联合体管理委员会

联合体管理委员会(简称联合体管委会)是保证设计企业牵头方权利的重要组织,其唯一性与权威性的确立是保证联合体正常管理的重要基础。联合体本身属于一种合作伙伴关系,联合体管委会只有建立在各方合作和信任的基础上,才会降低交易管理成本,通过进行有效的沟通协调及资源和信息的共享,发挥各成员单位的专业优势,最终实现共同的目标。联合体管委会作为联合体的最高权力机构,需要按照联合体协议和章程的要求来组建。它由联合体各成员单位高级管理人员组成,一般由联合体成员各派一名代表再加上项目经理组成,通常以不超过 7 人为宜。由牵头方也就是设计单位代表担任联合体管委会主席,成员方代表担任委员,各方代表应是各方公司的领导成员,被授权可决定联合体内的重大问题。联合体管委会应定期举行会议,主要对以下管理层面的联合承包重大问题作出决定:决定联合体的建立、股份划分比例、责任划分及权益分配;选定委员会主席,制定联合体管委会工作制度;组建联合体项目经理部,选定项目经理,审批项目经理部的工作计划;决定承包施工进度、质量、财务、设备和采购、风险控制等重大事项;在合同实施过程中研究处理与业主的矛盾、争议和争端解决等事宜。在联合体管委会里,本着平等自愿的合作原则通过协商沟通一些重大事宜,取得一致意见后,再由其统一对联合体项目管理部下达指令,对其进行有效的控制管理。工程总承包项目要获得成功,必须有一个团结协作、目标一致的项目管理团队,项目管理人员需要较长时间的磨合,相互了解专业素质、管理经验、与各相关方的沟通能力等。目前,工程总承包项目成员主要从联合体成员单位借调,在短期内形成项目凝聚力有一定难度。联合体单位应建立长期稳定关系,项目管理团队核心人员相对固定,有利于项目技术经验、管理经验总结的传承。在联合体管委会进行重大问题决策时,仅凭设计企业是不能直接下定论的,应该充分结合合作伙伴的建议,可以采取投票制度。对于各联合体成员而言,一方面要保证完成项目,另一方面则要从个体利益出发,因而在决策时会做出相对客观的判断。这样便于牵头方设计企业了解各方对优化设计方案的想法,调整设计方案,使之最大限度地满足各方的要求,对设计企业的权利也是一种保证。

3.4.2.3　联合体项目管理部

联合体管委会主要进行的是宏观方向上的把控,具体事务性的执行工作还需要建立联合体项目管理部(简称联合体项目部)完成,通过搭建统一的管理程序和沟通渠道,保证联合体管委会的每项决策通过联合体项目部传达到项目中的各实施主体,确保决策的执行力。联合体项目部的组织架构应与工程总承包项目合同的要求相一致;管理层次及岗位设置要精干高效,有利于联合体成员之间的紧密协调配合;要结合工程项目的实际情况及各合作伙伴成员的特长,充分协商、合理搭配。联合体各成员要按照联合体项目管理部的管理要求,以联合体协议为基础进行合同分工和协作,分别完成各自承担的施工任务。为此,在联合体项目管理部内通常设置的主要工作岗位如下:项目经理、现场经理、总工程师、商务合约经理、专业工程师、造价工程师、安全健康环保负责人、物资采购员和材料管理员、财务管理人员、翻译(如涉及海外工程总承包项目)、办事员、工长、班组长等。按照以往的管理,项目经理应该由牵头单位派遣(或外聘)人员,代表联合体与业主或其代表(工程师、监理)进行日常工作联系,履行合同责任,进行工程款结算,处理工程项目实施过程中出现的问题。定期向联合体管委会汇报工作。设计企业作为牵头人,缺少现场管理的经验,而作为成员单位的施工企业项目管理经验丰富,更适合担任工程部的经理。因为项目部的任何决策都需要经过由设计企业担任主席的联合体管委会的指令才可进行,最大程度地保障了设计企业牵头人的权利。联合体项目管理部下设分支机构根据其职能性质不同,在人员分配上可以有针对性地安排。联合体项目管理部通常选择采用矩阵型组织结构。对于工程项目管理组织结构,熟知的主要有:职能型组织结构、项目型组织结构、直线职能型组织结构、矩阵型组织结构。在以设计企业牵头的联合体中,矩阵型组织结构无疑是最佳的选择。因为这种结构的最大特点就是可以同时发挥职能部门的纵向优势和项目组织的横向优势。但是,我们还需要考虑到在以设计企业牵头的联合体中,涉及两家或两家以上的独立法人,他们有各自的管理方式,而联合体本身又是一个针对项目而言的独立组织,有自己的独特性。联合体内的任意一名员工同时接受来自本企业所属部门、联合体管委会、联合体项目部的多重领导,这就比一般的矩阵式组织结构更加复杂,属于多层矩阵。例如,我们假设组成工程总承包联合体的公司为设计单位甲、施工单位乙、供应商丙、设计分包单位丁、施工分包单位戊,分别主要负责工程总承包项目的设计、采购和施工工作。可见,在联合体项目部中,员工的构成是复杂的。同一个员工具有不同的身份,其表现为所属单位不同,所属联合体职能部门不同。单位不同,管理有差别尚可以理解,但即便是来自同一个单位的员工,也会因为职能不同存在管理的难度。按照矩阵式组织结构的特点,每一位员工都会收到来自不止一个领导的指令要求,通常这些指令主要来自于项目经理、本单位派驻项目部的项目副经理、本单位内部职能部门的经理。与传统的矩阵式组织结构相比,设计企业牵头联合体承包的工程总承包项目中,联合体的组织结构更加复杂,因此要对各项命令进行优先等级的划分,便于相关人员进行命令的执行。项目实施中,可以依据合同协议制定如下的优先顺序:

(1)联合体管理委员会的指令。
(2)联合体项目管理部的指令。
(3)本单位派驻项目部负责人的指令。
(4)本单位内部职能部门的指令。

联合体管委会与联合体项目部应该结合各自组织结构所赋予的职能特点,开展针对性的管理工作。联合体管委会侧重宏观的、整体性的把握;而联合体项目部则关注微观的、细节性的执行。由此看出,联合体管委会的决策人员应该保证由设计企业人员担任,而细节性的执行工作能力属于施工企业的长项,应该给予他们充分的发挥空间。

3.4.3　紧密型联合体组织案例

3.4.3.1　Y水电站项目紧密型联合体组织案例

1. 工程概况

Y水电站项目位于我国西南部,装机容量1 500 MW,计划工期95个月,采用设计施工总承包模式。项目总承包商是由水电施工企业Q公司与水电设计企业H公司组成的设计-施工互补型联合体。其中,Q公司为总承包责任方,股份占比60%;H公司为合作方,股份占比40%。联合体类型为紧密型,是合伙型联营,在当地进行非法人工商登记。Q公司与H公司同为国有企业,均具有甲级资质且优势互补,是同一集团下属的两家子公司。

2. 联合体组织机构

Y项目总承包联合体实行董事会领导下的项目经理负责制,组织结构为交叉式,来自Q公司和H公司的项目参与人员交叉配置于各机构和部门(见图3-4),具体包括:①董事会;②监事会;③总承包项目部(简称总承包部);④安全生产委员会;⑤风险管理委员会;⑥工程技术委员会。

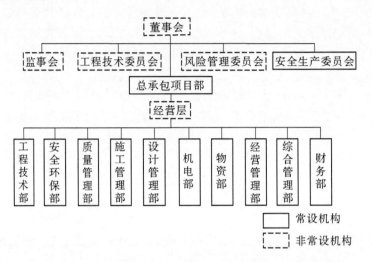

图3-4　Y项目总承包联合体组织结构

董事会是联合体的最高决策机构。联合体中标后,董事会负责成立总承包部,制定联合体运行章程和运营规则,任免总承包部领导班子,并审定项目实施过程中有关财务、资金、经营等方面的重大决策和决议。总承包部是联合体的现场执行机构。总承包部经营层由联合各方参照股份比例按工作需要派出,由董事会聘任。总承包部管理机构设置根据承揽任务情况由董事会决定,中层领导人员由双方按董事会决定选送、总承包部聘任。

监事会、工程技术委员会、风险管理委员会是联合体非常设机构,安全生产委员会是联合体常设机构,共同为董事会决策提供依据。其中,监事会对总承包部进行监督、检查、指导和评价;安全生产委员会为总承包部安全管理提供决策;工程技术委员会为工程重大技术、设计、施工等方案提供咨询和指导;风险管理委员会为项目风险管理提供咨询和指导。

3. 联合体管理制度

1) 联合协议书

联合协议书(联合体协议)约定了联合体各方合作的目的、范围、方式、时效及排他性和保密要求等。Q公司与H公司组建紧密型联合体,以"真诚合作、规范运作、利益共享、风险共担"为原则,共同参与Y项目设计施工总承包的投标及履约。联合协议书约定了联合体双方的股份比例和责任方与合作方,并约定双方按照共同确认的《联合体章程》组建总承包部履行合同责任,双方按股份比例利益共享、风险共担。

此外,联合协议书还明确了:①项目投标阶段的编标、投标、签约工作及其相关费用以及投标保证金在双方之间的分担比例,并指出由责任方合法代表联合体办理项目投标阶段的相关事宜;②项目实施阶段联合体的组织机构及职能,并约定了双方出任董事会成员的比例。

2)《联合体章程》

《联合体章程》在联合协议书的基础上进一步明确了联合体各组织机构的成员组成、具体职权和决策机制。例如,《联合体章程》规定总承包部经营层由 8 人组成,包括项目经理 1 人、常务副经理 1 人、副经理 2 人(分别负责设计工作和施工工作)、总工程师 1 人、安全总监 1 人、总经济师 1 人、总会计师 1 人,并明确上述人员由联合体哪一方派出。

《联合体章程》还规定了联合体在财务管理、薪酬与考核、违约责任与争议解决这三方面的相关事宜。例如,《联合体章程》规定总承包部参照联合体责任方的有关薪酬分配办法和标准,制定统一的薪酬管理办法,并设立项目履约考核奖励基金用于奖励工程实施过程中的个人和团队。

3)联合体运营规则

联合体运营规则指出联合体运营以"充分发挥联合各方优势,真诚合作,形成利益共同体,力创最佳经济效益,共同打造水电工程设计施工总承包品牌"为目标。联合体运营规则在《联合体章程》的基础上进一步具体明确了联合体各组织机构的组成、职权和运营规则,并从进度、质量、安全管理和职业健康、环境保护及文明施工等方面具体明确了项目履约管理的目标、管理方法、责任划分和相关制度建设要求。此外,联合体运营规则还规定了项目的人力和设备资源配置、内部承包、分包与采购、薪酬与考核、财务与资金、职能管理等方面的管理办法。

Y 项目紧密型联合体整合了各方的优势资源,包括人力资源、资金、设备、专业技术、管理技术和知识等,并通过一系列管理制度来实现资源的统筹管理和优化配置,从而提高资源利用效率,节约时间和成本,提升项目效益。

4.联合体管理重点

1)公平分配收益与风险

按照股份比例公平分配项目收益和风险是 Y 项目总承包联合体双方能够实现紧密联合的重要基础。Y 项目总承包联合体管理制度清晰且明确地规定了项目利益与风险的分配机制:联合体协议书约定,双方按股份比例利益共享、风险共担;《联合体章程》进一步明确,项目工程竣工决算形成的最终损益由联合各方按照股份比例分担、分享。对于可预见的、可能影响到各方利益的关键事项,如人力资源、设备和资金管理等,联合体管理制度中都进行了尽量详细的规定。例如,联合体运营规则约定,因工程需要从联合体各方借入的流动资金为有偿使用,其利率执行中国人民银行同期贷款利率。这一措施有效避免了双方因利益、风险分配不公而产生的冲突和矛盾。

公平分配收益与风险的重点将联合体整体利益与各方利益关联起来,保证当联合体整体利益最大化的同时,各方的利益也能实现最大化,各方都能从集体利益最大化中受益,实现利益共享。为实现这一目标,Y 项目总承包联合体运营规则特别强调:作为总承包部经营层的董事会成员在行使权利和参加决策时应以维护整体利益为出发点,共同对业主负责,对联合体各方负责。

2)合理分配权利与职责

合理分配联合体各方的权利和职责使各方能够在合作和博弈中达到平衡状态,是紧密型联合体实践成功的关键。Y项目紧密型联合体通过组织结构设计、人力资源配置和决策机制设计等实现了双方在权利上的相互制衡,为项目顺利实施提供了制度保障。

董事会作为联合体的最高决策机构,其成员组成和数量比例直接体现出项目决策权在联合体双方间的分配。Y项目《联合体章程》规定,联合体责任方Q公司出任董事长,合作方H公司出任副董事长,其余董事由联合体双方按股份比例分别选派3人和2人,并规定董事会决议须经全体董事2/3以上表决通过。也就是说,Q公司提出的议案要得到至少1名来自H公司的董事的同意,H公司提出的议案要得到至少2名Q公司董事的同意,才能通过表决。联合体董事会以股份比例为依据公平分配决策权,既充分体现出联合体责任方在项目决策权上的主体地位,又能够发挥出合作方在决策中的重要制衡作用,有效避免了项目重大决策由联合体某一方完全主导的情况发生,为项目决策的公平性、科学性和有效性提供了制度和程序保障。而联合体监督机构——监事会由H公司选派1名主任和双方各选派两名委员组成,行使监督权利,履行监督责任,以起到良好的监督和制衡作用。Y联合体安全生产委员会、风险管理委员会和工程技术委员会中的成员组成也体现了权利与责任在联合体双方之间的合理分配。

总承包部经营层的成员组成反映出项目执行过程中权利与职责的分配比例。在联合体总承包部经营层8名成员中,5名来自Q公司,3名来自H公司。由于《联合体章程》规定项目经理由董事长兼任并授权常务副经理代行其职权和职责,排除项目经理后总承包部经营层双方成员比例为4:3,职位安排充分考虑到Q公司在项目中主要承担施工工作、H公司在项目中主要承担设计工作这一分工特点,并通过总经济师与总会计师分别来自Q公司与H公司这一设计实现双方在财务上相互监督与制衡。

当总承包部经营层各职能部门的主管由联合体中的一方担任时,部门副主管通常由联合体中的另一方出任;部门内其他专业技术人员和管理人员由联合体双方共同派出,根据各自专长分担相应的技术和管理工作。根据《联合体章程》,总承包部内部的决策机制为:项目经理办公会是总承包部的最高决策形式,所议事项须由经营层人员过半数表决通过,且项目经理(常务副经理)有最终决断权,设计副经理有权将争议提交董事会;发生紧急重大问题时,项目经理有紧急决断权。联合体双方高度融合、相互监督、共同决策,有效促进了双方间的沟通,保障了双方的知情权,最大限度地降低了沟通成本,促进双方的相互理解和信任,以达到紧密合作、互惠互利的联合目的。

3)合作伙伴关系管理

在项目实施过程中维护联合体各方良好的合作伙伴关系,是紧密型联合体实践成功的重要保证。保持良好的合作伙伴关系,需要各方加强沟通以增进相互理解和信任,在争议发生时能够友好协商共同解决问题。

紧密型联合体从地理条件、组织结构、管理流程和制度上为信息交换提供了便利,从而降低了项目实施过程中各方间的沟通成本、交易成本和监督成本,促进了信息的及时共享和有效传递,进而增进相互的理解和信任。Y项目总承包联合体中,来自设计方和施工方的人员在同一个项目部甚至同一个部门工作,双方可以在工作中随时交流、相互配合,设计人员可以深入施工现场吸取经验;施工人员可以更好地理解设计的意图并及时将现场施工的难点反映给设计方进行设计调整,有效促进了双方的相互理解和协作,大大提高设计方案的经济性和可施工性,减少变更和返工,节约资源。此外,Y 项目总承包联合体制定了一系列议事规则,包括会议制度、会审制度和会签制度等,确保沟通及时高效。

Y 项目《联合体章程》约定,联合体各方履行联合协议及《联合体章程》时所发生的争议,双方友好协商解决;协商难以达成一致意见时,提交上级单位调解。在实践过程中,当项目履约遇到挑战时,如不良地质条件处理、关键节点目标实现等,双方能够从共同目标出发,合力克服困难、解决问题,有效解决争议,保持良好的合作伙伴关系。

5. 结论

基于 Y 项目案例分析,可得出紧密型联合体管理的关键成功要素如下:

(1)通过管理制度来实现收益与风险在各方间的公平分配,保证各方收益的同时激励各方成员共同促进联合体整体利益的最大化。

(2)通过组织结构设计、人力资源配置和决策机制来实现双方在权利与责任上的平衡,使联合体成员在行使权利、履行职责和进行决策时能够做到公平、规范和高效。

(3)通过加强有效沟通和协商解决争议来促进各方保持良好的合作伙伴关系,使得各方能够在理解和信任的基础上为实现共同的目标而努力。

由于紧密型联合体各方在一定程度上仍代表原组织的立场,属于不完全利益共同体,还需进一步研究联合体各方间冲突问题及其成因,联合体如何作为一个整体与其他组织对接,以及联合体各方如何形成稳定的战略伙伴关系,以不断增强其市场竞争力。

3.4.3.2　某水资源配置工程紧密型联合体组织案例

1. 工程概况

某省水资源配置工程(简称鄂北配水工程)以丹江口水库为水源,以清泉沟输水隧洞进口为起点,线路自西北向东南方向穿越湖北襄阳市、襄州区、枣阳市、随州市、曾都区和广水市,止于孝感市大悟县王家冲水库。鄂北配水工程是该省委省政府从根本上解决鄂北地区干旱缺水问题的重大战略民生工程,是该省"一号工程"。

鄂北配水工程线路总长度 269.67 km,整个输水工程隧洞总长 119.77 km,占线路总长的 44.5%。最长的隧洞为随县的唐县—尚市隧洞(长 16.55 km,鄂北配水工程 15 标)。唐县—尚市隧洞属鄂北地区水资源配置工程 2015 年度第一批项目第 15 标段,采用设计施工总承包模式招标,总承包单位为某设计院-中铁某局联合体。

2. 联合体组织结构

本项目由某设计院与中铁某局以紧密联合模式共同管理,双方共同成立联合体董事会,对工程建设过程中的具体事项进行决策。董事会下设项目部,是本项目的执行机构。其项目部组织机构如图 3-5 所示。

3. 联合体组织结构特点

(1)总承包项目部由两家单位人员共同组建,管理链条短。由某设计院与中铁某局双方共同成立联合体董事会,对工程建设过程中的具体事项进行决策。董事会下设项目部,是本项目的执行机构。项目部组织机构采用矩阵式管理模式,以工区管理为主导,各

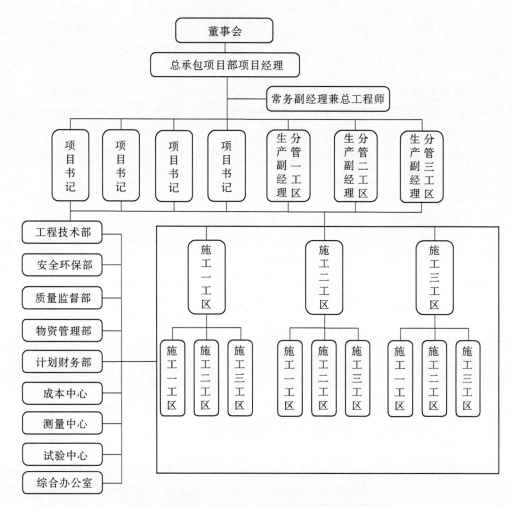

图 3-5　鄂北配水工程 15 标总承包项目部组织机构

职能部门围绕工区进行管理服务、支持和监督。根据双方进场人员的特点,按组织机构的设置分工区、分部门安排人员,除财务、合同等关键部门双方都安排人员实行双签外,其他部门一律是一人一事一岗。

项目部强调双方人员、文化的高度融合。人员到项目部后,要遵循项目部规章制度和文化理念,树立"共赢合作"的理念,而要尽量避免把"各司其原企业"的隐性习惯带到项目部。通过这种高度融合的联合体项目管理,有效地解决了总承包管理过程中总包单位(或牵头方)找分包单位(或成员方),分包单位(或成员方)再找作业队这种管理链条过长,同一件事几个人反复去管以及总包方管理不着力等问题,管理效率得到了很大的提高。同时有利于联合体各成员单位加强团结,为以后项目再次合作打下坚实基础。

(2)设计的图纸更切合实际,更加合理,同时也提高了自身的施工能力。双方共同管理项目,利益和风险按约定的比例分担。根据联合体协议明确的各方责任、权利、利益和义务及工作界面,各成员单位的管理范围具体、明确。联合体是一个利益共同体,各成员单位利益和信息共享、对外风险共担 ,可以促进成员单位之间的互相监督和督促。但联合体双方可以在联合体协议中明确规定对项目发包方承担完连带责任后,联合体成员之间可就向项目发包方承担的非己方责任向联合体成员责任方进行追偿。

(3)本项目组织机构中没有设计管理部,把设计管理工作放在工程技术部。现场设计人员的工作除做设计代表的工作外,还要花很多时间参加、负责现场的所有施工技术管理工作,他们的身份也是项目部的管理人员。这种方式有效地发挥了设计人员的优势,提高了工作积极性和责任感,同时设计工作也更加贴近现场。由于同时进行施工技术管理工作,设计方案直接对施工作业队进行设计及施工交底,确保了现场问题处理的高效与准确。设计现场服务人员根据现场施工反馈回来的进度情况能够提前准确地安排设计计划,及时提供施工图纸,也可及时掌握现场施工变化情况采取设计优化或设计变更等措施实时调整设计方案,可以更有效、更快捷地解决工程施工过程中出现的问题,从而达到降低成本、缩短工期、积极推进施工进程的目的;采购人员也可及时掌握现场施工进度,合理安排设备和物资招标采购计划、协调厂家进行供货、安装及售后服务等;施工现场遇到的技术问题也能够及时征得设计人员的意见,节省工期。

(4)联合体各成员单位派员共同组成联合体项目部,共同进行同一个项目管理工作,各成员单位是一个利益共同体,彼此可以取长补短,优势互补。

项目中标以后,由双方共同研究分析,提出了项目成本分析报告和明细,由董事会审查通过,任务下达到项目部。项目执行过程中合同、财务实行双签,做到管理透明。如此可以很好地解决总承包管理过程中联合体各方的利益博弈,共同管理项目,利益和风险按约定的比例分担,各方围绕一个项目执行,目标一致,专心办事。在整个项目管理过程中,各成员单位均可以从其他成员单位学到很多自己不清楚、不了解的知识,不但扩大了员工的知识面,丰富了员工的实践知识,也可为成员各自单位以后业务范围的扩展储备相关技能型人才。紧密型联合体组织既解决了总分包模式管理链条长,对总承包整体能力要求高的问题,也很好地避免了松散型联合体的设计、施工人员融合度不高,责权利不明确的问题。这是建立在联合体双方充分信任的基础上的一种很好的总承包管理模式。

自鄂北配水工程 15 标项目开工以来,项目部积极组织,精心部署,攻坚克难,不断取得阶段性成果,无论是施工进度还是安全、质量均位于鄂北全线前列。尽管工程地质条件和水文地质条件非常复杂,施工难度很大,但是成功贯通 16.55 km 长的隧道,没有一起人员伤亡工程事故,创造了我国隧道工程建设的新历史。

第4章　水利工程总承包项目
精细化设计管理

国外工程总承包经验表明,设计是工程总承包项目的"灵魂",对总承包项目造价(成本)和工期有着重要影响。加强设计与施工的深度融合,提高设计的可施工性,减少设计变更,是业主采用工程总承包模式的内驱力所在,也是工程总承包商提高其盈利空间所在,因此运用精细化管理理念,加强设计管理是工程总承包项目管理的重中之重。以下主要以EPC总承包模式为例进行介绍。

4.1　总承包项目设计管理概述

4.1.1　设计管理的概念、阶段划分、原则与特点

4.1.1.1　设计管理的概念

设计管理是指应用项目管理理论与技术,为完成一个预定的建设工程项目设计目标,对设计任务和资源进行合理计划、组织、指挥、协调和控制的管理过程。设计管理基于工程设计的特性,决定了设计管理具有自身特定的内涵。不同管理主体在项目建设中不同的角色和地位,赋予设计管理的内涵与侧重也有所不同。在工程建设实践中,除了相关参与方,设计管理的核心主体为业主方和设计方。设计方的设计管理是设计单位在设计范畴中所实施的管理活动。业主方的设计管理不仅仅限于项目设计阶段的设计过程管理,而且贯穿于项目建设的全过程。

4.1.1.2　设计管理的阶段划分

设计管理工作伴随着项目建设的始终,但按其规律和项目管理的实际需要,也应划分阶段,以利设计管理工作科学、合理、有序地进行。项目设计管理按项目建设周期流程可依次分为以下四个阶段:

(1)前期阶段。包括项目投资机会探究、意向形成、项目建议提出、建设选址、可行性研究、项目评估及设计要求提出等分析决策过程。

(2)设计阶段。主要是设计过程,包括设计准备、方案设计、初步设计、施工图设计及会审、送审报批等。本阶段的设计过程管理是项目设计管理的重点。

(3)施工阶段。包括设计交底、协助设备材料采购、现场设计配合服务、设计变更、修改设计等过程。

(4)收尾阶段。包括参与竣工验收、竣工图纸等文件整理和归档、设计回访与总结评估等过程。

4.1.1.3　EPC设计管理的原则

(1)实现项目目标是设计管理的宗旨。

EPC 总承包项目设计管理应围绕项目的目标来细化各项事务,如工期的安排、资源的分配、成本的控制、关系的衔接、标准的确定等,并通过项目的目标来协调各参与方之间的关系,处理各种矛盾冲突。

(2)合理的组织形式是设计管理的重点。

组织形式对设计管理有着重大意义,科学的组织形式便于明晰各自的工作职责,可以强化各部门间的合作,可以有效地化解建设期间可能遇到的各种问题。

(3)设计工作安排有序是设计管理的核心。

项目设计包含许多工作任务,应将各项工作任务予以明确分工并责任到人,做到事事有人负责。各项工作均应按照进度安排推进,按相应时间节点完成,不应盲目赶进度,尽可能避免修改变更。

(4)设计管理须有风险管理的意识。

设计管理是一个复杂的长期过程,在项目实施过程中各参与方都应树立风险管理的认识。在设计管理中,应将风险管理作为项目管理计划当中的首要环节,确保计划实施的合理性与可靠性。

4.1.1.4　设计管理的特点

工程总承包模式下的设计管理不仅指总承包商内部的设计管理,而且还包括总承包商与项目参与方之间的设计管理。此处主要以 EPC 模式为例,介绍工程总承包模式下的设计管理特点。

(1)设计工作贯穿全过程。

在 EPC 模式下,项目的设计工作贯穿了从设计采购到施工运营的全部阶段,涵盖了项目的全生命周期。在设计阶段,承包商需要考虑后期采购阶段与施工阶段的工作,在设计管理工作中把整个工程划分为若干标段,即不同材料设备的技术文件包(engineering requisition,ER),而不是等到整个设计完成后才开始进行采购施工。由此实现设计与采购施工的合理搭接与深度交叉,达到缩短工期的目的。

(2)设计费用占比有限。

设计费用在 EPC 总承包合同中所占的比例普遍偏低。一般国内公司的设计费用甚至不足 2%,这是因为目前 EPC 项目的设计费用的计算仍然是按照人工时费用进行的。但是,当 EPC 项目中出现一些需要知识产权或者专利权的较为复杂的工艺技术时,这笔专利技术费用就可以计入总承包商的设计费用,往往会显著提高设计费用在工程预算中所占的比例。

(3)设计不确定带来高风险。

在 EPC 模式下,业主在招标阶段仅提供对项目的预期目标和功能的要求,并未给出详细设计图,同时 EPC 项目往往具有规模较大、专业技术要求较高的特点,因此承包商在设计阶段必须对项目所需的主要材料设备进行尽可能准确的估量。一方面,如果工作量估量偏高,必然会带来更高的投标价格,进而可能导致投标失败;另一方面,工作量偏低时,虽然会降低投标价格,但在项目实施过程中却可能带来更高的成本和工期风险。

4.1.2　EPC 总承包项目设计管理流程与内容

4.1.2.1　设计管理的流程

EPC 模式与传统模式的设计工作流程不同,原本"先设计后施工"的流程已不适用,而是设计、采购、施工三位一体,相互交叉。EPC 模式下设计管理的工作流程分为以下六步:

(1)确定设计要求,即设计手册确定各个专业的设计参数、设计程序等要求,并经业主批准后发布实施。

(2)安排设计工作计划,主要包括里程碑计划、设计图目录清单计划等,由设计人员负责确认计划之间的逻辑关系和时间安排。

(3)进行设计并提交设计文件,按照业主批准的版次划分编制设计图。

(4)检查审核设计文件的正确性。首先,承包商内部审核,主要包括专业内部三级审核和跨专业间设计审核;然后,由业主进行审核。

(5)完成最终设计提交文件,即业主批准的设计图文件,但需要注意的是,业主的审核批准并不意味着承包商对设计工作的正确性和完整性不再承担责任。

(6)对已完成的工作进行评估。

4.1.2.2　设计管理的主要内容

设计活动贯穿 EPC 项目的全过程,并且对每个环节的执行都起着决定性的影响作用,因此设计管理的主要工作就是在有约束的条件下控制设计过程中的各项活动,使 EPC 项目实现预定的质量、进度和成本目标。在质量、进度和成本三个目标之中,质量是最重要的,工程设计文件质量低劣,会造成费用增加和工期拖延甚至造成项目功能缺失,给工程项目带来一系列严重的后果。由于工程项目建设一般是针对外部客户而进行的,所以设计管理还有一项重要的职责就是维护良好的客户关系,为后续服务或新项目的承接创造良好条件。

综上所述,EPC 设计管理的主要工作内容可以归纳为保证设计质量、进度和成本并维护客户关系。为了能完成上述的工作内容,设计管理需要做好以下具体工作:

(1)识别项目合同文件中的必要内容,如设计范围、基础数据、标准规范、工程进度、考核验收要求、违约责任等。

(2)代表项目部与客户、专利商、供应商、分包设计单位等相关方进行全面的协调。

(3)编制设计开工报告,组织编制设计统一规定。

(4)组织工作包分解,编制进度计划。

(5)设计工作的组织、协调、控制。

(6)对设计投资限额进行分解,制订费用控制计划。

(7)控制设计人工时的消耗。

(8)对项目设计人员的资格进行确认,组织参加项目设计人员的设计管理原则培训,协调各设计专业之间的工作,组织各项计划的执行并监督执行情况,对计划偏差采取纠偏措施,保证设计计划的完成。

(9)组织完成项目的设计验证工作。

4.1.3　EPC 总承包项目设计的管控重点

EPC 总承包项目设计过程可分为三个阶段,即投标阶段、实施阶段和后期阶段。由于设计任务、目的和要求不同,三个阶段的管控重点各有不同。

4.1.3.1　投标阶段设计管控重点

(1)重视现场踏勘和信息收集工作。

在开展投标设计前,总承包商应认真学习招标文件和技术标准、规范,充分了解业主的意图。应进行必要的现场踏勘,调查收集当地的各种相关信息,包括当地的历史、人文、环境(气象、地理)、市场、建筑现状、规范标准等,这些信息都将对投标的成效带来影响,甚至会影响总承包商未来的收益。

(2)科学编制工程量清单。

针对 EPC 项目,业主为便于管理一般都采用总价一次包干的形式进行招标。业主在招标文件中采用基础设计包的形式对工程规模、结构等相关技术条件和规范、标准等提出详细说明,要求承包商按照上述文件完成设计方案。在受到勘察设计深度限制、没有充裕时间进行详细设计的前提条件下,编制合理、准确、详细、适用的工程量清单是投标阶段设计控制工作的核心,也是成功报价的第一步。

(3)注意技术与经济的有机结合。

在市场经济条件下,业主既要求安全运行和合理寿命,又追求最佳投资效益。设计方案如考虑过高的保险系数必然增加工程量,增加工程费用,总承包商投标时就会失去价格竞争优势,但如果对风险考虑不足,可能会给工程带来难以弥补的损失。这就要求总承包商在方案比较和材料设备选用时,在满足业主的基本要求下必须注意技术与经济的有机结合。在价格水平的控制上,通过技术比较、经济分析和效果评价等手段,力求在符合当地技术水平要求前提下提出合理报价。

4.1.3.2　实施阶段设计管控重点

(1)通过限额设计控制投资。

为确保总承包商的总体效益,必须要求设计人员认真学习招标文件和投标时的承诺,把投标时承诺的设计工作量作为施工图设计工作量的最高限额。要求设计人员将投标报价的工作量分解到各专业,明确限额设计目标,严格按照招标文件中对设计的具体要求进行施工图设计,使限额设计贯穿于整个施工图设计之中,从设计源头控制工程投资,保证实际设计工作量与投标时编制的工作量不会出现大的差异。

总承包商在与设计方签订的协议中要明确因工作量的差异所带来的效益变化的分配形式,形成双方利益共享、风险共担的共存机制,调动设计人员降低工程费用的积极性,从根本上减少工程量变化带来的风险。同时,在项目实际运作过程中一旦出现工程量增加,设计人员也能积极配合分析变化原因,寻找化解风险的途径。

(2)通过设计、采购和施工的搭接,加快工程进度。

在制订总体进度计划时要充分考虑设计对采购和施工的影响,可将设计、采购和施工适当衔接,缩短总工期。合理衔接有利于设计方提前获取有关工艺设备的资料,为进一步优化设备选型方案从而降低投资创造条件。设计人员对供货商提前进行的设计技术交底还能减少失误,加快供货速度,保证供货质量。

总承包商方应优先安排订货周期长、制约施工的关键控制点的设计工作。应及时编制订货技术规格书,履行审批程序后就立即交付采购和施工,从而缩短总工期。总承包商应通过定期召开设计协调会保证与业主沟通渠道的畅通,确保设计文件的审批速度和审批质量。

(3)关注设计变更,及时进行工程索赔。

在项目设计和施工过程中,业主有时会提出对设计工作范围、执行标准及设备选型做出修改的意见。对设计图纸、标准规范的修改一般都要涉及工程量和工程费用的变化,总承包商必须做好相应的索赔工作。由于工程量的变化直接关系承包商的利益,实际运作中就要求设计人员必须关注技术变更,严格执行招标文件,对于涉及工程量调整的技术变更必须及时主动向业主提出申请,同时加强与合同管理部门的沟通,提前做好费用变更准备,缩短审批周期。

(4)注重设计审查工作,加强与业主的沟通。

总承包商应对设计资料进行认真审查,把"错、漏、碰、缺"等设计失误消灭在工程开工前,这样做不仅能够减少施工过程中的返工,缩短施工工期,而且能够减少材料浪费,节省工程费用。

在向业主递交设计资料前,总承包商要完成与设计方和采购方的沟通工作,统一设备选型和材料选用意见。另外,对于业主的审核意见也不能一味顺从,还要与招标文件和设计规范进行对照,超出招标文件和设计规范要求的,对工程费用造成一定影响的修改意见,总承包商要及时提出并和业主进一步沟通,必要时应提出变更和索赔。

4.1.3.3　工程后期设计管理

在此阶段,总承包商应完成操作手册编写、准备预试车和试车方案,编制备品备件清单、生产培训等工作。对于设备系统,各设备、材料供应商除提供产品说明书外,应提供详细的操作和维修方面的技术资料,总承包商在此过程中应做好技术接口工作,做好调试方案,确保项目技术功能的落实。

4.2　设计方案比选、优化与变更管理

4.2.1　设计方案比选

设计方案比选是设计过程的一个重要环节,通常采用技术经济分析法,即将技术与经济相结合,按照建设工程经济效果,针对不同的设计方案,分析其技术经济指标,从中选出经济效果最优的方案。

4.2.1.1　设计方案比选的基本程序

设计方案比选宜遵循以下基本程序:

(1)按照使用功能、技术标准、投资限额的要求,结合工程所在地实际情况,探讨和建立可能的设计方案。

(2)从所有可能的设计方案中初步筛选出各方面都较为满意的方案作为比选方案。

（3）根据设计方案的评价目的,明确评价的任务和范围。

（4）确定能反映方案特征并能满足评价目的的指标体系。

（5）根据设计方案计算各项指标及对比参数。

（6）根据方案评价的目的,将方案的分析评价指标分为基本指标和主要指标,通过评价指标的分析计算,排出方案的优劣次序,并提出推荐方案。

在设计方案比选过程中,建立合理的指标体系,并采取有效的比选方法进行方案选择是最基本和最重要的工作内容。

4.2.1.2　指标体系的构建

指标体系的构建是方案比选的基础和前提,指标体系构建的好坏直接影响着方案分析的结果。指标并不是越多越好,太多的指标,会产生重复的信息,指标太少,缺乏代表性,两者都会影响评价结果的真实性。在构建指标体系时,应遵循以下几种原则:

（1）指标宜少而简,不宜多而繁。

评价指标并非多多益善,选用评价指标时,主要看其能否达到评价目的所需要的基本内涵,能否反映评价对象的全部信息。同时,较少的指标也可减少评价的时间及成本,便于方案比选的开展。

（2）指标应具有独立性。

每个指标要内涵清晰,同一层次的指标要相对独立,不互相重叠,不存在因果关系。指标体系要层次分明,简明扼要。

（3）指标应具有代表性。

指标应具有代表性,应能很好地反映评价对象某一方面的特性,而且是与评价目标密切相关的某一方面的特性,在整个指标体系中是不可取代的。

（4）指标之间应具有差异性。

指标之间应有明显的差异性,便于在方案比选的过程中互相比较,也就是说每个指标之间应具有可比性。

（5）指标的可行性。

指标应是可行的,应有可靠而稳定的数据来源,数据要规范,口径能保持一致,易于操作,具有可测性。

需要注意的是,指标体系的确定具有很大的主观随意性。在实际应用中,应多次征询专家对指标体系的意见,尽量降低指标体系的主观随意性。

4.2.1.3　设计方案比选的方法

方案比选的基本方法包括定量评价法和定性评价法,应根据设计方案比选内容的不同,采用不同的评价方法。在各项内容分别评价的基础上,最后进行综合评价。

1. 定量评价法

定量评价是指采用数学的方法,收集和处理数据资料,对评价对象做出定量结果的价值判断。定量评价具有客观化、精确化、数量化、简便化等鲜明的特征。定量评价的基本步骤如下:

（1）对数据资料进行统计分类,描述数据分布的形态和特征。

（2）通过统计检验、解释和鉴别评价的结果。

（3）估计总体参数，从样本推断总体的情况。

（4）进行相关分析，了解各因素之间的联系。

（5）进行因素分析和路径分析，揭示本质联系。

（6）对定量分析客观性、有效性和可靠性进行评价。

设计方案比选中，定量评价的具体方法包括方案经济效果评价方法、费用效益分析方法等。

2. 定性评价法

定性评价是用语言描述形式及哲学思辨、逻辑分析揭示被评价对象特征的信息分析和处理的方法。根据评价者对评价对象的表现、现实和状态或文献资料的观察和分析，直接对评价对象做出定性结论的价值判断，如评出等级、写出评语、排出优劣顺序等。定性评价的基本过程包括：

（1）确定定性评价的目标。

（2）对资料进行初步的检验分析。

（3）选择恰当的方法对评价对象进行分析。

（4）对定性分析结果的客观性、效度和信度进行评价。

设计方案比选时，常用的定性方法有专家意见法、用户意见法等。为了进行设计方案的综合评价，需要采用数学方法对定性评价的结果进行量化处理。

3. 综合评价

设计方案比选时，需要综合考虑多个维度的评价结果，进行综合评价。例如，可以从安全、适用、经济、美观四个角度对设计方案进行综合评价。用于方案综合评价的方法有很多，常用的定性方法有德尔菲法、优缺点列举法等；常用的定量方法有直接评分法、加权评分法、比较价值评分法、环比评分法、强制评分法、几何平均值评分法等。

（1）优缺点列举法。把每一个方案在技术上、经济上的优缺点详细列出，进行综合分析，并对优缺点做进一步调查，用淘汰法逐步缩小考虑范围，从范围不断缩小的过程中找出最后的结论。

（2）直接评分法。根据各种方案能够达到各项功能要求的程度，按 10 分制（或 100 分制）评分，然后算出每个方案达到功能要求的总分，比较各方案总分，做出采纳、保留、舍弃的决定，再对采纳、保留的方案进行成本比较，最后确定最优方案。

（3）加权评分法。这种方法是将纳入评价的各种因素，根据要求的不同进行加权计算，权数大小应根据它在方案中所处的地位而定，算出综合分数，选择最优方案。

4.2.2　设计优化及其管控

设计优化指设计单位对原设计文件进行优化和改进的工作。对于复杂的总承包项目而言，设计优化是一项重要的、涉及面广泛、需要综合平衡的工作，贯穿概念设计到详细设计阶段。

4.2.2.1　设计优化的基本原则

（1）业主应鼓励设计单位及个人对工程设计提出优化建议和对工程施工及建设管理提出合理化建议。对经采纳付诸实施，结果表明能显著降低工程投资、提高工程功能、加快工程进度、提高工程质量保证程度的设计优化建议,以及施工期可显著降低施工质量和安全风险、加快施工进度产生良好效果的合理化建议均宜予以奖励。

(2)设计优化及采用新工艺、新材料、新技术、新型结构必须以保证工程质量为前提,应进行技术经济论证,并充分考虑当前施工水平对工程安全的影响。

(3)对于各参建单位或个人提出的一般设计优化建议,设计单位应认真听取并加以论证,积极主动采纳设计优化建议,并对采纳建议所做的设计质量负责。

(4)对专家审查意见和咨询优化建议,设计单位应认真加以研究,并给出书面答复。如对优化建议有异议,应给出具体原因说明,必要情况下,还应进一步深入论证。如设计单位同意优化建议,应向业主回复具体的优化方案和工作计划安排,并严格按照有关优化建议进行设计。重大的技术问题应按照有关要求编写专题报告。

4.2.2.2　设计优化的关键点

在 EPC 合同的框架下,根据工程实践经验,下列情形应成为设计优化的关键点:

(1)合同约定了不确定性内容。

在合同谈判及签约阶段,对于不能确定的技术设计方案和要求,一般采用选项或者暂列形式来表现,进入合同执行阶段后,再根据实际情况进行判断执行,深化设计。

(2)合同约定前后矛盾。

在大型复杂项目中,项目合同中出现前后矛盾的情况比较多,特别是业主方在招标文件中所提技术要求和投标方在投标文件中所承诺的技术要求不一致时,进入合同履行阶段后,可就此展开研究,优化设计方案。

(3)合同约定超出常规。

一般情况下,业主在项目文件中均会采用"就高不就低"的原则提出技术要求,这样会造成设备选型的工艺参数和材料生产制造标准与项目所适用的设计标准和验收规范间出现一定的差异,总承包商应根据项目实际情况,在满足技术和性能要求的前提下,与业主协商提出合理的设计优化方案。

(4)未明确施工方案。

在 EPC 合同中未明确的重大或者专项施工方案,可在项目执行过程中,通过设计与施工紧密配合,确定最优施工方案。

(5)其他情形。

例如招标阶段无法确定但对造价有较大影响的大宗材料的选择,是设计过程中应该仔细推敲的问题。

4.2.2.3　设计优化的风险点

(1)需求冲突风险。

在总承包项目中,业主期望在合同约定费用内,项目有更高的建设标准,例如业主要求采用性能更优、技术指标更高的设备和材料,要求具有一流的工程外观质量等。而作为总承包商,项目的设计标准或指标越经济合理,对降低总承包项目成本越有利,这时总承包商与业主方的需求是不一致的。需求的冲突会降低设计优化的效果。

(2)利益减少风险。

设计优化一般会减少施工分包合同工作量,从而导致施工分包合同额缩水,在资源投入一定的条件下,则施工利润会相应减少。根据分包合同规定,分包商此时会向总承包商提出费用索赔,一旦索赔额接近甚至超过总承包商因优化设计所得利益时,会影响设计优化的顺利实施,也可能影响总承包商的优化利润。

(3)盲目优化风险。

设计优化是设计成品(一般指施工图设计)出来前对初步设计基本内容的一些提升和改变。国际惯例上少有设计优化的提法,只要是涉及对合同约定设计内容、标准、工程量的变化,都归类于设计变更。总承包合同虽然对设计变更是严格控制的,但总承包合同也鼓励能带来经济利益的设计变更,并在条款中会约定由此产生的经济利益的共享分配。设计优化可能导致工程量大幅缩减、成本降低,对业主来说是有利的,但如果设计人员对合同理解不够,不清楚合同价格组成和计价模式的具体情况时,设计优化也有可能减少总承包商的预期合同收益。

(4)技术达标风险。

当对已有技术方案和设计标准要求进行修改调整时,业主往往对设计优化后是否能达到技术标准存疑。另外,如果总承包商过于追求设计优化带来的自身经济利益最大化,则可能导致过度优化,从而带来设备材料加工制作和现场施工难度增大,施工质量风险加大,从而影响工程质量、进度和安全。

(5)审批延误风险。

在合同执行过程中,要实施设计优化,需要遵循设计变更和价值工程评估两个操作流程。设计优化方案需要报监理和业主进行审批,如果事前没有充分沟通或认可将可能导致审批延误,最终影响工程进度。同时,在总承包商内部,设计优化也需要设计、采购、施工环节之间更紧密的配合,否则也会影响工程进度。

(6)激励不足风险。

项目实施过程中,设计人员本身设计工作任务饱满,而设计优化需要设计人员花费更多的时间和精力,需要承担更大的技术风险,若无配套的激励措施,设计人员很难主动去开展设计优化工作。

4.2.2.4　设计优化的管控措施

(1)设置利益共享机制。

在合同策划阶段,应在合同中明确设计优化利益的归属方或者效益共享分配机制。对于总承包合同,由于主要合同条款都由业主方制定,所以总承包商想要获取更多的优化利益分配额难度比较大,但总承包商还是应当尽力争取。对于分包合同,总承包商在选择施工分包商前,在招标文件和分包合同中应当对可能出现的设计优化进行约定,可以考虑设置利益共享措施,鼓励分包商提出或配合实施设计优化方案。利益共享激励不仅要奖励方案提出单位,还应惠及配合单位。

(2)注重设计过程控制。

在项目实施阶段,一是要精心比选和优化设计方案,包括工艺方案、布置方案、设备选型和选材方案及其他专业技术方案,做到技术可靠、经济合理、布局紧凑,最大限度地降低工程费用;二是要做好设计优化成果的复核,通过与合同技术规范的符合性检查,避免因为自身疏漏造成未达标或者超标;三是要做好变更控制和变更费用的评估工作;四是要建立信息反馈和内部报告制度,规范编、校、审三级体制,设计总工程师、专业设计人员和造价工程师要紧密配合,层层把关,共同控制设计过程,做到设计方案合理优化。

(3)推行限额设计方法。

EPC 总承包商应当增强设计专业人员成本意识,改变重技术、轻经济的观念,明确限额设计目标,采取科学的技术和方法,在设计过程中将技术与经济有机结合起来,保证项目在满足合同要求的前提下减少投入、提高效率。

(4)制定有效激励机制。

通过制定相应的奖惩制度,把设计质量问题或设计优化产生的经济效益同设计专业人员个人效益相挂钩,激发设计专业人员实施设计优化的积极性。同时,对施工、监理等进行优化配合的工程建设相关方也应有经济激励机制,奖励额度或比例应能涵盖或补偿优化所带来的承包人管理费、利润及税金等损失。

(5)加强沟通与协调。

总承包商在实施设计优化过程中,应充分考虑业主的意见和建议,并加强与项目其他相关方的沟通,从"共赢"角度阐明设计优化的必要性。应与相关方就如何分配因设计优化所得经济利益开展充分的讨论,避免在进度款申请或结算申请时出现争议,影响合同的正常履行。

【案例】　台山核电厂一期工程淡水水源工程 EPC 总承包项目坝基建基面高程提高设计优化

台山核电厂一期工程淡水水源工程 EPC 总承包项目(新松水库,简称台山核电淡水水源 EPC 项目)位于广东省台山市赤溪镇的曹冲河,坝址位于曹冲河下游新松村附近,是台山核电厂工程的配套工程,主要任务是为台山核电厂提供淡水,年供核电淡水量 900 万 m^3。本工程属 I 等大(1)型工程,主要建筑物级别为 1 级,次要建筑物级别为 3 级。主要建筑物包括新松水库大坝、输水管线、永久进库道路及 10 kV 供电线路。计划工期为4.25 年。

台山核电淡水水源 EPC 项目为中法合作投资项目,初设概算投资 2.842 亿元,业主为台山核电合营有限公司,总承包商为中水珠江规划勘测设计有限公司。

中水珠江公司充分发挥其设计技术优势,对大坝坝基处理、泄洪消能方式、哑口防渗处理、碾压混凝土配合比研制等方面都进行了优化,不仅节约了工程成本,而且通过科技创新,获得多个省部级奖项,取得很好效果。以大坝坝基处理为例,优化过程如下:

枢纽大坝右岸 6#~8# 坝段原设计基础坐落在弱风化基岩上,建基面高程为 16 m,坝高为 34 m。在 2010 年 2 月坝基开挖出露的基岩比原勘探的结果要好,EPC 总承包项目部经中水珠江公司有关部门会审后认为,枢纽大坝右岸 6#~8# 坝段建基面高程提高至 22.5 m 是完全能满足设计要求的。但项目业主单位要求必须经有关专家评审后方可实施。

EPC 总承包项目部于 2010 年 2 月 7 日组织召开了台山核电淡水水源工程大坝右岸坝基专家评审会,会议委托台山核电淡水水源工程监理部主持,会上邀请了台山核电合营有限公司、金安桥水电站有限公司、广西水利电力勘测设计研究院、中水珠江规划勘测设计有限公司、广东省水利水电第三工程局等单位的专家和代表。会议经过热烈讨论,达成统一意见:6#~8# 坝基开挖达到 22.5 m 高程,基岩声波速度值达到 3 900 m/s(平均),结合地质素描结果判断已属于弱风化层,对 28.5 m 高的低坝来说作为建基面已优于抗滑稳定和渗透要求,在做好局部破碎去固结灌浆及坝基帷幕灌浆前提下,再下挖已无必要。6#~8# 坝高如考虑抬高到 22.5 m,则高度为 28.5 m,属低坝,设计按弱风化层开挖建基面,符合混凝土重力坝设计规范要求,坝基设了防渗帷幕及坝踵、坝址固结灌浆,对坝基防渗及提高坝基完整性来说措施是稳妥的。坝基稳定及应力计算表明坝基抗滑稳定安全系数及坝基应力应有一定裕度。坝基岩石条件单一,建基面为弱风化~微风化层,不存在坝体不均匀沉陷问题。

4.2.3　设计变更管理

4.2.3.1　设计变更的内涵及影响

设计变更是指项目自初步设计批准之日起至通过竣工验收正式交付使用之日止,对已批准的初步设计文件、技术设计文件或施工图设计文件所进行的修改、完善、优化等活动。由于水利工程较为复杂,并且受多种边界条件制约,因此设计变更不可能完全避免。发生设计变更后,一般会给建设单位、EPC 总承包商及其他参与单位带来不利影响甚至出现经济损失,具体表现在以下几个方面:

(1)延误项目进度。设计变更通常会引起建设项目一系列施工组织活动的变化,各个参与单位需要花费时间、财力、人力补偿工程变更相关的变化,变更情况下各种资源若不能顺利获取和调配,将影响工程项目按原计划进度完成。

(2)增加项目成本。对已经完成的原设计图纸进行修改,修改设计时考虑使用新材料、新工艺,以及设计变更带来的工期延误等,都需要额外投入人力、物力、财力来弥补,虽然有些变更可以通过索赔来解决,但仍然会对整体成本的管控产生影响,无形中增加项目成本,降低利润。

(3)影响工程质量。重新设计时对结构系数的改变、钢筋数量与直径的改变等都会对工程结构整体的刚性和稳定性产生一定的影响,以及为适应设计变更而导致施工人员的职责的重新安排、施工顺序的改变等都会对工程质量造成影响,从而对建筑产品整体的耐久性和适用性产生不利影响。

(4)引发利益冲突。对于设计变更产生的费用,施工方会通过索赔来维护自身利益,但并不是所有索赔都能得到满意答复,导致业主方和施工方产生合同纠纷。在设计施工联合体内部,各组成单位对于是否需要设计变更也会出现不一致的情况。联合体某一方提出设计变更无非是为了满足自身利益的需求,其他参与单位从自身利益出发有可能会做出不合作的选择。

4.2.3.2　设计变更的原因

水利工程项目从初步设计获得批准至工程竣工验收交付使用,由于主观或客观的原因,设计变更的情形时有发生。产生设计变更的原因既有项目业主对任务、功能要求调整等的主观原因,也有在实施过程中必须根据实际情况对设计方案、结构形式、主体施工方法等进行调整的客观原因。水利工程项目产生设计变更的原因很多,可以从不同角度进行分类。

1. 按变更要素划分

(1)功能要求发生变化。如增加或减少项目建设内容。

(2)区域环境发生变化。如地方产业结构调整,交通、土地、环保等其他行业项目的实施影响等。

(3)勘测设计精度不够。如料场变化、地质条件变化、设计漏项、结构不满足运行或设备安装要求等。

(4)不可抗力。如国家或地方政策的变化、自然灾害影响等。

2. 按责任者划分

(1)业主方原因而提出的设计变更。如设计前期业主没有提出明确的目标,而在建设项目实施中对建筑材料、使用功能、建筑外观提出新的要求;前期勘察研究资料不充分或出现错误。

(2)设计方原因而提出的设计变更。设计前期现场环境考察不充分导致设计材料、尺寸等不符合实际需求;设计人员的设计态度及经验等导致设计缺陷;没有理解建设单位的设计意图而出现设计不一致现象。

(3)施工方原因而提出的设计变更。施工方是建设项目实施的最直接的一方,对施工技术难以达到、实际情况与图纸不符合、遇到实际障碍物等都会导致设计变更。

(4)其他参与方的原因。

4.2.3.3　设计变更的划分

水利工程设计变更分为重大设计变更和一般设计变更。

1. 重大设计变更

重大设计变更是指工程建设过程中,对初步设计批复的有关建设任务和内容进行调整,导致工程任务、规模、工程等级及设计标准发生变化,工程总体布置方案、主要建筑物布置及结构形式、重要机电与金属结构设备、施工组织设计方案等发生重大变化,对工程质量、安全、工期、投资、效益、环境和运行管理等产生重大影响的设计变更。

重大设计变更文件,由项目业主按原报审程序报原初步设计审批部门审批。

2. 一般设计变更

重大设计变更以外的其他设计变更,为一般设计变更,包括并不限于:水利枢纽工程中次要建筑物的布置、结构形式、基础处理方案及施工方案变化;堤防和河道治理工程的局部变化;灌区和引调水工程中支渠(线)及以下工程的局部线路调整、局部基础处理方案变化,次要建筑物的布置、结构形式和施工组织设计变化;一般机电设备及金属结构设备形式变化;附属建设内容变化等。

一般设计变更文件由项目业主组织有关参建方研究确认后实施变更,并报项目主管部门核备,项目主管部门认为必要时可组织审批。

4.2.3.4　设计变更控制的关注点

由于设计变更往往会对工期、费用、质量目标产生较大影响,因此应严格控制设计变更情形的发生,或者尽量减少设计变更对项目目标的影响程度。设计变更时,应重点关注以下几个问题:

(1)设计变更和设计修改在技术上必须是可行的、安全可靠的。

（2）更改后的施工工艺要求尽量不超过现有施工条件和设备能力，不应对施工环境条件要求过高以致近期不能满足，而严重影响现场的施工安排。

（3）更改后不能降低工程的质量标准，不能影响今后工程的运行和管理。

（4）更改后尽可能不对后续施工在工期上和施工条件上产生不良影响，不致因此而导致合同工期或控制性工期的推迟。

（5）更改后的工程费用是经济合理的，不致引起合同价的大幅度增加。

（6）根据对设计变更和设计修改的分类，所有设计修改或变更是否依据质量管理程序进行变更及进行了校核、审查和会签。

（7）对设计变更和设计修改对施工合同和设计合同的影响及时进行评估和汇总。

4.2.3.5　设计变更的工作流程

设计变更的工作流程包括：变更的提出、变更的判定和审核、变更的批准、变更的执行、执行的检查五个部分。根据提出单位和规模的不同，变更的具体工作流程不同。

1. 设计方提出设计变更的工作流程

（1）当原设计方案存在严重影响工程质量、安全的隐患或可能严重影响工程正常功能的发挥，或者由于不可预见的地质原因等不可预见因素导致设计与实际情况的出入时，设计方应在工程实施前向总承包项目部提出变更设计联系单。

（2）收到变更联系单后，总承包项目部和监理单位根据合同规定，对该项更改性质进行判定，然后根据职责划分交相关单位审查。

（3）相关单位提出审查意见和建议。

（4）设计方收到变更审查意见后，在规定时间内完成具体变更设计。

2. 业主提出设计变更的工作流程

（1）当业主提供的基础设计资料有缺陷，或者业主改变工程功能要求时，总承包项目部提出设计更改要求。

（2）总承包项目部召集相关方研究变更的必要性和可行性，并要求设计方进行研究，在规定时间内提出设计变更意见。

（3）设计方应在工程实施前向总承包项目部提出变更设计联系单。

（4）收到变更设计联系单后，总承包项目部和监理单位根据合同规定，对该项更改性质进行判定，然后根据职责划分交相关单位审查。

（5）相关单位提出审查意见和建议。

（6）设计方收到变更审查意见后，在规定时间内完成具体变更设计。

4.3　设计接口管理

接口指为完成某一任务或解决某一问题所涉及的单位之间、同一单位的各组织部门之间、各有关成员之间，以及各种机械设备、硬件软件、工序流程之间交互信息、物资、资金的界面。接口问题是许多项目管理效率低下甚至失败的主要原因之一，因此做好设计接口管理对于加快工程设计进度、理顺责任关系、提高设计质量大有帮助。

4.3.1　设计接口的概念与分类

4.3.1.1　设计接口的概念

EPC 总承包项目是一个开放系统,由若干个子系统组成。按不同分类方式可分为土建、装修、安装等各专业子系统,设计、采购、施工等各阶段子系统,以及业主、供应商、分包商等各组织子系统。项目实施过程中,这些专业系统之间、建设阶段之间、组织部门之间,客观存在或人为主观造成的交互作用关系,统称为 EPC 总承包项目的设计接口。

4.3.1.2　设计接口的分类

设计接口的类型有多种划分方式,主要有以下几种。

1.根据接口的性质划分

主要有两种类型:第一种是物理性质的接口,是两个不同实体之间连接在一起的部位,例如隧洞进水段和洞身之间的接触面;第二种是组织性质的接口,是根据参建方所承担的任务,分为几个不同的主体,并在不同主体之间形成接口,例如设计和施工的接口、采购和施工的接口等。

2.根据管理的范围划分

一般工程项目不仅要加强内部的管理,也需要维护好与外界环境的良好关系。从这个角度来说,接口又可以分为内部接口与外部接口,内部接口是指项目内部各个专业系统之间及各个参建单位之间的接口问题,而外部接口则是指与银行、政府等各个部门之间需要协调的问题。

3.根据互动的要素划分

在项目的各种设计接口之间,需要进行物质流、资金流及信息流的相互传递,从而形成物质流接口、资金流接口、信息流接口及混合流接口等类型。

4.根据技术的属性划分

根据系统的技术属性,可将设计接口划分为技术接口和合同接口。技术接口指专业技术之间的接口,例如建筑工程、电气工程、机电设备安装工程之间的接口。合同接口是通过合同来界定各个单位的工作职责、范围及资源的分配关系。例如业主与总承包方之间的接口。

4.3.2　设计与采购的接口管理

4.3.2.1　设计对采购的影响

设计作为总承包项目的首要环节,对项目的采购成本具有较大的影响,主要表现在以下几个方面。

1.设计深度对采购的影响

EPC 项目投标阶段,设计部门要进行现场考察,要在深入了解项目所在地的综合环境条件、内外部接口的前提下,提供具有一定设计深度(如初步设计或施工详图设计深度)的初步工程量清单以供采购部门进行询价,如果提供的文件深度不够,很可能造成采购部门询价过程中缺项、漏项、设备选型错误,造成投标价格和项目实际成本偏差很大,这也是 EPC 项目投标的主要风险。

2. 设计进度对采购的影响

设计进度是采购和施工进度控制的前提。若设计单位不能按照进度计划要求提交相关设备材料清单及设备招标技术规范书,或者提交的文件不是最终版本,都会对设备采购和制造进度造成很大的影响。在项目执行过程中,要根据施工进度计划,倒排设计和采购进度计划。根据施工进度确定主要设备及材料的到货时间,然后根据主要设备及材料的到货时间及厂家供货情况,确定设计提供技术规范书的时间。

3. 设计质量对采购的影响

在设计过程中,由于设计人员对主合同的研究不够细致,或者对项目所在国的标准不熟悉,出现部分施工图设计、技术规范书的要求不符合项目所在国的国家标准及主合同要求,从而导致业主拒不接收,要求重新供货的情况发生。重新采购将面临交货期异常紧张的局面,使采购过程中可选择的供货商有限,且普遍报价较高,甚至会由于交货期太短没有厂家投标。

4. 其他设计情形对采购的影响

例如,在设计前,未对当地或国内可采购的材料规格进行市场调研和分析,导致在后续施工图设计中使用的该种材料出现采购困难的现象,增加了采购工期和成本。设计过程中采用的新工艺、新技术、新材质,对设备采购工作提出了较高的要求。专利技术和垄断性技术的应用也使招标采购工作局限于特定的厂家,使得商务及技术谈判进展不利。

4.3.2.2　设计与采购协调的措施

(1)健全进度计划管理体系。

为了有序开展工程设计和设备采购工作,需要建立健全进度计划管理体系,编制合理的设计进度计划和设备采购进度计划,并严格按照进度计划开展工作。项目执行过程中,要对进度计划的执行情况进行密切跟踪,客观准确地发现和评价问题,并采取合理有效的进度控制和管理措施,建立"全面详细计划、严格按计划实施、及时反馈更新、严密跟踪对比"的进度计划管理模式。此外,还应当做好工程设计、设备采购的进度风险管理,采取相应的应对措施,控制和管理好设计和设备采购进度,从而保证项目的顺利推进。

(2)建立有效的协调机构。

采购与设计在项目实施过程中既分工又合作,EPC 项目部就是设计、采购、施工之间的协调组织。设计、采购部门在项目 EPC 经理的统一组织下,有效结合、分工协作,各自对工作质量、进度和经济风险承担责任,共同完成项目建设任务。

(3)建立规范的合作程序。

在 EPC 总承包项目实施过程中,在建设前期设计部门要向采购部门介绍工程实施方案、总体布置、关键设备选型等情况,采购部门要向设计部门提供相关设备的设计资料、参考价格和市场情况,参与设计方案的讨论。在基础设计或初步设计阶段,设计部门要提供长周期设备和关键设备的订货资料,作为采购部门的工作依据,设计部门应参加设备交付计划讨论并配合采购部门开展询价和编制标书工作,采购部门随时将报价信息反馈给设计部门。

（4）建立正规的采购流程。

EPC 项目管理中,应该建立正规的采购流程,组成由设计部门、采购部门、质量管理部门等多个部门参与的招标团队,对拟招标的设备供货商进行资质考察,选择资质较好、业绩较多、履约能力较强、社会信誉较高的厂家参与投标。采购部门负责牵头进行设备招标,设计部门根据采购部门提供的供应商报价文件,对供货厂商报价的技术部门提出评审意见,并参加由采购部门组织的供货商澄清会议,进行技术澄清。最终衡量技术评标得分和商务评标得分,确定供货厂家。

（5）明确厂家的提资渠道。

在设备定标后,与厂家签订采购合同时就应该确定设备厂家向设计部门的提资时间、提资渠道、版次说明等,以确保设计部门用于设计的设备厂家资料是准确的、最终的,避免生产及施工阶段出现接口问题。

4.3.3　设计与施工的接口管理

4.3.3.1　设计与施工的互相影响

（1）工程设计质量是决定工程质量的关键环节,工程施工活动决定设计意图能否完全实现,直接关系到工程的安全可靠和功能使用保证、性能指标实现及外表观感等,工程施工是形成工程实体质量的决定性环节,两者对于项目的成功实施缺一不可。

（2）施工技术管理人员必须全面了解工程设计意图,而设计人员应根据工程现场客观实际情况如水文地质、地形地貌等提出合理、经济、安全的施工方案,并根据施工作业进度和施工方建议完善设计方案,施工方再根据设计方案对施工技术、工艺加以改进,使施工与设计能够完美协调,设计图纸变成客观实物。

（3）设计过程中设计人员要依据标准、规范并结合最新的技术和经验,遵循安全可靠、经济合理的原则进行图纸设计,同时还要考虑到施工可行性与便利性。特别是在施工便利性方面需要设计人员充分了解施工需求,提前考虑设计对施工方案的影响,合理进行布置。

（4）工程总承包模式下,边设计边施工是必然实施路径,根据工程进展和需要,通过设计变更的方式动态对设计进行调整,设计与施工在项目执行过程中形成了一个互相反馈、互相影响的体系。

4.3.3.2　设计与施工协调中存在的问题

设计与施工专业化分工的模式在提高效率的同时,也要求在项目管理中加强对两者的协调,设计与施工紧密结合,在更高的要求下,进行更加合理的分工,以达到"各尽所能、各司其职"的效果,但是由于种种原因导致设计和施工协调出现问题,也会导致工期拖长、设计变更频繁、责任划分不清等问题,很多项目在实施阶段由于没有处理好设计与施工的协调,没能在建筑实体形成前加强设计人员和施工人员的沟通,发挥双方的作用,给项目造成损失,留下了遗憾。

（1）由于目前 EPC 项目工期都比较紧张,为提高效率,设计单位往往套用以往类似项目的图纸进行修改,设计人员不能充分了解施工的需要,导致设计方案出现难以或不能施工的现象。

（2）现场人员所具有的施工经验很少被应用到设计中，一些有价值的施工方法由于得不到设计方的配合而无法在实践中应用，结果导致工程设计变更、施工成本增加、工期延长、品质不佳等问题不断地重复发生，造成项目的损失，并在一定程度上制约着施工技术的推广和发展。

（3）在国际总承包项目中，设计单位很多专业惯于通过应用典型设计手册的方式减少了设计工作量，但是却无法提供英文版国际通行的典型设计手册，造成图纸审查的极大困难，当地施工单位难以接受，无法组织施工。

（4）设计单位在设计过程中需要各个设备厂家提供设备图纸，进行设计配合，但设计单位由于种种原因未能对厂家提供的图纸进行严格审查，导致一些厂家的设计错误代入到了最终施工图纸，在施工阶段才发现，然后进行处理，影响了工期和成本。

（5）对于国际工程，由于我国和境外各个国家标准规范及设计体系的差异，造成了多数境外项目在设计审查和现场施工过程中遇到了困难，导致部分设计进度拖期、设计冗余过大等问题，给项目的后续执行和现场施工造成巨大压力，也在不同程度上增加了工程成本。

4.3.3.3　加强设计与施工协调的有效措施

（1）在项目设计管理中设计单位和施工单位双方各派人员参与到项目设计协调、监督中，双方都具有协调、核查各方工作的权力，可以组织协调进度等工作。在前期侧重于协调设备厂家和设计单位的资料配合，中后期重点协调各专业间的配合，减少设计错误的发生，并加强在设计阶段针对施工便利性的设计改进。

（2）根据项目设计进度的需要，采取封闭设计、现场设计、现场出版等措施，加强设计过程管理，减少套用图纸的情况，尽量使设计符合各个项目的实际情况。

（3）重视现场设计服务，建立一支高质量、反应迅速的现场服务团队，高效处理现场施工过程中出现的设计问题。保证现场设计服务工代的连续性，及时安排人员轮换并办理签证。采用互联网视频系统召开协调会议来解决问题，在减少工代派遣的情况下，提高了对现场的技术支持力度，避免工代能力对项目的影响。

（4）重视境外项目对设计深度的要求，相对粗犷且单一的设计理念已经不能满足国外项目的实施要求，特别是需要针对境外不同国家的不同要求，努力去完善和改变设计思路，不能仅一味地推行我国的设计规范。在项目执行开始就明确相关设计深度要求，做好事先规划，要求设计单位在设计过程中做到相关的深度设计。

（5）由于我国和境外各个国家标准规范及设计体系的差异，在境外的项目执行中，加大对项目所在国标准规范的研究力度，深入了解当地的设计理念和习惯。根据所在国的实际情况，在项目前期规划好设计原则，保证设计成品的深度、范围和方式能够适应或满足项目的实际要求。结合当地设备及材料标准的具体类型和特点，有针对性地做好设计工作，有效应对标准差异。

（6）设计单位应严格对厂家图纸进行审核，合理利用厂家资料，避免出现厂家设计资料的原版复制情况，虽然有些设备是由厂家整体设计的，但设计单位还应进一步审核其设计资料，确保正确性、准确性、合理性和完整性，以适应现场安装要求，杜绝在施工图纸中出现"按厂家图纸施工"而施工图纸不全的情况。

（7）重视施工图纸会审工作。即使设计单位完全尽到了责任，也难以避免出现一些设计错误和疏漏，一些设计错误和疏漏必须在施工方介入后，从施工的角度来审查图纸，才能放心，这就要求施工单位在接收到施工图纸后，要组织各个专业具有丰富施工组织经验的人员对图纸进行审查，将设计错误消灭在施工工作开始前，减少无谓的成本。

沟通与协调是项目管理工作的灵魂，在项目管理中充分发挥主观能动性，积极沟通设计和施工各参与方思路，综合协调业主、设计、施工各方的利益所获得的最佳设计、施工调整方案，实现效益最大化，这就是有效的设计和施工的协调，将对项目的实施产生积极的影响。

4.4　设计质量与进度管理

4.4.1　设计质量管理

4.4.1.1　水利工程设计工作流程

根据《水利工程建设项目管理规定》，水利工程的设计工作包括项目建议书、可行性研究报告、初步设计、招标设计和施工图设计。设计单位受政府或者项目法人委托根据国民经济和社会发展的长远规划、流域综合规划，按照国家相关投资建设方针开展设计工作。水利工程设计工作流程如下：

（1）编制项目建议书。

（2）项目建议书批准之后，委托工程咨询单位进行可行性研究工作，并编写可行性研究报告。

（3）可行性研究报告批复、项目立项之后，进行初步设计工作。

（4）初步设计报告批准后，设计单位绘制施工招标图纸，编制施工招标技术条款，项目建设单位组织进行施工招标工作。

（5）设计单位绘制施工图，开展施工配合工作。

（6）工程建设完成后，进入竣工验收阶段。

4.4.1.2　水利工程设计阶段划分及工作内容

水利工程设计阶段可分为方案设计阶段、初步设计阶段、招标设计阶段、施工图设计阶段。

1. 方案设计阶段

方案设计阶段包含项目建议书和可行性研究阶段。项目建议书和可行性研究的编制一般由政府或者项目法人委托有相应资格的设计单位承担，并按国家现行规定权限向主管部门申报审批。经过批准的可行性研究报告，是项目决策和进行初步设计的依据。方案设计阶段是整个设计过程的首要环节，为保证方案设计阶段的工作质量，应做好以下主要工作。

1)收集基础数据

设计总负责人接受任务委托,收集基础数据。应按照设计任务、设计范围,明确工艺条件,明确工程项目规划、水保、环保等专业的要求;收集相关地形图和调查报告等地质资料,以及工程所在地水文、气象等基础资料。

2)成立项目组,开展准备工作

确定设计人选,成立专业的项目组,进行设计准备。设计总负责人和项目部管理人员带队,组织设计人员进行现场踏勘,了解实地情况。召开设计前会议,明确设计相关事项。根据建设单位要求,明确相关配合专业。

3)方案构思与决策

按照工程属性、各方的建议、顾客的要求、隐含的要求,制定设计的指导性原则和方针,设计项目组应提出多个可供选择的方案,经过评审后,征求建设单位意见最终决定整体工作思路,确定最优方案。

4)方案设计与审查

经过对选定方案的设计、校对、审查,进行设计输出。本阶段输出成果包括编制项目建议书、可行性研究报告、投资估算报告、项目环境影响评价报告表、水土保持方案和水影响评价报告等,并按照需要绘制相应的图纸,分别向主管部门进行报批。

2.初步设计阶段

方案阶段报告批复、确定工程投资后,由设计单位进行深化设计,提出具体可行的建议,满足初步设计文件编制的要求。本阶段输出成果包括初步设计报告、初步设计概算及相应深度图纸。初步设计应做到必要性论证明确,工程规模基本合理,主要技术方案比选充分、可行,移民安置去向基本明确,不存在重大环境制约因素,经济评价合理等。主要工作内容如下。

1)拟订初步设计工作计划

根据相关部门审批核准的可行性研究报告,对设计对象进行通盘研究,做出技术和经济上合理性的明确结论。根据建设部门及专家组对方案提出的可行性研究报告修改意见,进行修改和完善,规定项目的各项基本技术参数,编制项目的各项基本概算和总概算,并在此基础上研究拟订初步设计工作计划。

2)编制初步设计文件

根据水利行业和设计院有关初步设计文件深度的规定要求,组织各专业人员编制初步设计报告,及时协调解决专业间的问题。水利工程的初步设计报告一般由项目主管部门委托具有相应资格的设计单位或咨询单位编制,其编制要求按照《水利水电工程初步设计报告编制规程》(SL/T 619—2021)执行。

3)组织专家评审

初步设计报告报批前,项目法人应委托有资质的工程咨询机构或组织相关专家,对初步设计中的重大问题进行咨询论证。首先由水利水电规划设计院等机构评估论证,评估内容主要为初设方案;其次由投资主管行政部门审批初步设计概算。设计单位要根据咨询论证意见,对设计文件进行补充、修改、优化。

4) 申报审批

初步设计由项目法人组织审查后,按照现行规定向水行政主管部门(省、市水务局)申报审批。

3. 招标设计阶段

招标设计阶段是指在经有关部门批准的初步设计阶段的基础上,将确定的工程方案进行进一步的深化,明确各专业施工的技术参数和具体要求,应做到投标单位可根据招标文件和图纸及工程量确定投标报价。这一阶段输出成果包括施工招标技术条款和施工招标图纸,并配合招标代理或工程咨询单位进行招标工程量清单编制。

4. 施工图设计阶段

施工图设计是确保设计水平、提高设计质量的最后把关阶段。本阶段输出成果包括:施工图纸、设计说明书及计算书文件。施工图设计阶段应切实把握设计文件的深度,进行限额设计,强化综合审查,提升设计的质量。施工图设计阶段还可以分成以下四个时期。

1) 准备阶段

根据正式批复的初步设计文件,确定工程设计需要严格控制的指令性标准,根据施工图设计阶段深度编制要求,进一步改进和完善设计内容。设计总负责人拟定统一的施工阶段设计工作大纲,确定设计进度计划和质量目标,制订保证设计质量的措施。

2) 编制阶段

按照设计工作大纲中设计进度计划和质量目标要求,开展施工图纸设计。在设计过程中各专业需密切配合,校审人员提前介入,把控设计方向,定期进行设计评审,发现问题并进行改善。施工图完成后,进行设计验证工作,并根据校审意见进行图纸修改。

3) 出图阶段

完成施工图设计后,进行设计验证和设计评审,以检验设计文件和报告是否已满足顾客的要求,并做好施工图阶段的会审会签记录。进行设计文件输出,并把所有的计算书和图纸进行归纳整理,按照程序文件规定及时整理并进行归档。

4) 设计技术交底及与施工配合阶段

设计成果输出后,设计总负责人应及时按预先安排,组织设计人员进行设计技术交底工作,应将设计范围、设计内容、关键性问题和技术条件等对施工方进行详细的介绍,并强调施工时需要明确注意的地方,同时进行图纸会审,对施工方提出的图纸疑问进行解释说明。

大型水利工程在施工过程中需派驻设计代表常驻现场,配合施工方及时解决现场问题,并做好设计代表记录工作。如果需要变更设计,应及时发出设计通知,重大变更需审查人员和审核人员把关,再次进行设计评审,最后进行编号归档。

4.4.1.3　水利工程设计质量要求

水利工程前期成果明确了工程项目要达到的质量目标,因此设计质量的好坏决定了整个工程的质量水平。水利工程设计质量需符合以下基本要求:

(1)根据质量控制依据确定设计文件,设计产品(包含报告、图纸、文件)质量应符合法律法规和相关的强制性规程规范要求,以满足安全需求和顾客需求。

(2)原始资料应准确、完整、翔实、符合实际,设计过程论证充分,计算结果可靠。

(3)设计文件选用的材料、构配件和设备,应提出设计技术要求、性能指标,其质量要求必须符合国家规定的标准。

(4)重要和关键工程项目(大坝浇筑、地下厂房开挖、高边坡开挖支护、截流等)应提出详细的、可操作的施工技术要求。

(5)设计产品的深度应满足相应阶段的编制规定,产品中选择的建筑和结构材料、机电和工艺设备的技术指标(如规格和性能),其质量应符合国家规定。

(6)设计单位必须严格保证设计质量,承担设计的合同责任。初步设计文件经批准后,主要内容不得随意修改、变更,并作为项目建设实施的技术文件基础。如有重要修改、变更,须经原审批机关复审同意。

4.4.1.4　水利工程设计成果的审查

总承包商应组织力量对水利工程设计各阶段的成果进行审查,防止设计成果出现差错。审查的内容包括:

(1)工程设计方案是否仍存在重大缺陷或需要改进的方面。

(2)图纸所示结构的尺寸(高程、桩号等)、工程结构及布置是否有误。

(3)选用设备型号、性能参数、运行方式、数量是否存在缺陷,与上一阶段的设计是否一致。

(4)选用主要材料品种、数量、规格、技术要求是否有误,与上一阶段的设计是否一致。

(5)对施工技术要求(施工进度、顺序、施工工艺)是否需要改进,是否与上一阶段的设计一致。

(6)设计图纸与现场实际是否相符并有利施工。

(7)设计范围是否与施工合同范围一致。

(8)图纸技术要求与合同技术条款相比有无重大差异,工程量是否有重大变化等。

4.4.1.5　保证和提高设计质量的措施

(1)重视设计管理对EPC项目的主导作用。

设计是工程的主导因素,其表现在:设计是影响工程造价的决定因素,设计文件和图纸是采购和施工的依据,设计质量是采购质量和施工质量的先决条件。设计管理的特点决定了对设计阶段的各项工作进行组织设计后,能够为实现项目的增值提供机会。强化设计管理主导作用有利于资源优化配置,从而节约成本、缩短工期,保证工程施工安全、有序地进行。同时,也可以降低承包商在施工过程中的风险,控制成本,从而获得更多的利润。

(2)建立符合EPC模式的设计管理体制。

EPC总承包管理模式强调设计的主导作用;强调项目采购、施工等活动对设计的反馈作用;强调各个活动交叉且合理进行强调系统集成与整体优化,这就需要建立适应EPC项目特点的设计管理体制。设计管理的组织结构必须具备高效快捷的信息沟通和交流能力,减少管理层次,使组织结构扁平化。因此,需加强组织内部各主体间信息共享,使组织结构呈现出相互交错的网络化模式,同时应改变设计人员的传统设计观念,明确由设计变更所带来的效益变化的分配形式及责任分担形式,建立适合于EPC工程总承包项目管理的薪酬考核机制。

（3）引进总量控制或限额设计的概念。

在 EPC 项目中，必须考虑项目全寿命期的费用，因此控制项目造价成为项目成败的关键环节之一。为确保 EPC 项目的总体效益，在设计过程中应引进总量控制或限额设计的概念，即在满足项目合同功能的前提下，通过新技术、新材料、新工艺、新设备等的应用，得到成本控制最优的设计产品。各设计阶段要按照"投资总量控制，专业限额设计"的总体原则，将设计审定的工程量和投资额自上而下分解到各个专业、各单位工程、各分部工程，实现对设计规模、设计工程量、设计标准和概预算指标等的全面控制。

（4）实现设计与采购、施工的深度交叉。

EPC 项目的质量、工期、成本等目标是一个相互联系、相互制约的统一整体，必须对三大目标进行系统的、集成化的管理。设计工作应向采购环节、施工环节延伸，将设计与采购、施工统一起来，协调管理。这样不仅有利于设计人员熟悉材料设备的特性，了解现场施工主要技术方案及相关经验，从而提出"技术可行，经济合理"的最佳设计方案，还能确保设计进度满足设备材料采购、专业工程施工招标以及现场施工进度计划的要求。

（5）提升设计人员的综合能力。

EPC 工程总承包模式对设计人员的业务能力和综合素质提出了更高、更全面的要求，因此调动设计管理人员的创新积极性和主观能动性就成为设计管理的核心。设计人员应转变原有设计观念和思维模式，由单一的设计工作转变到总承包思维下的设计工作。在掌握专业设计能力的同时，设计人员应加强工程造价知识、工程设备和材料采购知识及施工知识的培养和学习，同时提高风险意识和造价意识。

4.4.2　设计进度管理

总承包商进度管理的任务是履行合同约定的设计义务，按约定控制该项目的设计工作进度，按时完成各阶段设计文件编制，保证设计工作进度和施工与物资采购等工作进度相协调。

4.4.2.1　设计进度对项目总进度的影响

设计进度对项目建设后续设计文件报批送审、招标投标、设备和材料采购、施工和其他环节的开展有直接影响，即设计进度直接关系到项目总进度目标的实现。影响项目总进度的成因通常有：

（1）项目设计的各阶段设计出图时间超过计划时间。

（2）设计文件存在完整性、准确度及深度等方面质量缺陷，不符合后续工作要求。

（3）设计文件中的建筑、结构与设备各专业之间接口技术协调欠缺。

（4）设计变更频繁，设计调整过程时间过长。

（5）设计服务不及时等。

4.4.2.2　设计进度管理的程序

建设项目是在动态条件下实施的，因此设计进度管理也是一个动态的过程。具体工作程序包括以下几个方面：

（1）分析和论证设计进度控制目标。

(2)编制设计进度控制计划。

(3)设计进度控制计划交底,落实责任。

(4)实施设计进度控制计划,跟踪检查,对设计各阶段进度实施动态控制。

(5)对存在的问题分析原因并纠正偏差,必要时调整进度计划。

(6)编制设计进度报告,报送项目组织管理部门。

4.4.2.3 设计进度控制目标和计划

1. 设计进度控制目标与分解

设计进度控制目标是项目建设进度目标的分目标之一。设计合同中规定出提交设计文件的最终时间,即为设计进度控制的计划目标时间。

为了有效地控制设计进度,需要将项目设计进度控制目标按设计阶段和专业进行分解,从而构成设计进度控制从总目标到分目标的完整目标体系。

(1)设计进度控制分阶段目标。通常可将设计分为设计准备阶段、初步设计阶段、技术设计阶段(如有)、施工图设计阶段。为了确保设计进度控制目标的实现,应明确每一阶段的进度控制目标,使各阶段设计在时间上环环相扣,形成连续不脱节的“设计进度链”。例如,施工图设计进度分目标应根据设计合同规定的施工图设计文件提交的时间为依据,编制施工图设计的进度计划,其中包括确定各项专业施工图设计的开始时间、持续时间、完成时间、提交图纸及审批时间,以此确定施工图设计各项任务的进度计划目标,作为控制施工图设计进度的分目标。

(2)设计进度控制分专业目标。为了有效地控制设计进度,还可以将各阶段设计进度目标具体化,进行进一步分解,即分专业分解,通常可分解为建筑物、机电及金属结构、消防、环境保护、水土保持等专业进度目标,由此构成分专业设计时间目标。在设计实践中,有时为了合理缩短设计工期,需要将配套专业设计安排成搭接关系。

2. 设计进度控制计划的编制要点

设计方编制的设计进度控制计划是设计单位对业主的进度承诺,也是设计单位安排勘察设计工作和内部进度控制与考核的依据。设计方应编制设计工作总的进度计划、年度工作计划、季度计划(如需要)、设计分专业进度计划等。不同的进度计划,其编制时间、内容、方法均存在一定的差别,但编制要点基本相同,必须做到以下几点:

(1)进度计划必须包括为完成工程所涉及的所有工作。

(2)进度计划要反映工程项目工作的轻重缓急,以保证项目的执行能够突出重点。

(3)进度计划应是动态的,要随工程项目实施过程中的实际情况的变化而变化。

(4)编制进度计划前必须考虑各级工程管理人员使用的需要,以及进度报告和计划更新的需要,另外还包括成本估算和控制及材料管理的要求,要建立起一套科学合理的编码系统。

(5)进度计划要易懂、实用和明确,避免编制只有计划工程师才能看懂的计划。

(6)进度计划中所包括的工作要足够详细,以满足进度计划管理的需要,但也不能过细而使计划缺乏实用性,通常是根据工程项目组织机构与所对应的工作分解结构来确定,工程项目组织机构的最小单元所对应的就是工程项目的最小工作单元。

4.4.2.4　设计进度控制

设计进度计划编制完成后,设计经理应根据项目具体情况,确定进度控制的关键节点,作为重点监控对象,实施重点检查和分析。设计进度的控制点应包括下列主要内容:

(1)设计各专业间的条件关系及其进度。

(2)初步设计完成和提交时间。

(3)关键设备和材料请购文件的提交时间。

(4)设计组收到设备、材料供应商最终技术资料的时间。

(5)进度关键线路上的设计文件提交时间。

(6)施工图设计完成和提交时间。

(7)设计工作结束时间。

在进度计划执行过程中,根据项目具体情况,设计方应实行设计月报或周报制度,各专业负责人按时向设计经理汇报专业设计进度及设计过程中遇到的问题。

设计经理应组织检查设计执行计划的执行情况,通过项目实际进展和目标计划的对比,及时了解进度上的偏差情况。当出现进度有所偏差,应填写项目进度检查表,分析出现的情况,并给出纠偏措施,并明确应对措施的负责人、完成时间,由项目经理审批执行。

第 5 章　水利工程总承包项目精细化采购与分包管理

采购管理是水利 EPC 总承包项目管理的一项不可或缺的活动,对项目质量安全、成本和进度目标有着重要影响。针对我国目前"双资质"总承包资格规定较为普遍的现状,站在设计牵头单位的角度,着重于松散型联合体组织架构下,较为系统地介绍了设备材料采购与分包管理的主要内容、管理要点和实践中采取的措施策略等,是对总承包实践经验进行系统化总结和思考的初步尝试。

5.1　概　　述

据统计,设备、材料采购金额一般占项目合同金额的 40%~60%,尽管由于项目类型不同,这一具体比例有所差异,但是总体看设备、材料采购对于降低成本、保障项目利润具有重要作用。同时,设备、材料采购质量和进度还会对项目质量安全和进度影响深远。因此,对于 EPC 工程总承包商而言,进行精细化采购与分包管理十分必要。

5.1.1　工程总承包采购管理的一般内容

5.1.1.1　工程总承包采购管理流程

项目采购是指从项目组织外部获取产品(包括货物和服务)的整个过程;项目采购管理是指对这一过程进行计划、组织和协调等活动。美国项目管理协会(PMI)出版的项目管理知识体系(PMBOK)指出项目采购管理包括了采购规划、发包规划、询价、选择卖方、合同管理和合同收尾 6 个过程组,每个过程组又包括若干管理内容。PMBOK 提出的项目采购管理内容虽具有普适性,但尚不能确切体现工程项目采购管理,比如非标设备或定制设备监造、运输过程的特殊性。工程总承包采购范围主要包括分包商采购,设备、材料采购和咨询服务采购。本章按照行业习惯,介绍工程总承包采购管理内容和流程时,着重于设备、材料的采购。在 EPC 工程总承包模式下,项目采购管理流程见图 5-1。

5.1.1.2　工程总承包采购管理主要内容

根据图 5-1 所示的流程,工程总承包项目采购管理主要分为采购策划与采购计划编制、供应商选择、设备生产与监造、设备物流管理、现场管理 5 个环节。各环节的主要工作内容具体如下。

1. 采购策划与采购计划编制

1) 采购策划

采购策划,也可称为采购规划,主要是结合项目特点、利益相关者之间关系或要求、市场环境、政策法规等因素,对采购工作进行全面分析,并做出统筹安排。采购策划工作包括以下内容:

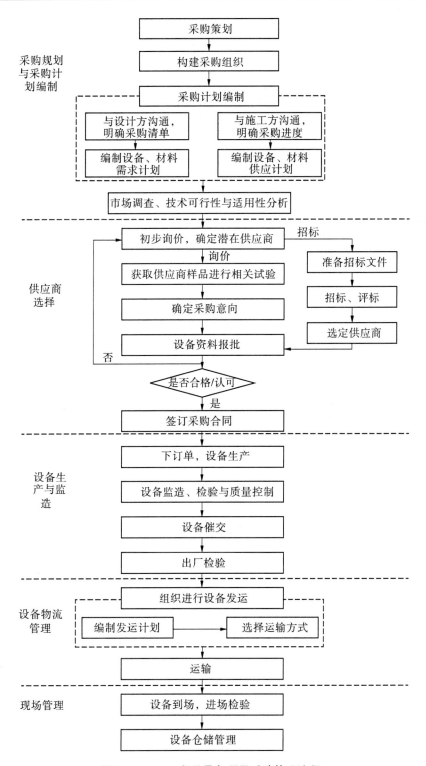

图 5-1　EPC 工程总承包项目采购管理流程

（1）采购组织策划。主要是构建采购组织，明确总承包商企业（公司）、总承包项目部、设计方、施工方和业主之间的责权利关系和采购部门人力资源配备要求，尤其是与利益相关者之间的接口关系。

（2）采购合同策划。采购合同策划内容主要包括采购分标、采购合同范围和类型、采购实施方式等。首先，对于大型 EPC 项目而言，设备、材料采购量大，选择单一供应商可能无法满足项目施工进度和质量要求，同时也无法满足降低项目采购成本的要求，常常会对设备、材料分成若干采购合同包，此所谓采购分标。其次，对于设备采购而言，还要考虑合同包内容是否包含设计和设备运行控制系统等。采购合同类型有总价合同、单价合同和成本加酬金合同，总价合同和单价合同又有固定价格合同和可调价格合同之分，这需要根据采购市场变化、供需双方的谈判地位等因素而定。再者，根据不同采购标的数量、金额和采购政策法规规定，采购合同实施方式又可以有招标采购和非招标采购两大类，招标采购进一步分为公开招标和邀请招标，非招标采购进一步分为询价、单一来源采购、竞争性谈判等方式。不同采购合同实施方式具有自身优劣势，这需要根据政策法规、公司内部制度规定和采购标的特性、市场供应商情况综合分析而定。最后是设备、采购采购顺序安排，即需要根据施工要求的供应计划安排采购顺序和批次。

（3）采购保险和运输方式策划。对于价值和精密度要求高的大型设备，运输环节风险比较高，需要购买运输保险进行风险转移，因此要进行针对性的保险策划和运输方式策划。

2）采购计划编制

采购规划是对项目采购工作做出全面性要求的指导文件，而采购计划更强调实施层面工作的安排。主要包括以下内容：

（1）采购组织管理计划。涉及内容有：与业主的工作和沟通流程及业主对采购文件审批的原则，与供应商/厂家的工作和沟通流程，对采购文件进行编码和存档的规定，采购工作的内部审核流程规定，对关键设备和材料的特殊采购流程和措施，等等。

（2）采购需求与预算计划。根据项目设计方案，确定关键设备如水轮发电机组、水泵和高水头闸门、起重机械设备等规格型号、性能参数要求等，并确定设备采购控制价或成本目标。具体而言，采购需求应该包括：采购标需实现的功能或者目标，需执行的相关国家标准、行业标准、地方标准或者其他标准、规范，需满足的质量、安全、卫生、技术规格、物理特性、包装等要求，需满足的服务标准、期限、效率、技术保障、服务人员组成等要求，采购标的的数量、采购项目交付或者实施的时间和地点，采购标的的专用工具、备品备件、质量保证、售后服务等要求，采购标的的其他技术、服务等要求，采购标的的验收标准。

（3）采购进度计划。一是采购总体进度计划，主要考虑整个工程项目设备采购的控制性进度；二是单个合同包的采购进度计划。采购进度计划编制需要与设计、施工进度相协调，并考虑供应商供货和设备运输的不确定性，留有一定的安全裕度。

（4）采购保险和运输方式策划。对于价值和精密度要求高的大型设备，运输环节风险比较高，需要购买运输保险进行风险转移，因此要进行针对性的保险策划和运输方式策划。

2.供应商选择和管理

供应商选择和管理主要包括市场调研和考察、资格审查文件和采购文件编制、招标或非招标采购、合同谈判、合同签署和供应商履约管理。对于工期长的总承包项目，可能需要分期分批采购，因此还需要建立供应商库和评价体系，对供应商进行动态管理。

3.设备生产与监造

设备生产与监造主要包括以下内容：

(1)设备报审，落实供应商设备、材料制造计划和交付方案。

(2)实时关注、跟踪制造情况及交付方案，确定设备、材料是否能够及时出货，选择第三方认证/监造机构，落实第三方检验计划。

(3)落实业主检验计划，关键设备、材料安排驻厂监造。

(4)设备、材料出厂检验，运抵现场开箱检验。

4.设备物流管理

设备物流管理主要包括以下内容：

(1)选择合理运输方式或检查确定供应商选择的运输方式是否合理。

(2)签订运输委托合同，根据运输方式及物资类型等办理或督办运输保险(如供应商负责运输及其保险，则仅有督办运输保险)。

(3)跟踪货物运输(重点是超限、关键设备、材料)。

5.现场管理

编制物资仓储计划，根据物流的发货预报，规划、安排、落实物资接收与设备进场检验，对不同类型设备、材料进行相应的安全检查、维护、保养工作，落实物资保管、发放工作，对由设计变更、合同变更等原因造成的剩余物资进行退库管理。

5.1.2　设计牵头单位采购管理要点

设计牵头单位采购管理内容视联合体组织形式及其联合体协议分工不同而有所不同。根据我国工程总承包实践，联合体组织常有紧密型组织和松散型组织两种，下面针对上述两种组织形式分别介绍设计牵头单位采购管理关键内容。

5.1.2.1　紧密型联合体组织下的采购管理要点

紧密型联合体组织是由联合体各方派出人员共同组建项目部，并由联合体各方共同成立联合体董事会，对工程建设过程中的具体事项进行决策。项目部是总承包项目的执行机构，强调联合体各方人员、文化的高度融合，项目盈利按照协议共同分配。设计牵头单位按照分工，一般主要承担设计任务，施工单位主要承担具体的施工任务，虽然设计牵头单位和施工单位可能也会为设计、施工任务分别成立项目部，但这两个项目部均应在共同组建的总承包项目部管理下开展工作，项目的采购管理工作一般就由总承包项目部下设的采购部门负责，其采购管理内容要点如5.1.1节中所述。

5.1.2.2　松散型联合体组织下的采购管理要点

在松散型联合体组织形式下，联合体内部划分各自的工作范围，各方自行组建项目部，对自己所承担的工作范围负责、自负盈亏，并承担风险和责任。

业主为减少沟通协调工作量，一般要求在协议中明确牵头单位的管理职责，即由牵头单位代表联合体接受业主的指令、指示和通知,负责沟通协调合同实施过程中的全部事宜(包括工程价款支付)。因此,尽管按照相关法律规定,联合体各方对业主承担连带责任,但在实践中,从形式上看牵头单位对业主承担"全部责任"。

水利工程 EPC 总承包项目实施内容包括设计、采购、施工、安全检测、信息化系统等,其中设计由设计牵头单位实施、常规土建施工由施工单位实施是常见的工作内容划分方式,但其他实施内容会基于有利于实现总承包项目质量安全、进度和成本目标原则,综合考虑联合体各方的技术专长和能力、项目特点、项目实施要求等因素进行划分。比如某灌区 EPC 总承包项目中,设备采购占比较小,考虑工期紧,由施工单位采购安装可确保采购安装和土建施工的无缝衔接,安全监测、信息化系统实施和建安工程基本无交叉,由于设计牵头单位有专业科室,由其实施能获取相应收益亦能保证工程质量。综合以上考虑,联合体双方经协商,设备安装采购由施工单位实施,信息化系统、水保环保监测由设计牵头单位实施。一般而言,由于形式上对业主负有"全部责任",设计牵头单位会对总承包项目的实施进行统筹规划,会对影响项目质量安全、进度的关键工作自行实施或设置控制点。因此,设计牵头单位通常承担设计、关键设备和非标设备采购管理工作,施工单位承担工程施工任务,以及材料和辅助设备或其他设备的采购管理工作。对一些技术复杂、实施难度大的总承包项目,设计牵头单位甚至还会对施工分包方案、主要材料供应商的选择进行审核管控。

因此,设计牵头单位采购管理工作关键点如下:

(1)设计分包采购方案编制与审核。设计牵头单位负责项目总体设计,但对于一些专项设计,需要专门资质的设计单位完成;或者对于一些本单位并不擅长的专业设计,需要进行设计分包,以提高效率和设计质量,并降低成本。设计牵头单位必须事先进行设计分包策划,并按企业内部流程完成审核工作。

(2)设备采购计划编制与审核。由设计部门提出设备采购需求和总体要求,采购部门编制采购进度计划和预算计划,并按企业内部流程进行审核。

(3)设备供应商选择。主要包括采购文件编制、供应商选择与评价、合同谈判与签署。

(4)采购合同管理。主要是采购合同的履约管理,包括设备监造、催交、检测检验、跟车运输管理及合同价款支付等工作。

(5)采购接口管理。主要包括设计与采购、采购与施工之间的接口管理,以及主要材料的接口管理。

(6)施工分包采购管理。松散型联合体组织形式下,虽然施工任务由联合体伙伴完成,但考虑到施工分包会对项目质量安全产生较大影响,因此设计牵头单位可能会对联合体伙伴的施工分包方案进行审核,明确对关键施工分包商的资格条件最低要求。

5.2　设备采购管理

对于设计牵头单位的设备采购管理工作,本节着重介绍设备采购计划编制与审核、设备供应商选择、设备采购合同管理要点几个方面内容。

5.2.1　设备采购计划编制与审核

5.2.1.1　水利工程所需设备特点

（1）水利工程的差异性决定了设备采购金额差异性大。

水利工程按性质分为枢纽工程、引调水工程和河道工程三大类，枢纽工程和引调水工程中的设备投资占比相对较大，但河道工程投资中设备投资占比很小或者几乎没有。

（2）水利工程的独特性决定了非标设备占比高。

枢纽工程、引调水工程受工程地质、水文地质和地形地貌、功能要求诸多因素的影响，具有显著的单件性特征，这决定了许多水利工程的关键设备多为非标设备，需要向供应商进行专门订制。在这种情形下，供应商的讨价还价能力相对较强。

（3）水利机械设备制造和信息技术的发展决定了设备推陈出新较快。

伴随许多巨型复杂工程的成功建设，国内外水利机械设备，如水轮发电机组、水泵机组的制造技术大步向前迈进，而信息技术的发展，使设备精细化程度大大提高，总体看市场上水利机械设备推陈出新速度较快，新设备、新技术不断涌现。

5.2.1.2　设备采购计划编制依据、要点与审核

1.设备采购计划编制依据

（1）项目工程范围及项目合同文件。

（2）初步设计、施工图设计和技术规格书。

（3）物资需求计划。

（4）拟采购设备的采购渠道和资源。

（5）合格供应商名单。

（6）市场条件和竞争状况。

（7）设备采购预算计划、工程项目总进度计划、采购用款进度计划等。

2.设备采购计划编制要点与策略

1）设备采购计划编制要点

（1）设备技术规范、标准及市场信息。在一些工程项目中，关键/主要设备规格型号、技术指标等需报业主审批，只有报批通过后，才能进行设备采购的后续相关工作。而由于水利机械设备市场的快速发展，设计牵头单位的设计输入不仅仅是技术规范、标准等信息，还应包括采购部门从市场上收集的详细设备信息，此时设计部门仅需提供功能及接口要求即可，可以大大节省设计所需时间。因此，在编制采购计划时，需要从 EPC 主合同要求出发，根据项目实际情况、工程施工组织设计、专项施工组织方案等，由设计、工程、设备、采购等方面的专业技术人员对工程所需设备的技术、标准、经济性进行深入论证，使设备能尽快通过审批，且满足施工需求。

（2）采购进度及设备进场安排。在编制采购进度计划时，需根据项目整体工期、施工进度计划及设备采购（如供应商生产制造、运输等方面）各项潜在风险，以及业主审批时间预留等合理安排采购各个环节的工作进度及设备到场时点，以避免设备采购进度对项目整体进度产生影响。

（3）采购用款安排。一些关键/主要设备占用资金量大，若业主支付能力不强，设备

款支付相对滞后,将会对设备采购进度款支付产生重大影响。在编制采购计划时,需充分考虑业主支付能力及设备采购进度,对设备采购用款进行合理安排,必要时,可以考虑自行融资以满足设备采购用款所需。

(4)设备采购顺序。采购顺序主要取决于设备用途,这需要综合考虑项目进度要求或业主的实际要求、物资生产和供应周期、完成设备采购招标/询价程序所需的时间、设备用途及安装计划等因素,合理制订设备采购顺序计划。

(5)采购批次的划分。在一些工程中,标准设备的采购量大,若一次性采购设备会造成大量设备的挤压。为减少资金占用量,且满足项目施工使用,在编制标准设备采购计划时需根据设备类型、技术关联度、业主需求、设备需求紧急程度等因素合理地划分采购批次。

2)设备采购计划编制策略

(1)设计–采购联署办公策略。设计牵头单位需要组织总承包项目部采购负责人员和企业内部设计部门相关专业负责人员,采取联署办公的方式,将采购工作尽量提前,设计工作与采购前期设备选型、询价等工作同时开展,注重"设计–采购"的正向、方向反馈,对设备采购的潜在问题进行共同商议和解决。

(2)全面考察了解设备市场策略。全面考察了解项目关键/主要设备市场的结构、可供应设备类型、设备质量、供应周期、供货能力,并结合设备预算成本及供货效率等因素确定设备潜在的采购渠道,有助于项目采购顺利实施。

(3)采购计划动态调整策略。实践中,受多重主、客观因素影响,项目的设备需求进度、数量等会多次发生变化,需要动态调整采购计划。设计牵头单位的总承包项目部的工程技术人员要密切跟踪项目施工进展,根据实际设备需求情况定期上报设备需求计划,并及时反馈给采购部门进行协调,动态适应项目的实际需求。此即"采购–施工"的接口动态管理。

3. 设备采购计划审核

设备采购计划审核分为设计牵头单位内部审核和外部(业主方)审核两种。

(1)内部审核流程。设备采购计划内部审核流程视设计牵头企业的组织架构,以及总承包项目部与企业之间的组织关系不同而有所不同。目前,大部分设计牵头单位在承接总承包项目后,会组建总承包项目部负责项目统筹管理和现场管理,同时综合考虑项目设计任务工作量、设计周期要求和设计难度等因素,由企业各专业设计科室抽调人员成立专门的设计项目部(组)。因此,不失一般性,关键/主要设备的采购计划审核流程如图5-2所示。需要说明的是,在图5-2中,设计项目部若认为采购计划可行,会反馈审核意见给总承包项目部,然后由总承包项目部上报给企业分管副总经理/总工程师审核。

(2)采购计划审核要点。主要包括:设备采购需求是否明确、准确;设备市场是否了解比较深入、采购预算成本是否合理;采购实施策略是否科学且符合法律法规要求;采购顺序及进度控制点是否合理且满足施工进度要求;是否充分考虑了各项潜在的风险,并且有明确的风险应对策略等。

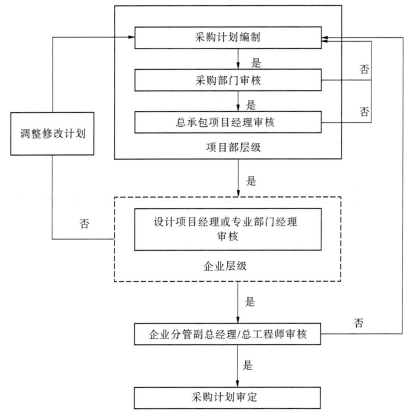

图 5-2　关键/主要设备采购计划审核流程

5.2.2　设备供应商选择

5.2.2.1　设备供应商选择与管理策略

（1）知己知彼，合作共赢。设计牵头单位或者总承包项目部（对于建设周期长的水利工程）自行组织人员（专业人员及有关领导等），或者聘请有经验的咨询顾问组成供应商调查小组考察市场，基于长期合作伙伴关系，建立关键/主要设备的合格供应商库。一般而言，在招标（询价）前对供应商进行考察，主要考察内容见表 5-1。

表 5-1 中的资格条件，是合格供应商入库的门槛条件。而优选指标是由供应商调查小组在对供应商现场考察的基础上，按照一定的方法和标准，如专家打分法等，对各家供应商进行打分并综合评价，综合评价分达到一定阈值方可考虑入库。阈值设定需要考虑市场上潜在供应商和合格供应商入库数量等因素而定。至于优选指标体系中，各级指标的权重可根据采购设备特性和要求，由供应商调查小组确定。

（2）适度竞争，保证质量。对于一些采购量大且通用的设备，可以考虑划分成若干标段，通过设置招标条件和评标方法，保证 2 家以上供应商为项目提供设备的生产制造服务，这样 2 家设备供应商可以形成适度竞争，能有效提高服务质量。

表 5-1　合格供应商考察内容

考察点	主要考察内容
资格条件考察	(1)有合法的经营执照和生产供应资质； (2)产品符合国家、行业或企业标准； (3)具有产品合格证书或材质证明书； (4)所供产品具有职业健康安全和环境因素的保证； (5)具有国家认可的各种管理体系认证证书产品；(优先考虑) (6)有能力保证供货； (7)具有良好纳税证明或信用的企业产品
优选指标	(1)价格评核。包含二级指标：原料价格、加工费用、估价方法、付款方式、保函能力。 (2)技术评核。包含二级指标：技术水准、资料管理、设备状况、工艺流程、作业标准。 (3)品质评核。品管组织体系、品质规范标准、检验方法记录、纠正预防措施。 (4)生管评核。包含二级指标：生产计划体系、交期控制能力、进度控制能力、异常排除能力

(3)利用供应链融资，降低资金压力。设计牵头单位可以向供应商提供付款担保，供应商因此可向银行或金融机构贷款解决资金问题，从而可以降低业主延迟付款的风险。

(4)捆绑咨询顾问，助力供应商。对于一些复杂的订制设备，国内供应商没有生产制造技术和能力，但受到政策法律约束，无法采用国际采购方式，此时可以采取"境内供应商+境外咨询顾问"捆绑的国内采购方式，帮助供应商进行技术攻关，从而掌握关键技术，具备相应的生产制造能力。

5.2.2.2　设备供应商选择/采购方式

设备供应商选择/采购方式有招标、询价、竞争性谈判和单一来源等方式，不同方式有不同的适用情形。在国内，根据《中华人民共和国招标投标法》、《必须招标的工程项目规定》(中华人民共和国国家发展和改革委员会令第16号)和《必须招标的基础设施和公用事业项目范围规定》(发改法规〔2018〕843号)等相关法律政策规定，"防洪、灌溉、排涝、引(供)水等水利基础设施项目"属于必须招标的基础设施和公用事业范围。因此，综合考虑法律政策规定、采购效率和成本、采购进度、设备材料采购数量和供应商市场情况等因素，一些设计牵头单位如中水珠江公司按照以下条件确定采购方式：

(1)对于专业分包施工单项合同大于400万元、设备及材料采购金额大于200万元，采用公开招标方式选择供应商。

(2)对于采购金额数量较小(100万~200万元)；或技术要求特殊复杂，需要供应商进行技术支持配合时；或进度要求紧张时，宜采用邀请招标方式采购，参与邀请招标的供应商要求不少于3家。

(3)询价采购是指单项金额低于100万元；或为一般通用物资，无特殊技术要求；或进度要求非常紧张时。

（4）单一来源采购是因条件所限，独此一家或不宜采用其他方式进行采购，如爆炸物资、燃油等。

5.2.2.3　设备供应商选择方法和标准

设备供应商选择方法视采购方式不同而有所不同。

（1）询价采购。俗称"货比三家"，一般采用最低评审价法或者最低价格法。采购人自行评审并确定满足询价通知书全部实质性要求且报价最低的供应商为成交供应商。若有必要，也可以组成询价小组，由询价小组进行评审并确定满足询价通知书全部实质性要求且报价最低的供应商为成交供应商。

（2）单一来源采购。采购人应当根据市场调查和价格测算情况，要求供应商提供成本说明或者同类合同市场报价记录，并重点就保证采购项目质量和达成合理价格与供应商进行协商。

（3）招标采购。一般采用最低评标价法和综合评分法。最低评标价法在对所有满足资格条件的投标人递交的投标文件进行清标和评审的基础上，最低评标价者中标。最低评标价法适用于采购需求明确、采购技术规格统一、现货货源充足、价格透明的产品或技术简单、需求明确的项目；综合评分法是从信誉、技术、商务、报价等方面设立若干指标和标准，由评标委员会对所有满足资格条件的投标人递交的投标文件进行评价，综合得分最高者中标。信誉、技术、商务、报价几个因素的权重视项目/设备要求的难度、复杂性等特性而有所差异，一般而言，采购需求不确定性比较小的情形下，报价权重稍高；采购需求不确定性较高的情况下，技术权重稍高些。最终按照综合评分从高到低原则排序，选取 1~3 名中标候选人分别进行谈判，并确定中标人。除非特殊情况，否则综合评分最高者中标。如果综合评分相等，以投标报价低的优先；如果投标报价也相等的，以技术得分高的优先。

采购人还可以根据采购需求特点和优质优价等要求，在招标文件中明确对投标文件技术部分和商务部分采取分段开标和分段评标。比如要求每位投标人将商务、技术两部分文件分装成两个密封信封，评标委员会先开启技术部分信封，进行评标，技术评分从高到低排序，然后选取排名靠前的若干位投标人，开启的商务部分信封，其中报价最低者中标。

5.2.3　设备采购合同管理要点

5.2.3.1　设备采购合同构成

设备采购合同通常由合同协议书、分项价格表、合同条款（通用条款和专用条款）、技术附件（或技术要求文件）等构成。按照《中华人民共和国标准设备采购招标文件》（2017年版）规定，合同文件解释的优先顺序依次为：合同协议书、中标通知书、投标函、商务和技术偏差表、专用合同条款、通用合同条款、供货要求、分项报价表、中标设备技术性能指标的详细描述、技术服务和质保期服务计划、其他合同文件。

合同条款通常包含的子目有一般约定，合同范围，合同价格与支付，监造及交货前检验，包装、标记、运输和交付，开箱检验、安装、调试、考核、验收，技术服务，质量保证期，质保期服务，履约保证金，保证，知识产权，保密，违约责任，合同的解除，不可抗力，争议的解除等。

技术要求中一般包含的内容有设备需求一览表、技术性能指标、检验考核要求、技术服务和指标期服务要求等。

5.2.3.2　设备采购合同签订

设备采购合同签订时需要明确下列要点,见表5-2。

表 5-2　设备采购合同订立要点

条款	具体要点说明
合同标的	设备数量。包括数量的计量方法、计量单位及溢出和短少,以及数量所包含的其他内容,如附件、配件、服务内容、时间界限、次数、费用划分等,明确数量变更时的变更程序
标准	1.技术标准。指交付货物应符合技术规格所述的标准,需关注业主要求的标准是地方标准、国际标准还是其他标准。 2.试验检验标准。包括试验检验项、检验报告,需明确检验所需满足的标准,所需出具检验报告的时间、内容、形式等。 3.认证标准。需关注业主要求的认证标准、认证机构、认证检测报告等,并在合同条款中予以明确
价款与支付	1.价格。设备单价、总价和计价货币、执行汇率等。 2.款项结算。付款方式、付款程序、付款比例、付款时间节点、付款条件。 3.税赋。明确双方所承担的赋税区域界限。 4.发票。明确开具发票的时间周期、内容要求
交货	1.设备包装。需满足的设备运输包装标准,明确包装形式、包装标识、保护措施及包装损坏赔偿责任等。 2.设备交货。合理选择交货方式,明确交货批次设置、交货时间节点及延误赔偿责任等。 3.交货文件。明确提交装箱单时间、内容及格式,包装内附文件的内容、格式等
生产过程	1.设备文件。明确生产过程中供应商需向总承包商提供的设备文件清单、格式、提交时间节点等。 2.配合工作。明确供应商需在生产过程中配合总承包商、业主开展的工作(如明确配合总承包商及第三方机构的监造、检查、检验等)
运输	1.运输方式。明确运输方式、运输费用分担及支付、到工地(仓库)时间等。 2.运输保险。明确运输保险
权益保障	1.履约保函。明确预付款保函、履约保函、备用信用证、第三方保证书、质保函(如银行保函应确定银行的信誉、担保金额、担保期间、保函的无条件、不可撤销性等。第三方保证应确定审核第三方的法定资格与担保能力)。 2.违约责任追究机制。明确延迟交货、性能违约、预期违约、安全事故,以及违法分包、转包等的违约责任追究机制,设置违约金的金额和计算方式

5.2.3.3　设备采购合同管理

（1）加强过程控制，把握供应商的合同履约情况。对于关键/主要的设备，由于是非标订制，设计牵头单位应该派人驻场，或委托第三方对供应商的生产过程进行监造、催交，对设备进行在厂检验、出厂检验等，保障设备质量和设备生产进度。

（2）充分沟通，及时进行采购合同的变更。由于主客观原因，总承包项目工程变更，可能导致设备的技术要求和数量等发生变化，此时应及时与供应商沟通，按照已约定的流程进行合同变更或签订补充协议，既保障了合法合规性和项目的顺利实施，又可以避免供应商索赔。

（3）完善文档管理，应对反索赔。设备采购合同管理人员应建立设备采购合同管理台账，实施对设备采购合同进行登记和分类统计，管理人员可以随时掌握设备采购合同签订、设备到货、合同支付等数据，对设备供应过程中出现的各类问题留存记录，作为索赔依据。

（4）搭档设计，严把合同技术关。供应商在设备制造过程中，可能会出现合同变更。如成套设备厂商，主设备是企业自行生产，附件是外购件，在组装实施阶段可能发现附件与主设备不匹配，在这种情况下，厂商需说明技术变更理由及由此改变的合同内容，设计人员需对此进行技术把关。同时，对关键设备的出厂检验、试验，必要时，需要设计人员配合采购人员到厂验收；设备到达项目施工现场后，必要时，需要设计人员配合采购、施工现场管理人员，对相关开箱技术文件等进行检验。

5.3　总承包项目分包管理

工程分包是指承包人将承包合同项下的工作雇由第三人实施的行为，是社会专业化分工与协作的必然产物。理论上，工程分包有利于承包人转移风险、降低成本和提高效率。但实践中不难发现，由于总承包商和分包商之间的信息不对称和分包商的机会主义行为，以及总承包商"以包代管"和"管得太死"的极端现象，导致总承包项目分包管理并不如意，甚至成为项目实施风险的根源所在，正所谓"成也分包，败也分包"。因此，总承包项目分包管理尤为重要。

5.3.1　总承包项目分包类型

按不同划分依据，总承包项目分包有不同分类。

（1）按分包对象划分，可以分为设计分包、施工分包和劳务分包三类。广义的总承包项目分包还包括设备材料供应，但本书主要指狭义的总承包项目分包，不包括设备材料供应。设计分包是指承包人将承包范围内的设计咨询工作雇由第三方实施，主要以设计咨询费用作为报酬。施工分包是指承包人将承包范围内的工程雇由第三方实施，一般包工包料，主要以人工费、材料费、机械费及其他间接费、利润等作为报酬。此处施工分包不仅包括专业工程分包，还包括非专业工程的普通工程分包。劳务分包是指承包人将承包范围内的劳务作业雇由第三方实施，主要以人工费作为报酬，也可以包括辅助或零星材料机具等。

（2）按承包人分包自由度不同，可以分为自主分包、推荐分包和指定分包三种。自主分包（domestic subcontractor）又称自行分包，是指承包人自主选择确定的分包。推荐分包

(named/specified subcontractor)又称提名分包、指名分包,是指在招标投标或实施过程中由发包人或承包人提供的分包人名单供另一方选择或确认的分包,经承包人选择或发包人确认分包后承包人与分包人签订分包合同,推荐分包就转化为自主分包。指定分包(nominated subcontractor)是指由发包人(或代表发包人的工程师)指定的并与承包人签订分包合同的实施某特定专业工程的分包。对于自主分包,承包人可以自主计划和选择,但一般需经发包人同意;对于推荐分包,承包人必须从清单中选择,不需报发包人认可;对于指定分包,一般由发包人或其代表选择确定,但承包人有权反对,如果分包人放弃或终止分包合同,发包人应在合理期限内再行指定,并承担相应的选任责任。

(3)按分包策划时点,可以分为标前分包和标后分包。标前分包是指在投标策划过程中,承包人或根据自身资源、能力,或根据发包人的要求,预先与分包人达成意向,获取分包工程报价编制标书,一旦中标后,承包人与分包人正式签订分包合同。标后分包是指承包人中标并签署承包合同后,再进行分包策划,优选分包商并与之签订分包合同。

5.3.2　设计牵头单位分包管理范围和内容

设计牵头单位分包管理范围和内容与联合体组织形式、分包合同签约主体密切相关。紧密型联合体组织形式下,工程分包管理主要由联合体各方共同组建的项目部和联合体董事会进行决策和管理,且分包合同由联合体各方与分包商签订;松散型联合体组织形式下,按照联合体协议分工,设计牵头单位主要负责设计任务,施工单位主要负责施工任务,设计分包合同由设计牵头单位与设计分包商签署,施工分包合同由施工单位与施工分包商签署。由此设计牵头单位分包管理范围和内容主要是:

(1)设计分包管理。包括设计分包策划、分包招标/选择实施计划、分包商选择与评价、分包合同签订与管理(如分包进度款支付、分包变更签证、分包竣工结算等)、分包控制等。

(2)设计分包协同管理。对各设计分包单位的设计成果进行审核,确保设计成果的经济性、安全性和一致性。

(3)施工分包方案的审核。在联合体协议中应明确设计牵头单位对施工分包方案的审核权,并共同构建分包商选择机制及过程监管机制,即根据工程规模和特点,对影响工程质量安全的主要专业工程的施工分包方案进行审核,明确施工分包的合理性,以及施工分包商的资格条件。此时设计牵头单位可能会采用推荐分包或指定分包的方式。在水利工程中,一些高边坡开挖支护、降低地下水位及监测、地下基础工程、金属结构制作安装、隧道开挖监测等专业工程分包较为常见。为保证工程施工安全和工程质量,设计牵头单位与施工单位可能会在联合体协议中约定,设计牵头单位具有对一些重要专业工程施工分包的审核或批准权。

(4)施工分包监督管理。若设计单位作为牵头人,施工单位与分包商签订分包合同的模式,施工单位要严格按照合同规定及联合体制定的分包管理制度进行管理,而设计牵头单位应履行监督管理的义务,对现场施工进行检查、指导和监督工作。设计牵头单位虽未与分包商直接签订合同,一旦施工发生安全事故、质量问题、进度滞后等方面的风险,作为工程总承包的牵头人,对项目业主在施工安全、质量、进度等方面仍负有连带责任。因此,在项目实施过程中,设计牵头单位应加强对联合体成员的管理,督促联合体成员对分包商的各项管理,并对管理过程进行痕迹化留存。

5.3.3　设计分包策划

广义的设计分包策划内容较为广泛,既包括设计分包总体策划,又包括分包实施策划(实施计划)。此处主要指狭义的设计分包策划,即设计分包总体策划,其核心主要是通过分析论证,提出是否有必要进行分包,以及若有必要,如何设置设计分包单元包,设计分包商甄选的总体原则、方法和资格条件等问题的解决方案。

5.3.3.1　设计分包影响因素分析

设计分包的影响因素主要有:

(1)设计工期要求。受制于总承包项目总工期和设计工期要求,设计牵头单位在该时间期限内,根据企业能够投入的专业人员,无法按时完成全部的设计任务,需要进行设计分包。

(2)企业专业特长。每家设计企业有其自身的专业特长,但有些总承包项目设计任务可能包含了设计牵头单位不擅长的内容,故需要设计分包。

(3)设计成本要求。有些设计任务自行设计可能投入人力、物力较多,设计成本较高,而外包成本更低,故需设计分包。比如项目所在地与设计企业所在地距离较远,对当地地形地貌和地质情况了解不深,或者难以获取河流的长系列水文资料等,从而导致信息搜寻成本高,此时寻求掌握较为翔实基础资料的设计单位合作,可降低设计成本。更重要的是,对当地分包单位而言,因熟悉当地建筑市场,可充分发挥其在图纸审查、施工技术支持、分包设计优化等方面的独特优势。

(4)专业配合要求。比如在某国际水利水电工程设计中,由于金属结构设备需从国内采购,为便于国内采购施工配合,金属结构设备设计部分不予分包,仅将混凝土部分进行分包;为保证沟通配合顺畅,要求国内设计院的土建专业承担起工艺专业和土建分包单位之间的信息沟通工作。

(5)本土设计企业参与的要求。在一些国际工程中,业主方为了培养和支持项目所在地的设计力量,往往希望项目所在地的设计企业能够参与设计,并在合同中有所要求。

(6)法律法规和合同要求。我国相关法律法规规定,不能将主体工程设计任务分包,分包项目工程量不能超过总项目工程量的一定比例,如 30%;设计分包不能违反总承包合同规定等。

5.3.3.2　设计分包合同体系建立

设计分包合同切分主要是基于同一个系统或专业的不同阶段,在不同的合同内将各自的工作范围、设计界面、设计深度等予以明确和层层分解,确保纵向合同链在项目任务的分解中没有遗漏。例如某工程"智能化设计"设计专项,概念方案及方案设计拟委托给一外方公司,深化设计工作拟由国内单位承担,为了确保两个阶段的有效衔接,在策划阶段,明确了设计分工界面、每阶段必须达到的设计深度和成果要求,并将之纳入重点工作内容。

除了纵向的合同切分,合同体系的建立还包括不同专业、专项之间的横向体系构建。虽然相比纵向切分体系,横向联系的合同之间关联度较小,但是不同的合同界定了不同的工作范围和内容,而对于整个项目来说,这些工作却又是相互影响和紧密关联的,比如智能化监测设计与土建设计、机电设备专业设计与土建设计的协调等,因此要对此类合同进行整合管理,明确设计输入和输出,并从设计进度和设计质量上做统一要求。

5.3.3.3　设计分包商的甄选方案要点

对于设计分包商的甄选,设计牵头单位应与业主方充分沟通,从项目总体目标出发,确定一个甄选标准,标准应涵盖甄选过程的各方面需求。

1. 设计分包商甄选原则

结合业主的设计目标和要求,设计分包商甄选的一般原则有:

(1)基础专项设计采用当地或就近原则。比如工程配套的市政类基础设计的专项设计采用当地或就近原则,选择更了解项目所在地背景、熟悉政府审批流程的设计单位,确保设计进度与设计质量。

(2)关键技术专项设计采用国内原则。对涉及行业或工程关键性技术的专项甄选,宜首选国内原则,以保护知识产权和涉密技术。

(3)其他专项设计采用技术优先原则。设计分包商的专业技术性和业绩是保证设计质量的重要条件,设计分包不能一味地追求低价原则。

2. 设计分包商甄选方式方法

如前所述,设计分包商甄选方式有招标、竞争性谈判、询价和单一来源采购等方式。由于设计周期一般较为紧张,且设计业务专业性强等特点,设计分包商甄选方式常采用邀请招标、竞争性谈判、询价和单一来源采购等方式。对于甄选方法选取的原则是,简单的专项设计业务采用最低价法,复杂的、专业性要求高的设计业务采用综合评审法。

3. 设计分包商甄选指导价和资格条件

依据定额价格和市场实际价格,在目标成本分析的基础上测算成本价格,同时结合项目部利润指标、费用及管理费用等因素,测算项目分包指导价,此价格为最高限制价,一般不允许超过。

资格条件视业主要求、项目特点、设计进度要求等因素,对设计分包商资质、业绩、财务和信誉等方面设置资格要求。

设计分包策划方案确定后,为了便于操作实施,应根据不同类型的项目结合总体设计进度安排,接收各专业和各分包的设计前置条件,拟定分包设计业务的采购时间,做好分批采购计划表。

5.3.4　设计分包商选择及合同订立

规范供方选择流程对合格供方的选择十分有必要,设计分包商常见的甄选流程见图5-3。图5-3所示流程中最关键的环节包括有征集文件编制、征集过程答疑、征集文件评比(含技术部分和商务部分)、评比结果审查、合同谈判、合同评审等。

征集文件的编制和答疑过程主要偏重技术部分,这个环节需要项目设计人员的高度参与,明确分包或专项设计服务要求,如设计工作范围及边界、各阶段的服务成果及深度。在大型项目中,征集文件的评比和审查对最终供方的选择至关重要,需要由各专业的技术总工程师、项目设计总负责人、项目经理、经营部负责人等共同组成,综合技术和商务因素做出排名经项目部和企业领导审查(如需业主方审查,则需业主审查通过)通过后,进入合同谈判阶段,技术领先的入围单位具有优先谈判权。

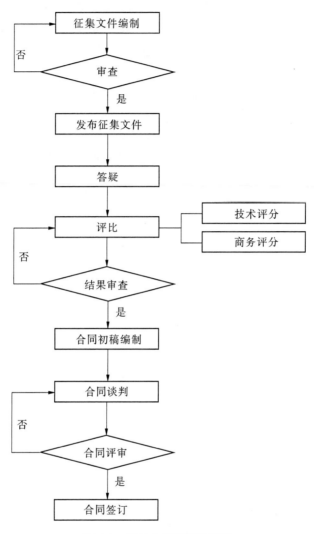

图 5-3 设计分包商甄选流程

合同谈判的过程是进一步明确的分包或专项设计的要求,明晰工作范围、合同界面、设计责任的过程,尽可能对最终成果予以量化、界定和描述,充分考虑相关纵向、横向的合同关系,提高合同规范性、保证合同可操作性。

设计分包合同条款设置中,还需要特别关注以下问题:

(1)设计分包合同期限条款设置。由于设计图纸需要通过层层审查,因此合同期限最好以设计图纸通过设计牵头企业内部审查或业主方审查(若有)为条件。

(2)设置设计进度延误惩罚条款。根据实践中设计出图延迟较为常见的问题,为约束设计分包商的行为,需设置设计进度延误惩罚条款,不仅是总进度,还有一些关键性节点进度延误惩罚条款。

(3)设置设计优化奖励条款。实践中,经常会出现设计分包单位由于设计经验不足或者对工程项目缺乏深入了解,盲目地增加设计安全度,造成设计成本的增加,从而给设计牵头单位带来利润损失。因此,必要时在分包合同中设置鼓励设计优化的激励条款。

(4)设置限额设计条款。设计总承包单位应按 WBS 制订详细的费用分解计划表,落实限额设计目标,细化到各分包的限额标准,并将该限额标准在合同有关条款中予以明确。

5.3.5　设计分包合同管理要点

综合目前设计分包合同管理的难点和痛点,主要表现在设计进度和设计质量(含服务质量)上,即设计分包商无法按合同约定的时间节点提交质量合格的工作成果。由于分包单位的设计成果是整体设计方案的组成部分,因此设计分包合同管理主要是进度和质量的控制,需要时时监督分包单位的合同执行情况,不仅要将业主新的设计要求和工作边界向各分包单位做出解释,重新明确合同范围,更要对分包单位的设计进度、质量进行审查和评估。

5.3.5.1　加强信息沟通与技术协调

设计项目管理是一个动态的管理过程,一方面,业主会改变其需求,随着工作的深入增加设计要求或者调整工作范围;另一方面,设计单位也会根据设计的不断深入,提出一些改进建议。这都需要设计总承包单位、设计分包单位和业主之间的有效信息交流、沟通和解释,进一步明确合同范围,以保证按时、完整地履行合同义务。

信息沟通有非正式和正式途径。非正式沟通途径便利快捷,比如常规的电话、QQ 群和微信工作群等。正式沟通途径有书面文件往来、通过工作邮箱发送电子文件和设计技术协调会等。设计技术协调会较为高效,一般定期(每周或两周一次)由设计总承包单位主持,各相关专项设计单位参加,会上由设计分包单位汇报当前设计进展,并明确下步工作安排,同时对目前设计中各专业所面临的问题进行分析,对设计冲突和矛盾做好协调,确定设计解决方案,在过程中加强配合和协调,积极推进专项设计进程。

5.3.5.2　实时跟踪分包设计进度

分包设计进度管理主要包括两个层面:一是全过程的监控,二是动态的管理。设计分包单位工作有自身的节奏性,可能与总体设计进度不尽一致,但是必须与设计总承包单位目标保持一致,因此在进度把控上主要是针对大阶段的节点目标实现。设计分包合同签订后,要求各分包单位在项目总体设计进度计划的基础上,制定各阶段的配合进度,该计划应是一份具有预见性和前瞻性的进度,能与总体进度高度匹配和协调、能对各分包设计进度的影响因素考虑比较周全,后续实施的操作性强。

进度的动态管理则是指在项目实施过程中,通过实时地、即时地检查,发现计划与实际的吻合度、偏离度,在不影响总目标的前提下,对进度计划进行修正和调整,通过新计划、新措施使得进度偏差甚至是延误得到有效控制。进度监控是计划、实施、检查、调整(纠偏)的循环过程,实现进度的动态控制意味着需要不断地重复这些控制程序。进度管理专员和每周进度报告制度不失为一种跟踪手段。进度管理专员负责每周将各外包设计一周工作计划与实际完成情况做比对和评估,出现进度偏差的情况发生的时候,一律运用总体进度变更控制系统,分析偏差原因,对关键路径事件或影响里程碑实现的,制订纠偏措施,重新计算并调整下一阶段的细化进度,并确保下一里程碑按计划执行。

5.3.5.3 即时检查分包设计质量

设计总承包单位对分包设计的质量管理职责有两方面:一是对中间成果的检查,二是对最终成果的评审。

根据设计总承包合同要求,拟定设计分包合同的质量要求和目标,并以此为依据对分包商设计成果进行检查。在设计实施过程中,由分包管理人员及专业负责人分别承担管理及技术职责,以抽查的方式不定期检查其设计成果,并对其设计成果进行审核、确认。

对于一些设计单位并不熟悉的专项设计专业,由于技术控制力量相对较弱,除设计总承包单位内部评审流程外,可在这些专项的设计成果(包括中期的、最终的)提交之前,考虑借助于专家外力,组织国内外专家咨询会/评审会,根据专家意见和建议对成果进行调整和优化,提高设计质量和设计品质,确保主体设计质量目标。

5.3.5.4 推行统一设计标准的质量管理手册

针对设计周期超短的总承包项目,制定统一设计标准的质量管理手册,就各阶段的出图深度有所统一。这项管理制度不仅在主体设计各大专业中实行,也涵盖各主要专项设计专业。专业深度的协调统一,不仅能够避免提资不及时耽误进度、提资不全造成返工的进度失控情况,也更有利于提高设计质量,减少不必要的变更。实践证明,这个方法对总体质量控制十分有效。

5.4 材料采购接口管理

在松散型总承包联合体组织形式下,工程材料通常由施工单位负责采购。鉴于工程材料对工程质量影响重大,设计牵头单位应履行监督管理的义务,对工程材料的采购和使用进行监督管理,此即材料采购的接口管理。

5.4.1 材料采购接口管理定义

接口(interface)一词最初出现在工程技术领域,专指不同仪器设备、部件及其他组件结合在一起时的结合部分。根据《现代汉语词典》解释,接口和界面稍有区别,接口不仅强调各类组件的接触部分,而且还强调它们之间的交互作用;界面仅指各类组件的接触面。但在项目管理领域,接口与界面基本同义。从系统论的思想出发,项目接口是指项目中系统与系统之间,以及系统各部门之间或者项目实施的各流程、各专业之间存在的连接部位物质、信息、能量的交互作用状况。项目接口管理是对项目管理主体识别、分析管理项目接口,控制并协调好各子系统之间的界面关系,保证各子系统间及系统与外部环境之间的物质、信息、能力的交换畅通,使整个项目系统始终处于稳定有序的状态,顺利实现项目系统目标。

水利工程总承包项目系统是一个开放系统,由若干子系统组成。按照东南大学成虎教授的观点,总承包项目系统分为(外部)环境子系统、对象子系统(工程系统)、行为子系统、组织子系统和管理子系统。显然水利工程总承包子系统依据分类方式不同而有所不同。以枢纽工程为例,水利工程总承包项目系统可分为大坝、机电及金属结构设备、发电等各专业子系统,设计、采购、施工等各阶段子系统,以及业主、总承包商、分包商等组织子系统。项目实施过程中,各专业、阶段、组织的子系统是相互作用不可分割的关系,需要协作沟通,共同维持项目系统的平衡。这些专业系统之间、建设阶段之间、组织部门之间及其下个层次的子系统之间,客观存在或人为主观造成的交互作业关系,统称为总承包项目接口。

本节所指材料接口管理,本质上属于设计-采购接口管理,并不涉及施工单位内部的采购-施工接口管理,是指在施工单位负责材料采购的情形下,为保证材料采购质量,设计牵头单位与施工单位之间形成的交互作用关系。

5.4.2　材料采购接口管理内容

根据图 5-1 所示的采购管理流程,以及设计牵头单位对工程质量安全管控的目标,材料接口管理内容主要为:

(1)基于设计文件提出材料采购要求。尤其是针对主要/关键材料、新材料和特殊材料,设计牵头单位基于详细设计文件提出材料所需满足的标准、规格及数量等信息,这也是施工单位内部编制采购需求的重要依据。

(2)基于设计文件提出材料供方须满足的基本条件。这对新材料和特殊材料采购尤为重要。

(3)基于设计文件对施工单位编制的材料采购进度计划提出建议或予以核定。尤其是材料的采购控制点(包括货物运到现场的时间)需满足项目整体进度的要求。

(4)设计专业人员配合施工单位采购部门对供应商征集文件的技术部分进行把关。这可能包括采购过程中对征集文件的技术部分的评阅、对供应商提出的技术答疑进行回复;对特殊材料、新材料采购合同中的技术协议部分进行仔细核实与确定,严把材料合同技术关。

(5)新材料研发生产过程中对供应商提出的变更或建议进行技术把关。

(6)参加材料进场验收。设计牵头单位组建的总承包项目部派人与业主方代表、施工单位、监理单位代表、供应商代表等共同参加材料进场验收,做好材料进场验收的见证工作。材料进场验收内容分为资料验收、点数检验、外观检验、开箱检验等,对材料进行完好性、完整性、完备性检查,对关键材料通过抽检方式进行性能测试,以保证进入施工现场的材料数量及质量。

5.4.3　材料采购接口管理措施

5.4.3.1　合同措施

设计牵头单位应根据工程规模、特性,在联合体协议中明确材料采购的职责分工。如果由施工单位负责材料采购,则应进一步明确设计牵头单位对施工单位采购活动具有监督管理的权利,并明确对主要/关键材料供应商具有认可或审批权,以及若有必要,对材料的平行检测检验权;同时也有向施工单位提供关键/主要材料、特殊材料、新材料采购清单(含规格型号、性能要求、质量标准等)的义务。

5.4.3.2　组织措施

设计牵头单位总承包项目部应明确材料接口管理的责任部门,比如工程技术部门,负责材料采购的内外部接口管理。内部接口管理主要是总承包项目部与企业各专业设计部门或与设计项目组的沟通协调;而外部接口管理主要是与施工单位项目部确定的接口管理部门进行沟通协调。

5.4.3.3　制度措施

1. 审查审核制度

设计牵头单位具有对以下事项的审查审核和认可权利:审查施工单位材料采购方式和采购文件中的技术部分内容,提出修改、完善建议;审查施工单位主要/关键材料采购进度计划;审核主要/关键材料供应商资格条件;核定或认可主要/关键材料的最终成交供应商等。

2. 检查验收制度

设计牵头单位具有对进场材料的检查和验收权。

3. 检测检验制度

设计牵头单位具有对进场材料进行平行检测检验的权利。

4. 信息沟通制度

信息沟通制度主要有:

(1)共同编制接口管理手册,对设计牵头单位与施工单位就材料采购的职责、管理责任主体和方法、信息沟通规则、接口信息交换的文档模板等做出规范化、标准化规定。

(2)会议沟通制度。根据性质不同,可分为:

①例会协调制度。工地例会是由项目参建各方共同参与,多部门协调解决工程建设中出现的问题的一种常见会议类型。工地例会间隔时间视工程进展情况和例外问题的多少而定,建设高峰期可一周一次,非高峰期可适当延长,如 2 周一次或每月一次,具体参会人员视会议内容而定。

②图纸设计交底会议制度。图纸设计交底会议是在业主方/建设单位主持下,由设计单位向施工单位、监理单位及业主方/建设单位进行的交底,也可以是由设计牵头单位主持,向施工单位进行的交底,主要交代水工建筑物的功能与特点、设计意图与施工过程控制要求等。具体包括:施工现场的自然条件,工程地质及水文地质条件等;设计主导思想、建设要求与构思,使用的规范;设计抗震设防烈度的确定;基础设计、主体结构设计、设备设计(设备选型)等;对基础、主体结构和机电及金属结构设备施工的要求;对建筑材料的要求,对使用新材料、新技术、新工艺的要求;施工中应特别注意的事项等;设计单位对监理单位和承包单位提出的施工图纸中的问题的答复。

③现场会议协调制度。材料采购活动一般伴随着项目的施工过程,对于施工现场出现的一些材料进场验收问题,必须得以解决才能使项目继续进行,可制定现场会议协调制度,加强项目各参与方的现场沟通管理。

(3)信息管理平台制度。在大型水利工程总承包项目中,由于建设周期长,项目参建方多,业主可能会建立整个项目的信息管理平台,项目参与各方可以根据信息和资料交流、传递的需要,通过信息管理平台进行协调、沟通,这会大大提高接口管理的效率。

第6章 水利工程总承包项目精细化施工管理

水利工程总承包商与业主签订合同后,应立即组建工程总承包项目部。总承包项目部必须严格按合同要求,组织调配各种资源进行施工,并做好施工管理工作,确保合同约定的项目目标能顺利地实现。

6.1 开工前准备及开工通知

6.1.1 开工前准备

总承包商项目部应按专用合同条件约定完成开工前准备工作。水利工程总承包项目部在正式开工前应做好以下工作:

(1)进行项目划分和报批。确定主要单位工程、主要分部工程、重要隐蔽单元工程和关键部位单元工程。制定工程外观质量评定标准。将项目划分表及说明书报相应工程质量监督机构确认。协助业主办好工程质量监督手续。

(2)组织设计单位提交满足开工前要求的设计图纸,并向参建单位进行设计交底。

(3)组织测量单位向施工单位移交测量控制点。检查施工测量控制网建立和原始地形的测量、报验情况。

(4)审查施工组织设计和专项施工方案。重点对工程建设标准强制性条文进行符合性审核。审查合格后,报监理和业主批准。施工组织设计应由施工单位技术负责人批准并加盖单位公章。分部工程、危险性较大的单项工程均应编制专项施工方案。

(5)检查主要施工设备、机具的到位和进场验收情况。

(6)检查施工安全、工程管理和质量管理组织机构和人员,以及保证措施的落实情况。检查施工单位是否对作业人员进行了安全、质量技术交底。

(7)检查建筑材料、构配件的质量及检验情况。检查混凝土、砂浆配合比的设计和报审情况。

(8)检查现场施工人员的安排是否满足开工要求。

(9)检查风、水、电等必需的辅助生产设施准备情况。

(10)检查场地平整、交通、临时设施准备情况。

(11)对工地现场试验室进行检查和验收。

以上工作未完成的,总承包商项目部不得向业主申请项目开工。

6.1.2 开始工作通知

经业主同意后,监理工程师应提前7d向总承包商发出经业主签认的开始工作通知,工期自开始工作通知中载明的开始工作日期起算。

除专用合同条件另有约定外,因业主原因造成开始工作日期迟于总承包商收到中标函(或在无中标函的情况下,签订本合同之日)后第 84 d 的,总承包商有权提出价格调整要求,或者解除合同。业主应当承担由此增加的费用和(或)延误的工期,并向总承包商支付合理利润。

6.2　施工进度管理

项目施工进度管理的内容包括确保项目准时完工所必须的一系列管理活动和过程,如项目具体作业内容的界定和确认,作业间逻辑关系的确定,工期、资源的估算,进度计划的编制,进度检查与控制等。

6.2.1　进度目标确定与进度计划编制

6.2.1.1　总进度目标确定

项目总进度目标要根据总承包合同和总承包项目管理目标责任书确定,应明确设计、采购、施工、试运行等进度目标。各专业分包方在编制分部、分项工程及工序的时间安排时,必须服从项目总进度目标的要求和规定。如果项目计划工期大于合同工期,应按有关程序调整计划工期。

6.2.1.2　施工进度计划编制

施工进度计划包括总进度计划、年进度计划、月进度计划、周进度计划及施工总进度计划、单位工程进度计划和分部工程进度计划等。应按施工进度目标和工作分解结构层次,以及上一级计划控制下一级计划,下一级计划深化分解上一级计划的原则制订各级施工进度计划。项目施工进度计划宜采用网络图编制。项目施工进度计划经项目经理审查后,报业主批准后实施。

1. 总进度计划

总进度计划一般是以单位工程或(和)分部工程为主要编制对象。总进度计划应反映所有合同开工和竣工日期、所有合同中规定的限制或工艺要求。项目总进度计划应包括下列内容:

(1)工程项目的合同工期。

(2)完成各单位工程及各施工阶段所需要的工期,最早开始和最迟结束的时间,并表示各单项工程之间的衔接。

(3)各单位工程及各施工阶段需要完成的工程量及现金流动估算,各单位工程及各施工阶段所需配备的人力和机械数量。

(4)关键设备或材料的采购进度计划,以及关键设备或材料运抵现场时间。

(5)各单项工程试运行时间。

(6)各单位工程或分部工程的施工方案和施工方法。

(7)对设计文件的需求时间。

总进度计划由总承包项目部相关职能部门按照工程里程碑节点的要求编制,报总承

包项目部经理审查、批准,总承包项目部经理在审查总进度计划时,应注意以下问题:

(1)合同中规定的目标是否能实现。

(2)项目工作分解结构是否完整,有无遗漏。

(3)设计、采购、施工和试运行之间交叉作业是否合理。

(4)进度计划与外部条件是否衔接。

(5)对风险因素的影响是否有防范对策和应变措施。

(6)进度计划与质量、费用计划有无矛盾等。

2.年、月进度计划

年进度计划是本年度内正在施工或将要开工项目的施工安排。年进度计划应反映下列内容:

(1)本年度计划完成的单位工程及各阶段的工程项目内容、工程数量及投资指标。

(2)施工队伍和主要施工设备的数量及调配顺序。

(3)不同季节及气温条件下各分项工程的时间安排。

(4)在总进度计划下对各单位、分部工程进行局部调整或修改的详细说明。

月进度计划是本月内正在施工或将要开工项目的施工安排。施工单位编制的月进度计划于每月月例会之前提交,并根据月例会上的要求进行修改后正式报送。月进度计划应包括以下内容:

(1)本月计划完成的分部工程的内容及顺序安排。

(2)本月应完成的各分部工程的工程数量及投资额。

(3)完成各分部工程的施工队伍、人员及主要设备的配置。

(4)在年进度计划下对各分部、分项工程进行局部调整或修改的详细说明。

6.2.2 进度计划执行、检查与调整

6.2.2.1 进度计划执行

施工单位应按承建合同文件规定,以报经批准的施工总进度计划、年进度计划、月进度计划为依据进行施工,并实时向总承包项目部提交施工进度实施报告,报告中应附有适当的文字说明、形象进度图和相关图片。施工进度实施报告至少应包括下述内容:

(1)合同范围内完成的分部工程(包括临建工程)工程量和累计完成工程量。

(2)主要物资材料的实际进货、消耗和储存情况。

(3)主要施工机械设备进场情况,以及现有施工机械设备维护和使用情况。

(4)施工现场各类人员的数量。

(5)已完成工程的形象进度。

(6)已经延误或可能延误施工进度的影响因素和克服这些因素以重新达到原计划进度所采取的措施。

(7)安全、文明措施及投入情况。

(8)水文、气象等资料。

(9)意外事故,如质量问题、安全事故、停工及复工等情况。

(10)其他必须申报说明的事项。

6.2.2.2 进度计划检查

项目部应依据实际进度记录对项目设计、采购、施工、试运行等进度计划进行跟踪检查。项目进度计划检查可以采取日检查或定期检查的方式进行。检查内容主要包括以下内容：

(1)检查期内实际完成和累计完成工作量。

(2)实际参加施工的人力、机械数量和生产效率。

(3)窝工人数、窝工机械台班数及其原因分析。

(4)进度偏差情况，对计划未完成的原因进行分析，并制订明确可行的赶工措施。

(5)影响进度的特殊原因及分析。

6.2.2.3 进度计划调整

在工程实施过程中，不论何种原因引起的工期延误，施工单位均应及时做出调整，并在月进度报告中提出调整后的进度计划及其说明。若进度计划的调整需要修改关键线路或改变关键工程的完工日期时，施工单位应将修订后的进度计划报送项目部审核后，上报业主确认。项目进度计划调整应包括下列内容：施工内容、工程量、起止时间、持续时间、工作关系、资源供应等。进度计划调整应按下列程序进行：

(1)施工单位提出某些活动推迟的时间和推迟原因的报告。

(2)项目部分析上述活动的推迟是否会影响计划工期。

(3)若影响计划工期，则项目部应及时按照合同条款向业主提出工期延长申请。

(4)业主批准工期延长后，可对进度计划进行调整。调整后的进度计划应向公司总部备案。

6.2.3 进度控制总结

6.2.3.1 总结依据

在项目进度计划完成后，总承包项目部应及时进行进度控制总结。总结时应依据下列资料：

(1)进度计划。

(2)进度计划执行的实际记录。

(3)进度计划检查结果。

(4)进度计划的调整资料。

6.2.3.2 总结内容

项目进度控制总结应包括下列内容：

(1)合同工期目标及计划工期目标完成情况。

(2)项目进度控制经验。

(3)项目进度控制中存在的问题及分析。

(4)科学的项目进度计划方法的应用情况。

(5)施工进度控制的改进意见。

6.3 施工成本管理

EPC 项目的施工成本管理是指通过对施工成本进行规划、估算、执行和控制,使项目在批准的成本目标内完成。EPC 模式最大的特点是总承包单位承担了项目大部分的费用风险,在这种情况下,项目成本管理显得格外重要。

6.3.1 施工成本管理的任务与程序

6.3.1.1 施工成本管理的程序

项目施工成本管理应遵循下列程序:

(1)掌握生产要素的价格信息。

(2)确定项目合同价。

(3)编制成本计划,确定成本实施目标。

(4)进行成本控制。

(5)进行项目过程成本分析。

(6)进行项目过程成本考核。

(7)编制项目成本报告。

(8)项目成本管理资料归档。

6.3.1.2 施工成本管理的任务

施工成本管理的任务包括:成本计划编制、成本控制、成本核算、成本分析和成本考核。

1. 成本计划编制

项目成本计划应由成本经理组织编制,经总承包项目经理批准后实施。编制成本计划,需要广泛收集相关资料并进行整理,作为成本计划编制的依据。成本计划编制依据应包括下列内容:

(1)合同文件。

(2)项目管理实施规划。

(3)相关设计文件。

(4)价格信息。

(5)相关定额。

(6)类似项目的成本资料。

总承包项目部应通过系统的成本策划,按成本组成、项目结构和工程实施阶段分别编制项目成本计划。项目成本计划编制应符合下列程序:

(1)预测项目成本。

(2)确定项目总体成本目标。

(3)编制项目总体成本计划。

(4)相关职能部门根据责任成本范围,分别确定自己的成本目标,并编制相应的成本计划。

(5)针对成本计划制订相应的控制措施。

2. 成本控制

成本控制是在项目成本的形成过程中,对生产经营所消耗的人力资源、物资资源和费用开支进行指导、监督、检查和调整,及时纠正将要发生和已经发生的偏差,把各项生产费用控制在计划成本的范围之内,以保证成本目标的实现。项目成本控制应按如下程序开展工作:

(1)确定成本管理分层次目标。

在工程开工之初,总承包项目部应根据其与公司总部签订的《项目承包合同》确定项目的成本管理目标,并根据工程进度计划确定月度成本计划目标。

(2)采集成本数据,监测成本形成过程。

在施工过程中要定期收集反映成本支出情况的数据,并将实际发生情况与目标计划进行对比,从而保证有效控制成本的整个形成过程。

(3)找出偏差,分析原因。

施工过程是一个多工种、多方位立体交叉作业的复杂活动,成本的发生和形成是很难按预定的目标进行的,因此需要及时分析偏差产生的原因,分清是客观因素(如市场调价)还是人为因素(如管理行为失控)。

(4)制订对策,纠正偏差。

过程控制的目的就在于不断纠正成本形成过程中的偏差,保证成本项目的发生是在预定范围之内。针对产生偏差的原因及时制订对策并予以纠正。

3. 成本核算

总承包项目部应根据会计核算程序及工程成本核算的要求和作用,确定工程成本的核算程序,其包括以下步骤:

(1)对所发生的费用进行审核,以确定应计入工程成本的费用和计入各项期间费用的数额。

(2)将应计入工程成本的各项费用,区分为哪些应当计入本月的工程成本,哪些应由其他月份的工程成本负担。

(3)将每个月应计入工程成本的生产费用,在各个成本对象之间进行分配和归集,计算各工程成本。

(4)对未完工程进行盘点,以确定本期已完工程实际成本。

(5)将已完工程成本转入工程结算成本;核算竣工工程实际成本。

4. 成本分析

工程成本项目分析是对工程成本各项目增减变化的因素及原因分析,以便了解成本支出的合理性。工程成本项目有人工费、材料费、机械使用费、其他直接费、管理费、其他间接费等。项目成本分析的主要依据是项目成本计划和成本核算资料。由于项目成本涉及的范围很广,需要分析的内容较多,因此应该在不同的情况下采取不同的分析方法。项目成本分析的内容包括:

(1)时间节点成本分析。

(2)工作任务分解单元成本分析。

（3）组织单元成本分析。

（4）单项指标成本分析。

（5）综合项目成本分析。

5. 成本考核

成本考核是衡量成本指标完成情况的总结和评价。公司总部应制定成本考核制度，确定项目成本考核时间、范围、方式、依据、指标、奖惩等内容。公司总部应对总承包项目部的成本和效益进行全面评价、考核与奖惩。公司总部对总承包项目部进行考核与奖惩时，既要防止虚盈实亏，也要避免实际成本归集差错等的影响，使成本考核真正做到公平、公正、公开，在此基础上落实成本管理责任制的奖惩措施。总承包项目部应根据成本考核结果对相关人员进行奖惩。

6.3.2　施工成本控制要点

施工成本控制是总承包项目全过程成本控制的关键环节，因此应认真分析、对待项目施工过程中的技术问题和经济问题，运用切实可行的方法，最大限度地控制项目施工成本，以获取最大的经济效益。

6.3.2.1　优化施工方案

施工方案是否先进、合理不仅关系到施工质量的好坏，也会影响工程项目的施工成本和利润。应设计多种施工方案，并进行方案的比选，从中找出最优施工方案。按最优方案施工，可以降低成本、加快进度、保证质量和安全。

6.3.2.2　有效控制人工费

分部分项工程施工前，应依据施工组织设计和定额，计算每月用工计划数量，结合市场人工单价计算出本月的人工费控制指标。在施工过程中，对每天用工数量进行记录，月末进行统计分析，并与计划用工数量进行对比，找出偏差的原因，采取相应的措施加以改正。

6.3.2.3　科学控制材料(设备)费

（1）采用招标方式挑选质优价廉的材料(设备)供应商，降低采购成本。

（2）确定供货时间和数量时，应考虑资金的时间价值，尽可能降低材料储备，减少资金占用。

（3）尽可能就近购料，选用最经济的运输方法，降低运输成本。

（4）实行限额领料制度，班组只能在规定限额内分期分批领用，如超出限额领料，要分析原因，及时采取纠正措施。

（5）加强现场管理，合理堆放，减少二次搬运，从而降低堆放、仓储损耗。

（6）推广使用能降低材料消耗的各种新技术、新工艺、新材料。

（7）尽量减少周转材料的丢失及损坏，从而提高周转材料的使用次数。

6.3.2.4　合理控制机械费

（1）要充分利用现有机械设备进行内部合理调度，力求提高机械利用率。

（2）在设备选型配套中，注意一机多用，从而减少设备维修养护人员的数量和设备零星配件的费用。

（3）加强施工机械的保养维修，保证施工机械的完好率。

6.3.2.5　加强质量和安全管理

质量管理措施包括控制返工和缺陷修补，加强对成品及半成品的保护，注意采取技术措施保证关键工程部位的施工质量，如黏土心墙、混凝土面板等的施工质量。

建立安全施工责任制度，强化施工人员的安全意识，加强对安全隐患的排查工作，尽量从源头上消除安全事故隐患。

6.3.2.6　工程变更的控制

工程变更会引起工程量的增减及合同价格的变化，总承包项目部应采取措施严格控制工程变更。

1．熟悉合同文件

总承包项目部相关人员应熟悉合同文件，了解工程变更的程序、价款的调整方法、材料价格和工程量的风险分担原则等内容。

2．及时了解材料的市场价格

关于工程变更价款中材料价格的确定，往往是发承包双方存在争议的重要问题。总承包项目部必须建立完整的设备、材料价格库，掌握不断变化的市场价格，并做到及时跟踪、动态分析。

3．深入现场了解施工情况

应深入现场了解施工情况，掌握现场施工动态。收集工程变更有关资料，弄清引起变更的原因，分清变更责任的主体。

4．及时处理工程变更

总承包项目部应根据合同变更的内容和对施工的要求，对质量、安全、费用、进度、职业健康和环境保护等的影响进行评估，并按合同变更程序及时处理工程变更。

6.3.2.7　加强索赔的控制

对于总承包商来说，索赔是按照总承包合同规定，对合同价款进行适当、公正地调整，以补偿总承包商的损失。为了进行有效的索赔管理，首先应该签订规范的合同文件，并且将索赔的事宜交代清楚，使之不要出现歧义；其次在施工过程中要注意收集索赔的证据，证据包括工程图纸、照片、计划报表、会议记录等，有利、充分、可靠的证据是索赔的前提；最后要及时在规定的时间内向违约方提出索赔要求并发送索赔报告，否则，总承包商将失去索赔权利。

6.4　施工质量管理

总承包项目施工阶段的质量控制是整个工程质量管理的核心部分，其成效是否显著关系到工程质量能否符合预期目标，甚至影响到工程的成败。总承包项目部应按全面质量管理的方法和事前、事中、事后过程控制模式进行施工质量控制。

6.4.1 项目质量控制体系的建立和运行

6.4.1.1 项目质量控制体系的建立

建设工程项目质量控制体系,一般形成多层次结构形态,这是由其实施任务的委托方式和合同结构所决定的。第一层次的质量控制体系应由总承包项目部负责建立,第二层次的质量控制体系应分别由设计单位、施工单位、材料设备供应单位负责建立,也称施工质量保证体系。总承包项目部应督促第二层次的相关单位建立项目质量保证体系,并对其进行审查。项目质量控制体系的建立,一般可按以下环节依次展开工作:

(1)建立质量控制网络。

首先明确体系内各层面的工程质量控制负责人,一般应包括总承包方的项目经理、设计经理、施工经理、材料设备采购经理、总监理工程师等,以形成明确的项目质量控制责任者的关系网络架构。

(2)制定质量控制制度。

制定质量控制制度,包括质量控制例会制度、协调制度、报告审批制度、质量验收制度和质量信息管理制度等,形成建设工程项目质量控制体系的管理文件或手册,作为承担建设工程项目实施任务各方主体共同遵循的管理依据。

(3)分析质量控制界面。

项目质量控制体系的质量责任界面,包括静态界面和动态界面。一般来说,静态界面根据法律法规、合同条件、组织内部职能分工来确定。动态界面主要是指项目实施过程中总承包单位与设计单位之间、总承包单位与施工单位之间、总承包单位与材料设备供应单位之间的衔接配合关系及其责任划分,必须通过分析研究,确定管理原则与协调方式。

(4)编制质量控制计划。

总承包商负责主持编制建设工程项目总质量计划,并根据质量控制体系的要求,布置各质量责任主体分别编制与其承担任务范围相符合的质量计划,并按规定程序完成质量计划的审批,作为其实施自身工程质量控制的依据。

6.4.1.2 项目质量控制体系的运行

总承包项目部应按质量管理体系文件所规定的程序、标准、工作要求等开展质量控制工作,并在质量管理体系运行过程中,监视、测量和分析质量管理体系运行的有效性和效率。项目质量控制体系的有效运行,依赖于项目的合同结构、资源配置、组织制度和持续改进的机制。

1.项目的合同结构

建设工程合同是联系建设工程项目各参与方的纽带,只有在项目合同结构合理,质量标准和责任条款明确,并严格进行履约管理的条件下,质量控制体系的运行才能成为各方的自觉行动。

2.资源配置

资源配置指专职的工程技术人员和质量管理人员的配置,必需的设备、设施、器具、软件等物质资源的配置。人员和物质资源的合理配置是质量控制体系得以运行的基础条件。

3.组织制度

项目质量控制体系内部的各项管理制度和程序性文件的建立,为质量控制系统各个环节的运行,提供必要的行动指南、行为准则和评价基准的依据,是系统有序运行的基本保证。

4.持续改进机制

在项目施工阶段,各个质量责任主体应采用 PDCA 循环原理开展质量控制工作,并不断寻求改进机会、研究改进措施,才能保证建设工程项目质量控制系统的不断完善和持续改进,不断提高质量控制能力和控制水平。

6.4.2　施工阶段的质量管理

6.4.2.1　准备工作

总承包项目部应在开工前做好各项准备工作,包括项目划分,设计交底、移交施工测量控制网、审查施工组织设计和专项施工方案,现场"三通一平"等内容。

6.4.2.2　工程测量

工程测量的监督检查工作由总承包项目部通过复测、联合测量、见证等方式进行检查和认定,并签认"施工放样报验单"或"施工测量成果报验单"。测量控制工作包括以下主要内容:

(1)向施工单位提供原始基准点、导线点坐标和基准高程,并参与对施工单位的基准控制测量进行监督检查和认可。

(2)审核施工单位编制的施工控制网施测方案,并对其施测过程进行监督。

(3)审核施工单位编制的原始地形施测方案,复核原始地形测量成果。

(4)对施工单位的施工放线测量进行监督检查和认可。

(5)对控制工程的基线、轴线、位置、标高和尺寸的各环节进行监督、检查和认可。

(6)参与在各单元工程、分部工程、单位工程、工程阶段或总体工程项目在中间交工和竣工验收时进行测量检查、汇总,并提出各项工程的测量误差结果资料。

(7)参与对开挖或填筑前的地形进行系统复核或复测,以便进行准确计量。

(8)参与对开挖后的建基面高程进行复核或复测,对超欠挖进行检查及对回填工程进行计量。

(9)参与定期或洪水后对各控制点进行检查复核或复测,确保各控制点坐标的准确无误。

6.4.2.3　试验检测

总承包项目部应对施工单位的现场试验室进行检查验收,对工程试验检测工作进行见证、监督和检查,对试验检测报告进行审查确认。

1.现场试验室的检查验收内容

(1)检测机构是否取得计量认证。

(2)检测机构资质、类别是否符合合同约定。

(3)现场试验室试验(检测)参数是否经所在法人检测机构授权。

(4)检测机构资质、类别是否符合合同约定。

（5）是否违法转包、违规分包试验检测业务。

（6）工地试验室是否取得具备资质的母体检验试验室委托，检测项目、范围、数量是否明确。

（7）现场试验室的技术负责人是否具备中级及以上专业技术职称或同等能力。

（8）现场试验室授权签字人是否经资质认定部门批准。

（9）现场试验室管理制度是否完善或有针对性。

（10）是否建立操作复杂及对人员安全和环境有影响的设备操作规程，并保持现行有效，便于操作人获得。

（11）是否制订质量检测计划，其工程质量检测取样频次应满足各现行规程规范的要求。

（12）试验室的规模、试验设备的种类及数量能否满足实施工程中各项试验的要求。

2. 试验检测过程的检查监督内容

（1）取样或抽样检测和校核工作是否符合相关规定。

（2）取样或抽样检测和校核等记录是否完整和记录。

（3）取样或抽样是否由 2 名以上检测人员承担。

（4）样本准备与制备、样本储存、检测和校核等记录是否齐全。

（5）样本准备与制备、样本储存、检测和校核工作是否合规。

（6）样本准备与制备、检测和校核、检测或校核报告等工作是否由 2 名以上检测人员承担。

（7）所有原材料、成品、半成品和设备是否在有关单位代表见证下按有关规范和技术要求进行抽检。抽检频率是否满足按现行的规程、规范的要求。

6.4.2.4　施工过程质量控制

1. 主要工作

总承包项目部应依据工程建设合同文件、设计文件、技术要求、规程规范，进行施工全过程的质量控制、检查和验收。主要工作有：

（1）审核施工组织设计和专项施工方案。重点对工程建设标准强制性条文（水利工程部分）进行符合性审核，并在施工过程中对强制执行情况进行重点监控。

（2）需要进行生产性试验的部位（土石方填筑、帷幕灌浆等），总承包项目部应按要求组织施工单位进行试验。试验完成后，由设计单位下发具体的施工技术要求，才允许全面进行施工。

（3）每道施工工序完成后，首先施工单位进行自检。自检合格后，总承包项目部对其进行验收。最后报监理单位进行验收和核定质量等级。上一道工序未验收合格的，不允许进行下一道工序施工。

（4）重要隐蔽（关键部位）单元工程是重点质量监督检查对象，在隐蔽前应及时通知质量监督站监督人员到场监督，同时通知相关参建各方共同检查核定其质量等级。对重要隐蔽（关键部位）单元工程的施工，总承包项目部应加强巡视或旁站检查、监督。

（5）总承包项目部应定期对混凝土拌和系统（尤其是称量系统）和拌和质量进行检查和纠正。

2. 质量控制措施

在施工过程中,为确保工程建设质量,总承包项目部可以采取以下质量控制措施:

(1)指示施工单位停止不合格或可能对工程施工质量及安全造成损害的施工工艺、措施、工序、作业方式,以及其他各种违章作业行为。

(2)指示施工单位停止不合格或不符合合同技术规范要求的材料与设备设施的安装与使用,并予以更换。

(3)指示施工单位对不合格的工程予以修补或返工。

(4)指示施工单位对完建工程继续予以养护、维护、照管和进行缺陷修复。

(5)建议、要求直至指令施工单位对施工质量管理中严重失察、失职、玩忽职守、伪造记录和检测资料,以及造成质量事故的责任人员予以警告、处罚、撤换,直至责令退场。

(6)指令多次严重违反作业规程,经指出后仍无明显改进的作业班、组、队停工整顿、撤换,直至责令退场。

(7)对问题较多的施工单位可以采取约谈、责令整改、通报业主、上报行政主管部门、经济处罚,直至解除合同等措施。

3. 质量验收与评定

总承包项目部应积极组织和参加单元工程、分部工程和单位工程的质量验收和评定工作。

1)工序、单元工程验收与评定

(1)单元工程施工质量验收评定应具备下列条件:已完工序施工质量经验收评定全部合格,有关质量缺陷已处理完毕或有监理单位批准的处理意见。

(2)单元工程合格等级的标准应符合下列规定:主控项目,检验结果全部符合本标准的要求;一般项目,逐项应有70%及以上的检查点合格,且不合格点不应集中;各项报验资料应符合本标准要求。

(3)工序施工质量验收评定应包括下列资料:各班组的初检记录、施工队复检记录、责任单位和责任人应当场签字、施工单位专职质检员终检记录;工序中各施工质量检验项目的检验资料。所有检验项目包括原材料和机电进场检验,施工质量项目(主控和一般)及抽样(或验证)检验的重要质量指标和效果检验,均应依据相关标准和规定判定该项目检验结果是否符合标准和设计要求,以便验收得出合理结论。

(4)工序和单元工程质量验收评定表及其备查资料的制备由施工单位负责。验收评定表一式五份,备查资料一式三份。总承包项目部应保存1份验收评定表及其备查资料。

(5)工程质量检验数据应真实可靠,检验记录及签证应完整齐全。实测数据是评定质量的基础资料,严禁伪造或随意舍弃检测数据。对可疑数据,应检查分析原因,并做出书面记录。单元工程(工序)质量"三检"记录资料完整,工序施工质量验收评定应包括下列资料:各班组的初检记录、施工队复检记录、施工单位专职质检员终检记录。

(6)重要隐蔽单元工程及关键部位单元工程质量经施工单位自评合格、监理单位抽检后,其单元工程施工质量的验收评定应由建设单位(或委托监理单位)主持,应由建设、总承包、设计、监理、施工等单位的代表组成联合小组,共同验收评定,并应在验收前通知质量监督机构。

2) 分部工程验收

(1) 分部工程验收应按以下程序进行:听取施工单位单元工程施工与质量评定情况的汇报;现场检查工程完成情况和工程质量;检查单元工程质量评定及相关档案资料;讨论并通过分部工程验收鉴定书。

(2) 分部工程验收遗留问题处理情况应有书面记录并有相关责任单位代表签字,书面记录应随分部工程验收鉴定书一并归档。

(3) 大型工程分部工程验收工作组成员应具有中级及其以上技术职称或相应执业资格;其他工程的验收工作组成员应具有相应的专业知识或执业资格。参加分部工程验收的每个单位代表人数不宜超过 2 名。

3) 单位工程验收

(1) 单位工程验收应具备以下条件:所有分部工程已完建并验收合格;分部工程验收遗留问题已处理完毕并通过验收,未处理的遗留问题不影响单位工程质量评定并有处理意见;工程投入使用后,不影响其他工程正常施工,且其他工程施工不影响该单位工程安全运行;已经初步具备运行管理条件,需移交运行管理单位的,项目法人与运行管理单位已签订提前使用协议书;合同约定的其他条件。

(2) 单位工程验收应按以下程序进行:听取工程参建单位工程建设有关情况的汇报;现场检查工程完成情况和工程质量;检查分部工程验收有关文件及相关档案资料;讨论并通过单位工程验收鉴定书。

(3) 单位工程验收鉴定书格式见《水利水电建设工程验收规程》(SL 223—2008)的要求。正本数量可按参加验收单位、质量和安全监督机构、法人验收监督管理机关各 1 份以及归档所需要的份数确定。自验收鉴定书通过之日起 30 个工作日内,由项目法人发送有关单位并报法人验收监督管理机关备案。

6.4.3　质量缺陷与质量事故处理

6.4.3.1　质量缺陷处理

质量缺陷指的是依据《水利工程质量事故处理暂行规定》,损失小于一般质量事故的质量问题。

1. 质量缺陷的处理方式

在各项工程的施工过程中或完工以后,总承包项目部如发现工程项目存在着技术规范所不容许的质量缺陷,或不能与公认的良好工程质量相匹配时,应根据质量缺陷的性质和严重程度,按如下方式处理:

(1) 当质量缺陷还在萌芽状态时,应及时发出警告信息,要求施工单位立即更换不合格的材料、设备或不称职的施工人员;或要求立即改变不正确的施工方法及操作工艺。

(2) 当质量缺陷已出现时,应立即向施工单位发出暂停施工的指令(先口头后书面),待参建各方达成统一意见并按照经监理人、业主同意的补救措施进行处理。

(3) 质量缺陷的严重程度将影响工程安全时,总承包项目部应及时组织设计单位进行现场诊断或验算,以决定采取哪种处理措施。

2. 质量缺陷责任的判定

总承包项目部应对施工单位提出的有争议的质量缺陷责任予以判定。判定时应全面审查与本项工程有关的施工资料、设计资料及水文地质现状,必要时还应进行实地的检验测试;在分清技术责任的同时,还应明确质量缺陷处理的费用数额、承担比例或结算方式。

3. 质量缺陷的修补与加固

对因施工原因而产生的质量缺陷的修补与加固,应由施工单位先提出修补方案及方法,经总承包项目部审核,监理方、业主批准后方可进行。对因设计原因而产生的质量缺陷,应由设计方提出处理方案及方法,由施工单位进行修补。修补措施及方法应不降低质量控制指标和验收标准,并应是技术规范允许的或是行业公认的良好工程技术。

对施工中的质量缺陷应书面记录,进行必要的统计分析,并在相应单元(工序)工程质量评定表"评定意见"栏内注明。各工程参建单位代表应在质量缺陷备案表上签字,若有不同意见应明确记载。质量缺陷备案表应及时报工程质量监督机构备案。

6.4.3.2　质量事故处理

1. 质量事故报告

总承包项目部应在事故发生后 24 h 内向公司总部报告事故概况,7 d 内报告事故详细情况(包括发生的时间、部位、经过、损失估计和事故原因初步判断等)。

总承包项目部应对事故经过做好记录,同时督促施工单位做好相应的记录,并根据需要对事故现场进行摄像,为事故调查、处理提供依据。

当质量事故危及施工安全,或不立即采取措施会造成事态进一步扩大甚至危及工程安全时,应采取以下措施:

(1)指示施工单位立即停止施工,通知相关单位进行避险。

(2)采取临时或紧急措施进行防护。

2. 质量事故处理的要求

总承包项目部应积极配合公司总部和相关政府部门对事故的调查和处理,采取措施将事故对公司总部的负面影响降低到最低。施工质量事故处理时应满足如下要求:

(1)质量事故的处理应达到安全可靠、不留隐患、满足生产和使用要求、施工方便、经济合理的目的。

(2)消除造成事故的原因,注意综合治理,防止事故再次发生。

(3)正确确定技术处理的范围和正确选择处理的时间和方法。

(4)切实做好事故处理的检查验收工作,认真落实防范措施。

(5)确保事故处理期间的安全。

6.5　施工安全管理

6.5.1　安全生产目标、考核及责任追究

总承包项目部应按照有关规定和合同约定,制定项目安全生产总目标和年度目标,应明确目标的制定、分解、实施、检查和考核等环节要求。

6.5.1.1 目标制定

（1）总承包项目部在开工前或开工初期，应根据合同约定，制定本项目的安全生产总目标；在项目施工期间，总承包项目部还应根据当年的工程建设情况，制定当年年度安全生产目标。

（2）施工单位应根据总承包项目部制定的安全生产总目标和年度目标，制定自身的安全生产总目标和年度目标，施工部制定的相关目标均不得低于总承包项目部制定的目标。在安全生产目标责任书上，可以是总承包项目部、施工单位、业主三方共同签字盖章，或者是总承包项目部与业主签订安全生产目标责任书后，总承包项目部再根据目标责任书内容，与施工单位签订安全生产目标责任书。

（3）总承包项目部应与施工单位签订目标责任书。在安全生产目标责任书上，可以是总承包项目部、施工单位、业主三方共同签字盖章，或者是总承包项目部与业主签订安全生产目标责任书后，总承包项目部再根据目标责任书内容，与施工单位签订安全生产目标责任书。

6.5.1.2 目标分解与实施

（1）总承包项目部应加强内部目标管理，以逐级签订安全生产目标责任书的形式对目标进行层层分解。

（2）总承包项目部应制订本项目安全生产目标管理计划，其内容应包括：安全生产目标值、保证措施、完成时间、责任部门（或责任人）等。

（3）总承包项目部按照有关规定每年至少检查一次项目安全生产目标实施和完成情况。

6.5.1.3 目标考核

（1）总承包项目部应每季度或每半年组织对本项目的安全生产目标完成情况进行自查，形成自查报告。

（2）总承包项目部应按照目标考核办法，每季度或每半年对各部门和管理人员安全生产目标完成情况进行考核，根据考核结果对其进行奖惩。

（3）成立以总承包项目经理为组长的安全生产考核小组，对施工单位进行安全考核。重点考评施工单位风险分级管控和隐患排查治理情况。考评时，可将下列事项作为重要扣分项目：

①无重大危险源登记、建档并公告的。

②无安全应急抢险、救援预案和不开展演练的。

③不按照业主、监理要求报送材料及反馈信息的。

④平时发生违规违章作业行为的。

⑤施工期间发生安全事故的。

（4）总承包项目部对施工单位的安全生产考评情况，应及时上报公司总部。

6.5.1.4 责任追究

总承包项目部应对照《水利工程建设质量与安全生产监督检查办法（试行）》（水监督〔2019〕139号）检查施工单位安全生产管理违规行为。根据违规行为的数量和严重程度，分别采用责令整改、约谈、停工整改、经济处罚、解除合同等方式进行追责。

6.5.2　项目危险源辨识、评价与控制

总承包项目部一般在工程开工后 3 个月内开展危险源辨识和风险评价工作,编制《危险源辨识和风险评价报告》。在施工期,应对危险源实施动态管理,及时掌握危险源及风险状态和变化趋势,实时更新危险源及风险等级,并根据危险源及风险状态制订针对性的防控措施。

6.5.2.1　危险源辨识

总承包项目部应全方位、全过程开展危险源辨识工作,做到系统、全面、无遗漏,并持续更新完善。危险源辨识可采取直接判定法、安全检查表法、预先危险性分析法及因果分析法等。一般地,可从施工作业类、机械设备类、设施场所类、作业环境类、生产工艺类等五个类型进行危险源辨识,列出危险源清单。

6.5.2.2　风险等级评价

危险源风险等级评价常采用作业条件危险性评价法(LEC 法)。作业条件危险性评价法中危险性大小值 D 按下式计算:

$$D = L \cdot E \cdot C \tag{6-1}$$

式中: D 为危险性大小值; L 为发生事故或危险事件的可能性大小; E 为人体暴露于危险环境的频率; C 为危险严重程度。

(1) L 值:危险性事件发生的可能性与作业类型有关,可根据施工工期制定出相应的 L 值判定指标, L 值可按表 6-1 的规定确定。

表 6-1　危险性事件发生的可能性 L 值对照表

L 值	事故发生的可能性	L 值	事故发生的可能性
10	完全可以预料	1	可能性小,完全意外
6	相当可能	0.5	很不可能,可以设想
3	可能,但不经常	0.2	极不可能

(2) E 值:人体暴露于危险环境的频率与工程类型无关,与施工作业时间长短有关,可从人体暴露于危险环境的频率,或危险环境人员的分布及人员出入的多少,或设备及装置的影响因素,分析、确定 E 值的大小,可按表 6-2 的规定确定。

表 6-2　暴露于危险环境的频率因素 E 值对照表

E 值	暴露于危险环境的频率	E 值	暴露于危险环境的频率
10	连续暴露	2	每月 1 次暴露
6	每天工作时间内暴露	1	每年几次暴露
3	每周 1 次,或偶然暴露	0.5	罕见暴露

(3) C 值:从人身安全、财产及经济损失、社会影响等因素,分析危险源发生事故产生的后果,可按表 6-3 的规定确定。

表6-3　危险严重程度因素 C 值对照表

C 值	暴露于危险环境的频率	C 值	暴露于危险环境的频率
100	造成30人以上(含30人)死亡,或者100人以上重伤(包括急性工业中毒,下同),或者1亿元以上直接经济损失	7	造成3人以下死亡,或者10人以下重伤,或者1000万元以下直接经济损失
40	造成10~29人死亡,或者50~99人重伤,或者5000万元以上1亿元以下直接经济损失	3	无人员死亡,致残或重伤,或很小的财产损失
15	造成3~9人死亡,或者10~49人重伤,或者1000万元以上5000万元以下直接经济损失	1	引人注目,不利于基本的安全卫生要求

(4)D 值:危险源风险等级划分以作业条件危险性大小 D 值作为标准,按表6-4规定确定。

表6-4　作业条件危险性评价法危险性等级划分标准

D 值区间	危险程度	风险等级
$D>320$	极其危险,不能继续作业	重大风险
$320 \geq D>160$	高度危险,需立即整改	较大风险
$160 \geq D>70$	一般危险(或显著危险),需要整改	一般风险
$D \leq 70$	稍有危险,需要注意(或可以接受)	低风险

6.5.2.3　危险源管控责任与措施

1.危险源管控责任

(1)总承包项目部应对项目管理活动中的危险源和环境因素进行辨识、评价,制订管控措施,并告知总承包项目所有参与管理的人员。

(2)总承包项目部应编制危险源辨识和风险评价报告,报告应包括以下主要内容:编制目的、编制依据、项目概况、内容和适用范围、职责、工作程序、危险源管理等。

(3)监督检查施工单位制定危险源辨识及风险评价管理制度,并以正式文件发布实施。

(4)监督检查施工单位对本项目施工危险源全面辨识和风险评价,制订并落实所有施工危险源的安全风险控制措施。

(5)监督检查施工单位对危险源清单进行公布,并做好告知从业人员的原始记录。

(6)监督检查施工单位对主要安全风险进行公告,在醒目位置和重点区域分别设置"安全风险公告栏",将风险等级为重大风险、较大风险的危险源进行公告。

(7)监督检查施工单位制作"岗位安全风险告知卡"。

(8)当发生变更时,及时更新,并监督检查施工对变更的部位重新进行风险辨识、制订措施、公示、告知等,并做好原始记录,同时履行变更审批手续和验收。

(9)要高度关注危险源风险的变化情况,动态调整危险源、风险等级和管控措施,确保安全风险始终处于受控范围内。

2.重大危险源管控措施

重大危险源指出现符合《水利水电工程施工重大危险源清单(指南)》的重大危险源,以及采用作业条件危险性评价法(LEC)评定为重大风险等级的危险源。

(1)登记建档。督促施工单位建立《重大危险源清单》,清单内容应包括编号、危险源名称、场所、风险等级、控制措施要点、责任单位和责任人等内容。

(2)重大危险源备案。审查施工单位编制的重大危险源清单,并报监理人、业主备案。危险物品重大危险源要按照规定由业主报有关应急管理部门备案。

(3)监控和管理。对辨识出的重大危险源,督促施工单位采取以下控制措施:

①制订重大危险源管理方案、施工技术方案、安全措施,并组织实施,实施完成后及时进行验收。

②指定责任人,定期开展检查工作,并留存检查记录。

③针对辨识出的重大危险源,分类制订重大危险源事故应急预案,建立应急救援组织或配备应急救援人员。

④对相关管理人员进行培训,熟悉掌握相关应急救援要求。

⑤向影响单位区域及人员进行告知。

⑥发生险情的向项目法人、主管部门、安全生产监督机构报告。

(4)应急预案。督促施工单位制订应急预案,落实保障措施,做到“一源一案”。制订本项目重大危险源事故应急预案,建立应急救援组织或配备应急救援人员、必要的防护装备及应急救援器材、设备、物资,并保障其完好和方便使用。

(5)公告和告知。项目总承包商应做好如下工作:

①督促施工单位将重大危险源可能发生的事故后果和应急措施等信息,以适当方式告知可能受影响的单位、区域及人员。

②对可能导致一般或较大安全事故的险情,应按照项目管理权限立即报告项目主管部门、安全监督机构。

③督促施工单位在重大危险区域设置安全警示标志和警示牌。

6.5.3　专项施工方案与安全技术交底

6.5.3.1　专项施工方案编制

(1)施工单位在施工前,对达到一定规模的危险性较大的单项工程编制专项施工方案;对于超过一定规模的危险性较大的单项工程,施工单位应组织专家对专项施工方案进行审查论证。

(2)专项施工方案应包括以下内容:工程概况、编制依据、施工计划、施工工艺技术、施工安全保证措施、劳动力计划、计算书及相关图纸等。

(3)不需要专家论证的专项方案经施工单位审查合格后,由施工单位技术负责人签字,总承包项目部审查,报总监理工程师审核签字后,方可组织实施。

(4)超过一定规模危险性较大的单项工程专项施工方案,应由施工单位组织召开审查论证会,并根据审查论证报告修改完善专项施工方案,由施工单位技术负责人签字,总承包项目部审查,报总监理工程师审核签字后,方可组织实施。

6.5.3.2　专项施工方案审查与监督实施

总承包项目部应重点从以下三个方面审核施工单位报送的专项施工方案:

(1)程序性审查。专项施工方案必须由施工单位技术负责人审批;应组织专家组进行论证的,必须有专家组最终确认的论证审查报告,专家组的成员组成和人数应符合有关规定。

(2)符合性审查。专项施工方案在满足法律法规、规程及规范要求的同时,还必须符合工程建设强制性标准要求。

(3)针对性审查。专项施工方案应针对工程特点及所处环境等实际情况,编制内容应详细具体,明确操作要求。

总承包项目部应对专项施工方案的实施情况进行检查。发现未按专项施工方案施工的,应要求其立即整改;存在危及人身安全的紧急情况,责令施工单位立即组织人员撤离危险区域。

6.5.3.3　安全技术交底

总承包项目部应督促设计单位在施工图设计交底时同步进行安全设计交底;监督检查施工单位开展安全技术交底工作,施工安全技术交底工作应按如下规定进行:

(1)工程开工前,施工单位项目技术负责人应就工程概况,施工方法、工艺、程序,安全技术措施和专项施工方案,向施工技术员、施工队负责人、工长、班组长和作业人员进行安全交底。

(2)单项工程或专项施工方案实施前,编制人员或者项目技术负责人应当向现场管理人员进行方案交底,施工现场管理人员应当向作业人员进行安全技术交底,并由双方和项目专职安全生产管理人员共同签字确认。

(3)施工单位编制安全技术交底制度,定期组织安全技术交底,并形成交底记录。

(4)安全技术交底必须在施工作业前进行,任何项目在没有交底前不得进行施工作业。

6.5.4　安全生产事故隐患排查治理

安全生产事故隐患(简称事故隐患),是指生产经营单位违反安全生产法律法规、规章、标准、规程和安全生产管理制度的规定,或者因其他因素在生产经营活动中存在可能导致事故发生的物的危险状态、人的不安全行为和管理上的缺陷。事故隐患分为一般事故隐患和重大事故隐患。一般事故隐患,是指危害和整改难度较小,发现后能够立即整改排除的隐患。重大事故隐患,是指危害和整改难度较大,应当全部或者局部停产停业,并经过一定时间整改治理方能排除的隐患,或者因外部因素影响致使生产经营单位自身难以排除的隐患。

6.5.4.1　事故隐患排查治理职责

（1）总承包项目部应制定事故隐患排查治理制度，并监督检查施工单位制定此项制度。

（2）监督检查施工单位按照《水利工程生产安全重大事故隐患判定标准（试行）》排查重大事故隐患。

（3）监督检查施工单位制订重大事故隐患治理方案。

（4）根据事故隐患排查制度组织开展事故隐患排查。

（5）对排查出的事故隐患，总承包项目部应及时书面通知施工单位，定人、定时、定措施进行整改，并按照事故隐患的等级建立事故隐患信息台账。

（6）做好过程留痕，保存原始记录（包括检查、整改、验收、信息报送等）。

（7）按照"排查—发现—评估—报告—治理（控制）—验证—销号"的流程形成闭环管理，消除管理中的缺陷，要求治理措施完成后，施工单位对其结果进行验收和效果评估。

6.5.4.2　生产安全事故隐患排查

在工程建设过程中，应加强对工程安全生产的检查监督，及时发现安全事故隐患，从源头上消除生产安全事故的发生。

（1）总承包项目部应建立健全事故隐患排查制度，主要内容包括隐患排查目的、范围、方法和要求等。

（2）隐患排查工作可与日常检查、季节性检查、专项检查等相结合，相关安全检查形式及内容如下：

①日常检查：日常检查频率为每月不少于 4 次（每周不少于 1 次），日常检查要加强对关键设备或装置、要害部位、关键环节、重大危险源的检查和巡查。

②重大活动和节假日前检查：检查设备装置和施工现场是否存在异常状况和隐患，检查生产物资储备、生产力量安排、项目保卫、应急工作等是否符合要求，对节假日期间值班安排和应急工作要进行重点检查。

③季节性检查：春季以防雷、防静电、防解冻泄漏、防解冻坍塌为重点；夏季以防雷暴、防设备容器高温超压、防台风、防洪、防暑降温为重点；秋季以防雷暴、防火、防静电、防凝保温为重点；冬季以防火、防雪、防冻、防凝、防滑、防静电为重点。

④专业性检查：总承包项目部至少每半年 1 次或根据上级有关通知，对区域位置及总图布置、电气、管道、消防、储运、工艺等系统分别进行专业检查。

⑤综合性检查：总承包项目部至少每半年组织 1 次安全生产综合检查，以检查施工单位安全责任制、各项管理制度和安全生产管理制度落实情况为重点。

6.5.4.3　生产安全事故隐患治理

（1）对于一般事故隐患，由施工经理立即组织整改。

（2）对于重大事故隐患，由施工经理组织制订重大事故隐患治理方案，经总承包项目经理审查，报监理单位审核，报项目法人同意后实施。重大事故隐患治理方案应当包括以下内容：

①治理的目标和任务。

②采取的方法和措施。

③经费和物资的落实。

④负责治理的机构和人员。

⑤治理的时限和要求。

⑥安全措施和应急预案等。

(3)在事故隐患治理过程中,应当采取相应的安全防范措施,防止事故发生。事故隐患排除前或者排除过程中无法保证安全的,应当从危险区域内撤出作业人员,并疏散可能危及的其他人员,设置警戒标志,暂时停产停业或者停止使用;对暂时难以停产或者停止使用的相关生产储存装置、设施、设备,应当加强维护和保养,防止事故发生。

(4)总承包项目部应当加强对自然灾害的预防。对于因自然灾害可能导致事故灾难的隐患,应当按照有关法律法规、标准的要求排查治理,采取可靠的预防措施,制订应急预案。在接到有关自然灾害预报时,应当及时向相关单位发出预警通知;发生自然灾害可能危及人员安全的情况时,应当采取撤离人员、停止作业、加强监测等安全措施,并及时向当地人民政府及其有关部门报告。

(5)隐患治理完成后,按规定要对治理情况进行评估、验收。

(6)事故隐患治理方案、整改完成情况、验收报告等应及时归入事故隐患档案。

6.5.5　生产安全事故应急预案和调查处理

6.5.5.1　生产安全事故应急预案

施工单位应当编制防洪度汛方案与应急救援预案,并提交总承包项目部审查后实施。

1. 防洪度汛

1)度汛组织机构及职责

(1)总承包项目部应成立防洪度汛领导小组,组长由项目经理担任,副组长分别由分管项目安全管理副经理、设计经理、施工经理担任,建立健全并严格执行各项防汛管理制度,包括防汛岗位责任制度、汛前排查治理和整改制度、汛期值班制度、汛期巡查和报告制度等。

(2)防洪领导小组主要成员纳入建设单位组建的防洪度汛指挥部,服从建设单位或地方政府的防汛指挥调度。

(3)督促设计单位编制项目年度施工防洪度汛技术要求,明确度汛标准和度汛要求。

(4)监督检查施工单位应根据工程实际、度汛技术要求等,制订施工度汛方案、超标洪水应急预案,经项目经理审查后,报监理审批,项目法人同意后实施。

(5)监督检查施工单位按照批复的施工度汛方案和超标洪水应急预案,落实防汛抢险队伍和防汛器材、设备等物资准备工作,做好现场汛期值班,保证汛情、工情、险情信息渠道畅通。

(6)总承包项目部积极组织人员(动员施工单位人员)参加项目法人组织的防汛应急演练。

(7)组织开展汛前和汛期防洪度汛专项安全检查,及时整改发现问题,做好检查记录。

2)防洪度汛审核

总承包单位在审核施工单位报送的度汛方案时,应重点审核以下几个方面:

(1)度汛组织机构组成及职责、成员及分工。

(2)汛期值班和检查制度,防汛人员值班计划、联系方式。

(3)水文、气象及预报获取途径。

(4)工程度汛标准。

(5)汛前工程应达到的形象面貌。

(6)度汛抢险防护措施,包括临时和永久工程建筑物的汛期抢险防护措施、施工区和生活区的度汛抢险防护措施等。

(7)度汛保障,包括度汛抢险队伍保障、度汛物资和机械设备保障、通信保障、供电和交通保障、医疗和资金保障、宣传和培训等。

(8)度汛涉及其他相关单位的联系人、联系方式等。

(9)工程巡查与监测方案。

(10)险情抢护措施及人员设备撤离方案。

2.应急救援预案

1)应急救援组织机构及职责

(1)总承包项目部应组建事故应急处置领导小组,组长由项目经理担任,副组长分别由分管项目安全管理副经理、设计经理、施工经理组成,应明确领导小组职责,落实责任分工。

(2)监督检查施工单位制订施工现场生产安全事故应急救援预案、专项应急预案、现场处置方案,经项目经理审查,报监理单位审核、项目法人备案。

(3)监督检查施工单位按照批准的预案,组建应急救援队伍、配备应急救援人员、器材、设备,并定期组织演练。

(4)总承包项目部定期对预案进行评审或检查,必要时,要求施工单位进行修订或完善。

2)应急救援预案审查

总承包项目部应重点从以下六个方面审核施工单位报送的应急救援预案:

(1)针对性。应急预案应结合危险分析的结果,针对重大危险源、各类可能发生的事故、关键的岗位和地点、薄弱环节重要工程进行编制,确保其针对性。

(2)科学性。编制应急预案必须以科学的态度,在全面调查研究的基础上,实行领导和专家相结合的方式,开展科学分析和论证,制定出决策程序、处置方案和应急手段先进的应急方案,使应急预案具有科学性。

(3)可操作性。应急预案应具有可操作性或实用性,即发生事故时,有关应急组织、人员可以按照应急预案的规定迅速、有序、有效地开展应急救援行动,降低事故损失。

(4)合法合规性。应急预案中的内容应符合国家相关法律法规、标准和规范的要求,应急预案的编制工作必须遵守相关法律法规的规定。

(5)权威性。救援工作是一项紧急状态下的应急性工作,所制订的应急预案应明确救援工作的管理体系,救援行动的组织指挥权限以及各级救援组织的职责和任务等一系列的行政性管理规定,保证救援工作的统一指挥。应急预案应经上级部门批准后才能实施,保证预案具有一定的权威性,同时,应急预案中包含应急所需的所有基本信息,需要确保这些信息的可靠性。

(6)衔接性。水利水电工程建设应急预案应与上级单位应急预案、当地政府应急预案、水行政主管部门应急预案、下级单位应急预案等相互衔接,确保出现紧急情况时能够及时启动各方应急预案,有效控制事故。

6.5.5.2　安全生产事故调查处理

1.安全生产事故分级

根据《生产安全事故报告和调查处理条例》的有关规定,事故分为以下四个等级:

(1)特别重大事故。是指造成30人以上死亡,或者100人以上重伤(包括急性工业中毒,下同),或者1亿元人民币以上直接经济损失的事故。

(2)重大事故。是指造成10人以上30人以下死亡,或者50人以上100人以下重伤,或者5 000万元人民币以上1亿元人民币以下直接经济损失的事故。

(3)较大事故。是指造成3人以上10人以下死亡,或者10人以上50人以下重伤,或者1 000万元人民币以上5 000万元人民币以下直接经济损失的事故。

(4)一般事故。是指造成3人以下死亡,或者10人以下重伤,或者1 000万元人民币以下直接经济损失的事故。

2.安全生产事故报告

(1)事故发生后,事故现场有关人员应当立即向本单位负责人电话报告;单位负责人接到报告后,在1 h内向主管单位和事故发生地县级以上水行政主管部门电话报告。其中,水利工程建设项目事故发生单位应立即向项目法人(项目部)负责人报告,项目法人(项目部)负责人应于1 h内向主管单位和事故发生地县级以上水行政主管部门报告。

(2)水行政主管部门接到事故发生单位的事故信息报告后,对特别重大事故、重大事故、较大事故和造成人员死亡的一般事故及较大涉险事故信息,应当逐级上报至水利部。逐级上报事故情况,每级上报的时间不得超过2 h。

(3)情况紧急时,事故现场有关人员可以直接向事故发生地县级以上水行政主管部门报告,水行政主管部门也可以越级上报。

3.安全生产事故调查

1)成立事故调查组

(1)特别重大事故由国务院或者国务院授权有关部门组织事故调查组进行调查。

(2)重大事故、较大事故、一般事故分别由事故发生地省级人民政府、设区的市级人民政府、县级人民政府负责调查。省级人民政府、设区的市级人民政府、县级人民政府可以直接组织事故调查组进行调查,也可以授权或者委托有关部门组织事故调查组进行调查。未造成人员伤亡的一般事故,县级人民政府也可以委托事故发生单位组织事故调查组进行调查。

2)事故调查组的职责

(1)查明事故发生的经过、原因、人员伤亡情况及直接经济损失。

(2)认定事故的性质和事故责任。

　　(3)提出对事故责任者的处理建议。

　　(4)总结事故教训,提出防范和整改措施。

　　(5)提交事故调查报告。

　　3)事故调查取证与分析

　　事故调查组有权向有关单位和个人了解与事故有关的情况,并要求其提供相关文件、资料,有关单位和个人不得拒绝。

　　事故调查分析包括事故原因分析、事故性质认定和事故责任分析三个方面。

　　4. 安全生产事故处理

　　1)事故现场处理

　　(1)事故发生后,总承包项目部应当立即启动相应的应急处置预案,组织抢救,防止事故扩大,减少人员伤亡和财产损失。

　　(2)应当妥善保护事故现场及相关证据,任何单位和个人不得破坏事故现场、毁灭有关证据。

　　(3)因抢救人员、防止事故扩大及疏通交通等,需要移动事故现场物件的,应当做出标志、绘出现场简图并做出书面记录,妥善保存现场重要痕迹、物证。

　　2)事故责任处理

　　负责事故调查的人民政府应当自收到事故调查报告之日起在规定时间内做出批复。有关机关应当按照人民政府的批复,依照法律、行政法规规定的权限和程序,对事故发生单位和有关人员进行行政处罚,对负有事故责任的国家工作人员进行处分。事故发生单位应当按照负责事故调查的人民政府的批复,对本单位负有事故责任的人员进行处理。负有事故责任的人员涉嫌犯罪的,依法追究刑事责任。

　　事故发生单位应当认真吸取事故教训,落实防范和整改措施,防止事故再次发生。防范和整改措施的落实情况应当接受工会和职工的监督。安全生产监督管理部门和负有安全生产监督管理职责的有关部门应当对事故发生单位落实防范和整改措施的情况进行监督检查。

6.5.6　现场职业健康安全卫生与环境保护

6.5.6.1　项目现场文明施工

　　1. 项目现场文明施工要求

　　文明施工是指保持施工现场良好的作业环境、卫生环境和工作秩序。根据现行相关标准,项目现场文明施工总体上应符合以下要求:

　　(1)施工组织设计合理可行,施工总平面布置紧凑,施工场地规划合理,符合环保、市容、卫生的要求。

　　(2)施工组织管理机构和指挥系统健全,岗位分工明确;工序交叉合理,交接责任明确。

　　(3)成品保护措施和制度严格齐全,临时设施和各种材料构件、半成品堆放整齐。

　　(4)施工场地平整,道路畅通,排水设施得当,水电线路整齐,机具设备状况良好,使用合理,施工作业符合消防和安全要求。

（5）施工区、生活区环境卫生和食堂卫生整理、安全。

（6）文明施工应贯穿至施工结束后的清场。

2. 项目现场文明施工措施

1）项目营地建设

（1）施工现场的办公、生活区与作业区应分开设置，并保持安全距离；办公、生活区的选址应当符合安全性要求。职工的膳食、饮水、休息场所等应当符合卫生标准。不得在尚未竣工的建筑内设置员工集体宿舍。

（2）施工现场办公、生活、生产、物料存储区选址地质稳定，不受洪水、滑坡、泥石流、塌方及危石等威胁。

（3）施工现场办公、生活、生产、物料存储等功能区宜相对独立布置，间距应符合防火安全要求。

（4）临时办公用房、宿舍成组布置时，其防火间距可适当减小，但应符合下列规定：每组临时用房的栋数不应超过 10 栋，组与组之间的防火间距不应小于 8 m；组内临时用房之间的防火间距不应小于 3.5 m，当建筑构件燃烧性能等级为 A 级时，其防火间距可减少到 3 m。

总承包项目部应监督检查施工单位项目营地建设情况，若发现问题，及时通知施工单位整改。

2）标牌及安全警示标志

（1）总承包项目部按公司有关规定制作企业简介，环境、质量和职业健康安全方针，公司企业文化等标牌，以充分展示公司的良好形象。各种展示牌的内容须经公司主要领导审核同意。

（2）施工单位应在项目营地或施工现场的主要入口处设置"五牌一图"，包括：工程概况牌、管理人员名单及监督电话牌、消防保卫牌、安全生产牌、文明施工牌和施工现场总平面图。

（3）施工单位应在施工现场入口处、施工起重机械、临时用电设施、脚手架、出入通道口、楼梯口、电梯井口、孔洞口、桥梁口、隧道口、基坑边缘、爆破物及有害危险气体和液体存放处、变配电场所等危险部位，设置明显的安全警示标志。

（4）施工单位应在有重大危险源、较大危险因素和职业病危害因素的工作场所，设置明显的、符合有关规定要求的安全警示标志和职业病危害警示标识。

（5）施工单位应定期对警示标志进行检查维护，确保其完好有效。

总承包项目部应监督检查施工单位现场标牌及安全警示标志设置情况，若发现问题，及时通知施工单位整改。

3）安全防护设施管理

（1）总承包项目部应按规定为项目人员统一配置安全帽、劳保鞋、工作服等防护或劳保用品；根据需要适时配置如口罩、消毒液等卫生防护用品，确保项目人员的安全。

（2）施工单位应按照有关规定为现场所有从业人员提供合格的劳动防护用品，如安全帽、安全带、安全网、防护口罩、手套等防护用具。

（3）施工单位应在施工现场的临边、洞、孔、井、坑、升降口、漏斗口等危险处，设置围栏或盖板;在建(构)筑物、施工电梯出入口及物料提升机地面进料口,设置防护棚;在门槽、闸门井、电梯井等井道口(内)安装作业时,设置可靠的水平安全网。

(4)施工单位必须在高处作业面的临空边缘设置安全护栏和夜间警示红灯;脚手架作业面高度超过3.2 m时,临边应挂设水平安全网,并于外侧挂立网封闭;在同一垂直方向上同时进行多层交叉作业时,应设置隔离防护棚。

(5)施工单位在高处施工通道的临边(栈桥、栈道、悬空通道、架空皮带机廊道、垂直运输设备与建筑物相连的通道两侧等)必须设置安全护栏;临空边沿下方需要作业或用作通道时,安全护栏底部应设置高度不低于0.2 m的挡脚板;排架、井架、施工用电梯、大坝廊道、隧道等出入口和上部有施工作业通道的,应设置防护棚。

总承包项目部应监督检查施工单位现场安全防护设施实施情况,若发现问题,及时通知施工单位整改。

4)消防安全和危险品管理

(1)总承包项目部应组织成立项目消防安全领导小组,项目经理任组长,分管项目安全管理副经理、设计代表负责人、施工经理任副组长,并明确职责。

(2)监督检查施工单位建立消防管理制度,按规定配备相应的消防设备和器材并及时更换过期器材,做好防火安全巡视检查,及时消除火灾隐患,经常开展消防宣传教育活动,组织消防培训和灭火、应急疏散救护的演练。

(3)监督检查施工单位制定易燃易爆危险品和危险化学品安全管理制度,对危险品的运输、储存、使用等严格执行有关规定。

(4)宿舍、办公室、休息室内严禁存放易燃易爆物品,未经允许不得使用电炉等高负荷电气设备。

(5)施工生产作业区与建筑物之间的防火安全距离,应遵循下列规定:

①用火作业区距所建的建筑物和其他区域不应小于25 m;

②仓库区、易燃、可燃材料堆集场距所建的建筑物和其他区域不应小于20 m;

③易燃品集中站距所建的建筑物和其他区域不应小于30 m。

(6)监督检查施工单位按有关规定配备足够数量的灭火器材或物资。

5)施工用电安全管理

(1)监督检查施工单位编制施工临时用电方案及安全技术措施,经项目经理审查,报监理人审批。

(2)总承包项目部应定期组织检查用电安全,发现隐患及时整改。

(3)监督检查施工单位电气作业人员应持证上岗。

(4)督促施工单位应对现场所有用电工程、设施进行定期检查,经常性维护。

(5)施工现场及作业地点应有足够的照明,并确保满足有关安全使用的规定。

(6)监督检查施工单位现场电气设备、电动工具的存放和使用应满足相关规程规范。

6)治安管理

(1)建立现场治安保卫领导小组,有专人管理。

(2)新入场的人员做到及时登记,做到合法用工。

(3)按照治安管理条例和施工现场的治安管理规定搞好各项管理工作。

（4）建立门卫值班管理制度，严禁无证人员和其他闲杂人员进入施工现场，避免安全事故和失盗事件的发生。

6.5.6.2　职业健康安全卫生

为保障作业人员的身体健康和生命安全，改善作业人员的工作环境与生活环境，防止施工过程中各类疾病的发生，建设工程施工现场应加强卫生与防疫工作。

1. 职业健康安全卫生的要求

根据我国相关标准、规范，施工现场职业健康安全卫生主要包括现场宿舍、现场食堂、现场厕所、其他卫生管理等内容，要符合以下要求：

（1）施工现场应设置办公室、宿舍、食堂、厕所、淋浴间、开水房、文体活动室、密闭式垃圾站（或容器）及盥洗设施等临时设施。临时设施所用建筑材料应符合环保、消防要求。

（2）办公区和生活区应设密闭式垃圾容器。

（3）办公室内布局合理，文件资料宜归类存放，并应保持室内清洁卫生。

（4）施工企业应根据法律法规的规定，制订施工现场的公共卫生突发事件应急预案。

（5）施工现场应配备常用药品及绷带、止血带、颈托、担架等急救器材。

（6）施工现场应设专职或兼职保洁员，负责卫生清扫和保洁。

（7）办公区和生活区应采取灭鼠、蚊、蝇、蟑螂等措施，并应定期投放和喷洒药物。

（8）施工企业应结合季节特点，做好作业人员的饮食卫生和防暑降温、防寒保暖、防煤气中毒、防疫等工作。

（9）施工现场必须建立环境卫生管理和检查制度，并应做好检查记录。

2. 职业健康安全卫生的措施

施工现场的卫生与防疫应由专人负责，全面管理施工现场的卫生工作，监督和执行卫生法规规章、管理办法，落实各项卫生措施。

（1）总承包项目部应按照公司的职业健康方针，制订职业健康管理计划，并按规定程序批准实施。

（2）总承包项目部每年至少组织一次全面的职业健康安全危险源辨识和风险评价，对潜在的危险源采取措施；定期组织开展职业健康监督检查活动，并做好记录。

（3）总承包项目部应督促施工单位对存在职业危害的场所加强管理，对存在粉尘、有害物质、噪声、高温等职业危害因素的场所和岗位制订专项防控措施，对可能发生职业危害的场所，应设置报警装置、标识牌，制订应急预案，配备现场急救用品设备。

（4）总承包项目应督促施工单位对从事危险作业的人员加强职业健康管理，开展预防职业危害的宣传教育活动，为作业人员配备必要的劳动保护用品，并按规定及时为从业人员办理工伤保险和人身意外伤害保险等。

6.5.6.3　施工现场环境保护

环境保护是按照法律法规、各级主管部门和企业的要求，保护和改善作业现场的环境，控制现场的各种粉尘、废水、废气、固体废弃物、噪声、振动等对环境的污染和危害。施工现场环境保护的基本要求如下：

（1）总承包项目部应根据批准的建设项目环境影响评价文件，编制项目环境保护计

划或制度,并按规定程序批准实施。项目环境保护计划宜包括以下主要内容:

①项目环境保护的目标及主要指标。

②项目环境保护的实施方案。

③项目环境保护所需的人力、物力、财力和技术等资源的专项计划。

④项目环境保护所需的技术研发和技术攻关等工作。

⑤项目实施过程中防治环境污染和生态破坏的措施,以及投资估算。

(2)总承包项目部应对制订的项目保护计划的实施进行管理,每年至少组织一次全面的项目环境因素识别、评价;定期开展环境检查活动,对影响环境的因素采取措施,记录并保存检查结果。

(3)总承包项目部应监督施工单位建立健全环境保护责任体系,制定环境保护管理制度,检查规章制度中的环境保护措施及人员配备情况;审查施工组织设计或施工方案中环保目标是否符合有关规定、环保内容是否全面、预控措施是否得当。

(4)总承包项目部应监督检查施工单位采取措施控制施工现场各种粉尘、废气、废水、固体废弃物,以及噪声、振动、辐射对环境的污染和危害,并对存在危害因素的场所进行定期检测,并将检测结果存档。施工单位通常应采取下列防止环境污染的措施:

①施工生产弃渣运放到指定地点堆放,集中处理。

②未经处理的泥浆水不得直接排入城市排水设施和河流。

③水泥等粉细散装材料,采取室内(或封闭)存放,严密遮盖,卸运时采取有效措施,减少向大气排放水泥粉尘。

④土石方施工宜采取湿式降尘措施。

⑤现场的临时道路地面宜硬化处理,防止道路扬尘。

⑥禁止将有毒有害废弃物用作土石方回填。

⑦砂石料系统废水宜经沉淀池沉淀等处理后回收利用。

⑧控制施工机械噪声、振动,减轻噪声扰民。

⑨现场设封闭垃圾站,集中堆放生活垃圾,及时清运或处理等。

6.6　施工合同管理

6.6.1　合同文本与合同分析

6.6.1.1　合同文本

无论是总承包合同,还是各类分包合同,宜采用国家推荐的标准或范本合同,并结合项目实际情况进行修改完善。总承包商与业主签订的总承包合同,优先推荐住房和城乡建设部、国家市场监督管理总局的《建设项目工程总承包合同(示范文本)》(GF-2020-0216),其次采用九部委颁发的《中华人民共和国标准设计施工总承包招标文件》所附的总承包合同。

采用独立模式承接的总承包项目,施工分包合同可参照《水利水电工程标准施工招标文件》所附的合同,根据总承包商身份特点及分包事项逐条修改。采用联合体模式承接的总承包项目,总承包商应与施工企业签订《施工合作协议书》,明确双方的工作内容、职责、权利和义务等事项。

6.6.1.2　合同分析

合同分析是从合同执行的角度去分析、补充和解释合同的具体内容和要求,合同分析往往由总承包商的合同管理部门负责。合同分析通常包括以下主要内容:

(1)合同的法律基础。通过分析、了解适用于合同的法律的基本情况(范围、特点等),用以指导整个合同实施和索赔工作。对合同中明示的法律应重点分析。

(2)总承包商的主要任务。通过分析,一是了解总承包商在设计、采购、制作、试验、运输、土建施工、安装、验收、试生产、缺陷责任期维修等方面的主要责任。二是了解项目的工作范围。它通常由合同中的工程量清单、图纸、工程说明、技术规范所定义。工程范围的界限应很清楚,否则会影响工程变更和索赔,特别对固定总价合同。三是了解关于工程变更的规定。

(3)业主的责任。通过分析、了解业主在授予监理工程师权利、履行各种批准手续、下达指令、各种检查、提供施工条件、及时支付工程款、及时接收已完工程等方面的职责。

(4)合同价格。应重点分析以下几个方面:①合同所采用的计价方法及合同价格所包括的范围;②工程量计量程序,工程款结算(包括进度付款、竣工结算、最终结算)方法和程序;③合同价格的调整,即费用索赔的条件、价格调整方法,计价依据,索赔有效期规定;④拖欠工程款的合同责任。

(5)施工工期。在实际工程中,工期拖延极为常见和频繁,而且对合同实施和索赔的影响很大,所以要特别重视。

(6)违约责任。应重点分析以下内容:①不能按合同规定工期完成工程的违约金或承担业主损失的条款;②由于管理上的疏忽造成对方人员和财产损失的赔偿条款;③由于预谋或故意行为造成对方损失的处罚和赔偿条款;④由于总承包商不履行或不能正确地履行合同责任,或出现严重违约时的处理规定;⑤由于业主不履行或不能正确地履行合同责任,或出现严重违约时的处理规定,特别是对业主不及时支付工程款的处理规定。

(7)索赔程序和争执的解决。应重点分析以下内容:①索赔的程序;②争议的解决方式和程序;③仲裁条款,包括仲裁所依据的法律、仲裁地点、方式和程序、仲裁结果的约束力等。

6.6.2　合同管理的范围、原则

6.6.2.1　合同管理的范围

项目合同管理范围包括总承包合同管理和分包合同管理(如设计分包合同、施工分包合同、设备材料采购合同、试运行分包合同、培训合同、保险合同等)。项目总承包商应建立合同台账,如表6-5所示,方便对总承包合同及分包合同进行动态跟踪管理。

表 6-5　已签合同清单

序号	合同名称	合同内容	合同价	合同责任主体	签订时间	签订地点	进/退场时间	说明
1								
2								

6.6.2.2　合同管理的原则

总承包项目部及合同管理人员,在合同管理过程中,应根据《中华人民共和国民法典》第三编合同和相关法规要求,认真执行有关合同履行的原则,以确保合同履行的顺利进展和目标的实现。合同管理的原则应包括:

(1)依法履行原则。遵守法律法规,尊重社会公德,不扰乱社会经济秩序,不得损害社会公共利益。

(2)诚实信用原则。在履行合同义务时,应诚实、守信、善意、不滥用权利、不规避义务。

(3)全面履行原则。包括实际履行和适当履行(按照合同约定的品种、数量、质量、价款或报酬等履行)。

(4)协调合作原则。本着团结协作和相互帮助的精神去完成合同任务,履行各自应尽的责任和义务。

(5)维护权益原则。维护合同约定的自身所有的权利或风险利益,同时还应注意维护对方的合法权益不受侵害。

(6)动态管理原则。在合同履行过程中,进行实时监控和跟踪管理。

6.6.3　总承包与分包合同管理的内容

6.6.3.1　总承包合同管理的主要内容

(1)接收合同文本并检查,确认其完整性和有效性。开工前,项目经理应对总承包项目人员进行合同交底,组织总承包项目人员学习重要合同条款。

(2)熟悉和研究总承包合同文本,全面了解和明确业主的要求。

(3)确定总承包合同控制目标,制订实施计划和保证措施。

(4)项目合同变更管理。总承包项目部应积极推动合同变更形成过程书面文件,包括会议纪要、备忘录、委托书等,最终形成补充协议。补充协议按照公司合同签订流程办理。

(5)合同履行中发生的违约、争议、索赔、反索赔等事宜处理。总承包项目部面对合同争议应积极面对和有效处理,尽量通过协商解决。协商和解或调解无效的,总承包项目部应配合公司经营和法律层面处理,详细准备合同争议事件的证据和详细报告,按合同约定提交仲裁或诉讼处理。

（6）对合同文件管理。

（7）进行合同收尾。

6.6.3.2　分包合同管理的主要内容

分包合同管理是总承包商合同管理的重要部分，分包合同管理对总承包合同履行和目标的实现造成直接的影响，是贯穿于工程建设始终的一项重要工作。分包合同管理是对分包项目的合同订立，以及生效后的履行、变更、违约索赔、争议处理、终止或结束的全部活动实施监督和控制。分包合同明确了总承包商和分包商的权利与义务，是总承包商和分包商真实意愿的体现。分包合同管理的主要内容包括：

（1）分包招标、议标的准备和实施。

（2）分包合同谈判、审核、订立。

（3）对分包合同管理、履行、监控。

（4）分包合同变更处理。

（5）分包合同争议处理。

（6）分包合同索赔处理。

（7）分包合同监督、分包合同文件管理。

（8）分包合同收尾。

6.6.4　合同管理要点

6.6.4.1　工程变更管理要点

工程项目的复杂性及不确定性决定了总承包合同和（或）分包合同往往存在某方面的不足。随着工程的进展和合同双方对工程认识的加深，以及外部因素的影响，合同双方常常会在工程施工过程中需要对工程范围、工作内容、技术要求、工期进度等进行修改，形成工程变更。

1. 工程变更的原因

工程变更一般主要有以下几个方面的原因：

（1）业主新的变更指令，对建筑的新要求，如业主有新的意图、修改项目计划、削减项目预算等。

（2）由于设计人员事先没有很好地理解业主的意图，或设计的错误，导致图纸修改。

（3）工程环境的变化，预定的工程条件不准确，要求实施方案或实施计划变更。

（4）由于产生新技术和知识，有必要改变原设计、原实施方案或实施计划，或由于业主指令及业主责任的原因造成总承包商实施方案的改变。

（5）政府部门对工程新的要求，如国家计划变化、环境保护要求、城市规划变动等。

（6）由于合同实施出现问题，必须调整合同目标或修改合同条款。

2. 工程变更程序

1）提出工程变更

在履行合同过程中，总承包商对业主要求的合理化建议，均应以书面形式提交监理人。监理人应与业主协商是否采纳建议。建议被采纳并构成变更的，应按约定向总承包商发出变更指示。

业主提出变更的,应通过监理人向总承包商发出书面形式的变更指示,变更指示应说明计划变更的工程范围和变更的内容。

2)变更估价

监理人应按照合同约定与合同双方商定或确定变更价格。变更价格应包括合理的利润,并应考虑因承包人提出的合理化建议而给予的奖励。

3)变更指示与执行

变更指示只能由监理人发出。变更指示应说明变更的目的、范围、变更内容、变更的工程量及其进度和技术要求,并附有关图纸和文件。收到变更指示后,总承包商应按变更指示进行变更工作。

3.预防工程变更的措施

根据统计,工程变更是索赔的主要起因。由于工程变更对工程施工过程影响很大,会造成工期的拖延和费用的增加,容易引起双方的争执,所以要十分重视工程变更的预防工作。工程变更具体的预防措施重点体现在以下几方面。

(1)切实提高项目决策的科学性。

项目决策阶段要确定项目的投资规模、建设标准、建设选址、工艺评选、平面布置、设备选用等重大事项,其中任何事项的变更,都会对工程价款的控制产生实质性的重大影响。因此,科学合理的决策是控制变更的根本前提,必须切实做实做好。

(2)抓好设计方案的优化和完善。

设计图纸是施工的依据,重视设计、抓好设计过程的各个环节,对控制工程变更是非常重要的。业主要做好设计的前期工作,提出详尽明确的设计任务书;另外,总承包商要抓好设计的优化,在方案设计、初步设计和施工图设计的整个过程中逐步深化、优化设计内容,重要环节组织专家论证,以保证设计质量,尽可能降低设计变更的数量。

(3)保证招标文件和工程量清单的编制质量。

工程量清单和招标文件是合同的重要组成部分,要认真编制、审核工程量清单,减少因工程量清单与施工图纸不符造成的工程变更。在合同中应对工程变更价款的确定方法进行明确约定,减少因约定不明而导致的变更风险。

6.6.4.2　合同索赔管理要点

索赔是在工程合同履行过程中,合同当事人一方因非己方原因而遭受损失,按合同约定或法律法规规定应由对方承担责任,从而向对方提出补偿的要求。索赔是双向的。对于总承包商来说,既存在与业主的双向索赔,也存在与分包商的双向索赔。总承包商应重视索赔工作,并做好相应的应对策略。

1.索赔的程序

1)提出程序

(1)总承包商应在知道或应当知道索赔事件发生后 28 d 内,向业主提交索赔意向通知书,说明发生索赔事件的事由。承包人逾期未发出索赔意向通知书的,丧失索赔的权利。

(2)总承包商应在发出索赔意向通知书后 28 d 内,向业主正式提交索赔通知书。索赔通知书应详细说明索赔理由和要求,并附必要的记录和证明材料。

(3)若索赔事件具有连续影响,总承包商应继续提交延续索赔通知,说明连续影响的实际情况和记录。

(4)在索赔事件影响结束后的 28 d 内,总承包商应向业主提交最终索赔通知书,说明最终索赔要求,并附必要的记录和证明材料。

2)处理程序

(1)业主收到总承包商的索赔通知书后,应及时查验总承包商的记录和证明材料。

(2)业主应在收到索赔通知书或有关索赔的进一步证明材料后的 28 d 内,将索赔处理结果答复总承包商,如果业主逾期未作出答复,视为总承包商索赔要求已被业主认可。

(3)业主接受索赔处理结果的,索赔款项应作为增加合同价款,在当期进度款中进行支付;总承包商不接受索赔处理结果的,应按合同约定的争议解决方式办理。

2. 索赔的内容

索赔包括工期和费用索赔。对于业主原因、业主风险造成的工期延误,总承包商可以获得工期补偿及费用补偿;对于自然风险和第三方原因造成的工期延误,总承包商只能获得顺延工期的权利;对于总承包商原因造成的工期延误,总承包商无法获得工期顺延,也无法获得费用补偿。

3. 索赔管理原则

(1)提高招标文件、合同文件的质量,从源头上防止、减少业主及分包商提出的索赔。

(2)正确履行合同权利和义务,对导致索赔的原因有充分的预测和防范,防止、减少索赔事件发生。

(3)对已发生的干扰事件及时采取措施,以降低它的影响,降低损失,避免或减少索赔。

(4)及时组织收集、处理和保存相关证据、资料,并积极向业主及分包商进行索赔。

(5)公平、合理地处理索赔和反索赔,妥善解决争议。

6.6.4.3　竣工结算管理要点

竣工结算是总承包商全部完成合同规定的内容,经验收质量合格,并符合合同要求之后,与业主进行的最终工程款结算。

1. 竣工结算的程序

(1)总承包商按要求向监理人提交竣工结算申请单和相关证明。

(2)监理人应在收到竣工结算申请单后 14 d 内完成核查并报送业主。业主应在收到监理人提交的经审核的竣工结算申请单后 14 d 内完成审批,并由监理人向总承包商签发经业主签认的竣工付款证书。监理人或业主对竣工结算申请单有异议的,有权要求总承包商进行修正和提供补充资料,总承包商应提交修正后的竣工结算申请单。

(3)业主应在签发竣工付款证书后的 14 d 内,完成对总承包商的竣工付款。总承包商对业主签认的竣工付款证书有异议的,对于有异议部分应在收到业主签认的竣工付款证书后 7 d 内提出异议,并由合同当事人按照约定的方式和程序进行复核,或按照争议解决约定处理。对于无异议部分,业主应签发临时竣工付款证书,并完成付款。

2. 竣工结算申请

竣工结算申请单应包括以下内容:①竣工结算合同价格;②发包人已支付承包人的款

项;③发包人应支付承包人的合同价款。

　　总承包项目一般采用总价合同,通常的结算方式为签约合同价加合同约定范围内的价款调整部分,即竣工结算价=签约合同价+合同约定范围内的价款调整部分。合同约定范围内的价款调整通常包括因变更引起的价格调整、因法律变化引起的价格调整、因市场价格波动变化引起的价格调整等。

　　3. 竣工结算审核

　　竣工结算审核的目的在于保证竣工结算的合法性和合理性,正确反映工程所需的费用,只有经审核的竣工结算才具有合法性,才能得到正式确认,从而成为发包人与承包人支付结算款项的有效经济凭证。竣工结算审核通常包括以下内容:

　　(1)审查结算项目范围、内容与合同约定的项目范围、内容的一致性。

　　(2)审查工程量计算的准确性、工程量计算规则与计价规范或定额保持一致性。

　　(3)审查结算单价时应严格执行合同约定或现行的计价原则、方法。对于清单或定额缺项以及采用新材料、新工艺的,应根据施工过程中的合理消耗和市场价格审核结算单价。

　　(4)审查变更签证凭据的真实性、合法性、有效性,核准变更工程费用。

　　(5)审查索赔是否依据合同约定的索赔处理原则、程序和计算方法及索赔费用的真实性、合法性、准确性。

　　(6)审查取费标准时,应严格执行合同约定的费用定额标准及有关规定,并审查取费依据的时效性、相符性。

第7章　水利工程总承包项目收尾管理与信息管理

当项目的阶段目标或者最终目标已经实现,项目就进入了收尾工作环节。项目收尾工作应由总承包项目经理负责,主要工作内容包括竣工验收、竣工结算、项目资料归档和项目考核与总结等。水利工程总承包项目的信息包括在决策过程、实施过程和试运行过程中产生的信息,项目信息管理的目的旨在通过有效的项目信息传输的组织和控制为项目建设的增值服务。

7.1　项目竣工结算与最终结清

7.1.1　竣工结算

工程竣工结算是指工程项目完工并经竣工验收合格后,发承包双方按照合同的约定对所完成的工程项目进行的合同价款的计算、调整和确认。

7.1.1.1　竣工结算的编制

建设项目竣工结算由总承包人编制,发包人可直接进行审查,也可以委托具有相应资质的工程造价咨询机构进行审查。建设项目竣工结算经发承包双方签字盖章后有效。

1. 竣工结算编制依据

(1)《水利工程工程量清单计价规范》(GB 50501—2007)。

(2)工程合同。

(3)发承包双方实施过程中已确认的工程量及其结算的合同价款。

(4)发承包双方实施过程中已确认调整后追加(减)的合同价款。

(5)建设工程设计文件及相关资料。

(6)投标文件。

(7)其他依据。

2. 竣工结算编制要点

(1)计日工应按发包人实际签证确认的事项计算。

(2)签约合同价包括暂估价的,按合同约定进行支付。

(3)施工索赔费用应依据发承包双方确认的索赔事项和金额计算。

(4)出现合同约定能调整的内容及超过合同约定范围的风险因素时,应在合同总价基础上进行调整。

(5)发承包双方在合同工程实施过程中已经确认的工程计量结果和合同价款,在竣工结算办理中应直接进入结算。

7.1.1.2　竣工付款申请单的提交

工程竣工结算文件经发承包双方签字确认后,承包人应据此向监理人提交竣工结算款支付申请。其工作程序为:

(1)总承包项目部按专用合同条款约定的份数和期限向监理人提交竣工付款申请单,并提供相关证明材料。竣工付款申请单应包括下列内容:竣工结算合同总价、发包人已支付承包人的工程价款、应扣留的质量保证金、应支付的竣工付款金额。

(2)监理人对竣工付款申请单有异议的,有权要求总承包项目部进行修正和提供补充资料。经监理人和总承包项目部协商后,由总承包项目部向监理人提交修正后的竣工付款申请单。

7.1.1.3　竣工付款证书的签发

监理人应在收到承包人提交的竣工付款申请单后规定时间内完成核查,并提出发包人到期应支付给承包人的价款送发包人审核并抄送承包人。发包人应在规定时间内审核完毕,由监理人向承包人出具经发包人签认的竣工付款证书。承包人对发包人签认的竣工付款证书有异议的,发包人可出具竣工付款申请单中承包人已同意部分的临时付款证书。存在争议的部分,按合同约定执行。

7.1.1.4　竣工结算款的支付

发包人应在监理人出具竣工付款证书后规定时间内,将应支付款支付给承包人。发包人不按期支付的,应按合同约定将逾期付款违约金支付给承包人。

7.1.2　最终结清

最终结清是指合同约定的缺陷责任期终止后,承包人已按合同规定完成全部剩余工作且质量合格的,发包人与承包人结清全部剩余款项的活动。

7.1.2.1　最终结清申请单

(1)缺陷责任期终止证书签发后,承包人可按专用合同条款约定的份数和期限向监理人提交最终结清申请单,并提供相关证明材料。

(2)发包人对最终结清申请单内容有异议的,有权要求承包人进行修正和提供补充资料,由承包人向监理人提交修正后的最终结清申请单。

7.1.2.2　最终结清证书

监理人应在收到承包人提交的最终结清申请单后规定时间内,提出发包人应支付给承包人的价款送发包人审核并抄送承包人。发包人应在规定时间内审核完毕,由监理人向承包人出具经发包人签认的最终结清证书。承包人对发包人签认的最终结清证书有异议的,按有关争议的约定执行。

7.1.2.3　最终结清付款

发包人应在监理人出具最终结清证书后规定时间内,将应支付款支付给承包人。发包人不按期支付的,应按合同约定将逾期付款违约金支付给承包人。

7.2　项目竣工验收与工作考核总结

水利工程总承包项目的竣工验收应在工程建设项目全部完成并满足一定运行条件后1年内进行。不能按期进行竣工验收的,经竣工验收主持单位同意,可适当延长期限,但最长不得超过 6 个月。竣工验收分为竣工技术预验收和竣工验收两个阶段。大型水利工程在竣工技术预验收前,应按照有关规定进行竣工验收技术鉴定。中型水利工程,竣工验收主持单位可以根据需要决定是否进行竣工验收技术鉴定。《水利工程建设项目验收管理规定》和《水利水电建设工程验收规程》(SL 223—2008)对竣工验收工作均提出了明确的要求。

7.2.1　竣工验收主持单位与监督管理机关

7.2.1.1　竣工验收主持单位

国家重点水利工程建设项目,竣工验收主持单位依照国家有关规定确定。在国家确定的重要江河、湖泊建设的流域控制性工程、流域重大骨干工程建设项目,竣工验收主持单位为水利部。除上述规定外的其他水利工程建设项目,竣工验收主持单位按照以下原则确定:

(1)水利部或者水利部所属流域管理机构(简称流域管理机构)负责初步设计审批的中央项目,竣工验收主持单位为水利部或者流域管理机构。

(2)水利部负责初步设计审批的地方项目,以中央投资为主的,竣工验收主持单位为水利部或者流域管理机构,以地方投资为主的,竣工验收主持单位为省级人民政府(或者其委托的单位)或者省级人民政府水行政主管部门(或者其委托的单位)。

(3)地方负责初步设计审批的项目,竣工验收主持单位为省级人民政府水行政主管部门(或者其委托的单位)。

竣工验收主持单位应当在工程初步设计的批准文件中明确。

7.2.1.2　竣工验收监督管理机关

(1)水利部负责全国水利工程建设项目验收的监督管理工作。

(2)流域管理机构按照水利部授权,负责流域内水利工程建设项目验收的监督管理工作。

(3)县级以上地方人民政府水行政主管部门按照规定权限负责本行政区域内水利工程建设项目验收的监督管理工作。

当发现工程验收不符合有关规定时,验收监督管理机关应及时要求验收主持单位予以纠正,必要时可要求暂停验收或重新验收,并同时报告竣工验收主持单位。

7.2.2　竣工验收主要依据与资料准备

7.2.2.1　竣工验收主要依据

竣工验收应包括以下主要依据:

(1)国家有关法律法规、规章和技术标准。

(2)有关主管部门的规定。

(3)经批准的工程立项文件、初步设计文件、调整概算文件。

(4)经批准的设计文件及相应的工程变更文件。

(5)施工图纸及主要设备技术说明书等。

7.2.2.2　竣工验收资料准备

竣工验收资料准备由项目法人统一组织,有关单位应按要求及时完成并提交。项目法人应对提交的验收资料进行完整性、规范性检查。有关单位应保证其提交资料的真实性并承担相应责任。验收资料分为应提供的资料和需备查的资料。

1. 应提供的资料

(1)工程建设管理工作报告。

(2)工程建设大事记。

(3)拟验工程清单、未完工程清单、未完工程的建设安排及完成时间。

(4)工程运用和度汛方案。

(5)工程建设监理工作报告。

(6)工程设计工作报告。

(7)工程施工管理工作报告。

(8)质量监督单位的工程质量评定报告。

(9)重大技术问题专题报告(如无则免)。

(10)工程运行管理准备工作报告。

(11)项目法人工程质量检测报告。

(12)征地移民、环保、水保、档案和消防专项验收的结论报告。

2. 需备查的资料

(1)可研报告及有关单位批文。

(2)初步设计报告及批复文件。

(3)工程建设中的咨询报告及施工图审查意见。

(4)工程招标投标文件。

(5)工程承发包合同及协议书(包括设计、监理、施工等)。

(6)征用土地批文及附件。

(7)单元工程质量评定资料。

(8)分部工程质量评定资料。

(9)单位工程质量评定资料。

(10)单位工程验收、分部工程验收的综合报告(附签证目录)。

(11)工程建设有关会议记录,记载重大事件的声像资料及文字说明。

(12)工程建设监理资料。

(13)工程运用及调度方案。

(14)施工图纸,施工技术说明。

(15)设计变更及有关批文。

(16)竣工图纸。

(17)重大事故处理记录。

(18)设备产品出厂资料,图纸说明书,检查验收、安装调试、性能鉴定及试运行等资料。

(19)各种原材料、构件质量鉴定、检查检测试验资料。

(20)其他有关资料。

7.2.3　竣工验收条件与程序

7.2.3.1　竣工验收条件

竣工验收应具备以下条件：

(1)工程已按批准设计全部完成。

(2)工程重大设计变更已经有审批权的单位批准。

(3)各单位工程能正常运行。

(4)历次验收所发现的问题已基本处理完毕。

(5)各专项验收已通过。

(6)工程投资已全部到位。

(7)竣工财务决算已通过竣工审计,审计意见中提出的问题已整改并提交了整改报告。

(8)运行管理单位已明确,管理养护经费已基本落实。

(9)质量和安全监督工作报告已提交,工程质量达到合格标准。

(10)竣工验收资料已准备就绪。

7.2.3.2　竣工验收程序

竣工验收应按以下程序进行：

(1)项目法人组织进行竣工验收自查。

(2)项目法人提交竣工验收申请报告。

(3)竣工验收主持单位批复竣工验收申请报告。

(4)进行竣工技术预验收。

(5)召开竣工验收会议。

(6)印发竣工验收鉴定书。

7.2.4　竣工验收自查与申请

7.2.4.1　竣工验收自查

申请竣工验收前,项目法人应组织竣工验收自查。自查工作由项目法人主持,项目总承包、勘测、设计、监理、施工、主要设备制造(供应)商及运行管理等单位的代表参加。竣工验收自查应包括以下主要内容：

(1)检查有关单位的工作报告。

(2)检查工程建设情况,评定工程项目施工质量等级。

(3)检查历次验收、专项验收的遗留问题和工程初期运行所发现问题的处理情况。

(4)确定工程尾工内容及其完成期限和责任单位。

(5)对竣工验收前应完成的工作做出安排。

(6)讨论并通过竣工验收自查工作报告。

7.2.4.2　竣工验收申请

工程具备验收条件时,项目法人应向竣工验收主持单位提出竣工验收申请报告。竣工验收申请报告应包括工程基本情况、竣工验收应具备条件的检查结果、尾工情况及安排意见、验收准备工作情况、建议验收时间地点和参加单位、竣工验收自查工作报告等内容。

7.2.5　竣工技术预验收

竣工技术预验收由竣工验收主持单位及有关专家组成的技术预验收专家组负责。工程参建单位的代表应当参加技术预验收,汇报并解答有关问题。

7.2.5.1　竣工技术预验收的工作程序

竣工技术预验收应按以下程序进行:

(1)现场检查工程建设情况并查阅有关工程建设资料。

(2)听取项目法人、设计、监理、施工、质量和安全监督机构、运行管理等单位工作报告。

(3)听取竣工验收技术鉴定报告和工程质量抽样检测报告。

(4)专业工作组讨论并形成各专业工作组意见。

(5)讨论并通过竣工技术预验收工作报告。

(6)讨论并形成竣工验收鉴定书初稿。

7.2.5.2　竣工技术预验收的内容

竣工技术预验收应包括以下主要内容:

(1)检查工程是否按批准的设计完成。

(2)检查工程是否存在质量隐患和影响工程安全运行的问题。

(3)检查历次验收、专项验收(征地移民、水土保持、环境保护、档案、消防)的遗留问题和工程初期运行中所发现问题的处理情况。

(4)对工程重大技术问题做出评价。

(5)检查工程尾工安排情况。

(6)鉴定工程施工质量。

(7)对验收中发现的问题提出处理意见。

7.2.6　竣工验收会议

7.2.6.1　竣工验收会议的组织

竣工验收主持单位应当成立竣工验收委员会进行竣工验收。竣工验收委员会应由竣工验收主持单位、有关地方人民政府和部门、有关水行政主管部门和流域管理机构、质量和安全监督机构、运行管理单位的代表及有关专家组成。工程投资方代表可参加竣工验收委员会。

项目法人、项目总承包、勘测、设计、监理、施工和主要设备制造(供应)商等单位应派代表参加竣工验收,负责解答竣工验收委员会提出的问题,并作为被验收单位代表在验收鉴定书上签字。

7.2.6.2　竣工验收会议的主要程序和内容

竣工验收会议应包括以下主要内容和程序:

(1)现场检查工程建设情况及查阅有关资料。

（2）召开大会：①宣布竣工验收委员会组成人员名单；②观看工程建设声像资料；③听取工程建设管理工作报告；④听取竣工技术预验收工作报告；⑤听取竣工验收委员会确定的其他报告；⑥讨论并通过竣工验收鉴定书；⑦竣工验收委员会委员和被验收单位代表在竣工验收鉴定书上签字。

7.2.7 项目管理工作考核总结

7.2.7.1 项目管理工作考核

在总承包项目实施过程中，总承包公司应对项目部及项目经理的工作质量进行不定期的检查、监督或指导、考核与评价，对取得的成绩和好的经验及时给予总结和表扬，对需要协调管理的事项及时进行协调管理，对存在的问题及时指出，限期整改到位。项目管理考核应以总承包项目合同和总承包项目管理目标责任书为依据。

1. 主要考核内容和指标

项目管理考核通常包括两方面的内容：一是总承包项目管理目标责任书中管理目标与经济指标完成情况考核；二是项目管理工作业绩考核。

项目管理考核一般以定量考核为主，定性考核为辅。

（1）定量指标。包括工程质量、项目成本、项目工期、安全生产、工程款结算、工程款回收、科技收益率、环境与文明施工等指标。

（2）定性指标。包括执行企业各项制度的情况、管理体系文件运行情况、项目文件和资料管理情况、工程分包管理情况、资源利用效率情况、新技术的应用情况、沟通与信息管理情况、项目管理信息化应用情况、项目团队建设情况、企业规定其他需要考核的内容。

2. 主要考核类别和时间

项目部应编制项目考核计划，明确项目考核内容、具体的标准、考核时间及责任人。日常考核通常每月进行一次，阶段考核一般在阶段任务完成后进行，竣工考核一般在竣工验收通过后 1 个月内进行。

7.2.7.2 项目管理工作总结

总承包项目完成后，项目部除向业主提交总承包合同履行情况的总结外，还需向总承包公司提交项目管理工作总结，其主要内容包括：项目管理工作的经验（如项目部内部管理经验，总承包管理技术、措施、方法的经验；总承包合同执行及如何处理好与业主、施工单位、设计单位关系的经验等）与项目管理工作中存在的问题和建议。

7.3 项目文件归档与档案管理

项目总承包单位应建立符合项目法人要求且规范的项目文件管理和档案管理制度，负责组织和协调总承包范围内项目文件的收集、整理和归档工作，履行项目档案管理职责和任务。各分包单位负责其分包部分文件的收集、整理，提交总承包单位审核，总承包单位应签署审查意见。

7.3.1　项目文件归档

7.3.1.1　项目文件管理流程

项目文件是指水利工程建设项目在前期、实施、竣工验收等各阶段过程中形成的各种形式的信息记录。

项目文件从形成到归档移交可分为五个主要步骤,即随工程项目建设程序的各环节形成的工程文件,由形成单位的工作人员(资料员、工程技术人员)进行收集和积累、汇总整理、立卷、归档,如图 7-1 所示。工程建设单位和各参建单位的文件管理人员、资料员、工程技术人员都应按此流程进行文件管理工作。

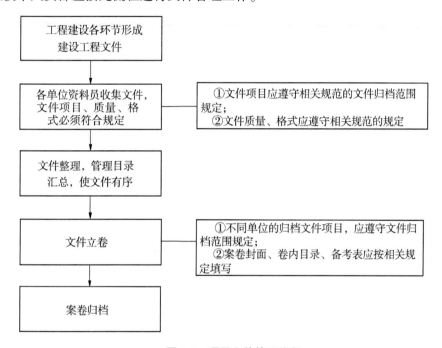

图 7-1　项目文件管理流程

7.3.1.2　项目文件的收集、整理与立卷要求

项目文件的整理是指按照一定的原则,对工程文件进行挑选、分类、组合、排列、编目,使之有序化的过程。项目文件的立卷是指按照一定的原则和方法,将有保存价值的文件分门别类整理成案卷,亦称组卷。项目文件的收集、整理与立卷应满足如下要求:

(1)项目文件内容必须真实、准确,与工程实际相符;应格式规范、内容准确、文字清晰、页面整洁、编号规范、签字及盖章完备,满足耐久性要求。

(2)水利工程建设项目重要活动及事件,原始地形地貌,工程形象进度,隐蔽工程,关键节点工序,重要部位,地质、施工及设备缺陷处理,工程质量或安全事故,重要芯样,工程验收等,必须形成照片和音视频文件。

(3)竣工图是项目档案的重要组成部分,一般由负责施工的单位编制,须符合《水利工程建设项目竣工图编制要求》(水办〔2021〕200 号文件附件 1)。

(4)项目法人负责组织或委托有资质的单位编制工程总平面图和综合管线竣工图。

(5)项目文件应在文件办理完毕后及时收集,并实行预立卷制度。工程建设过程中形成的、具有查考利用价值的各种形式和载体的项目文件均应收集齐全,并依据归档范围确定其是否归档。

(6)项目文件整理应遵循项目文件的形成规律和成套性特点,按照形成阶段、专业、内容等特征进行分类。

(7)项目文件组卷及排列可参照《建设项目档案管理规范》(DA/T 28—2018);案卷编目、案卷装订、卷盒、表格规格及制成材料应符合《科学技术档案案卷构成的一般要求》(GB/T 11822—2008);数码照片文件整理可参照《数码照片归档与管理规范》(DA/T 50—2014);录音录像文件整理可参照《录音录像档案管理规范》(DA/T 78—2019)。

7.3.1.3　项目文件的归档要求

项目文件归档指文件形成部门或形成单位完成其工作任务后,将形成的文件整理立卷后,按规定向本单位档案室或向相关档案管理机构移交的过程。

1. 归档文件范围

项目总承包单位应按照《水利工程建设项目文件归档范围和档案保管期限表》(水办〔2021〕200 号文件附件 2)及项目法人要求,结合水利工程建设项目实际情况,制定本单位在本项目上的文件归档范围和档案保管期限表。不属于归档范围、没有保存价值的工程文件,文件形成单位可自行组织销毁。

2. 归档文件质量要求

归档的项目文件应为原件。因故使用复制件归档时,应加盖复制件提供单位公章或档案证明章,确保与原件一致,并在备考表中备注原件缺失原因。

工程文件的内容必须真实、准确,应与工程实际相符合。工程文件应字迹清楚,图样清晰,图表整洁,签字盖章手续完备。

项目总承包单位对归档文件要进行质量审查。对审查发现的问题,各文件提供单位应及时整改,合格后方可归档。每个审查环节均应形成记录和整改闭环。

3. 文件归档时间要求

(1)前期文件在相关工作结束时归档。

(2)管理性文件宜按年度归档,同一事由产生的跨年度文件在办结年度归档。

(3)施工文件(含竣工图)在项目合同验收后归档,建设周期长的项目可分阶段或按单位工程、分部工程归档。

(4)设备制造采购文件在相关工作完成后归档。

(5)信息系统开发文件在系统验收后归档。

(6)监理文件在监理项目合同验收后归档。

(7)第三方检测文件在检测工作完成后集中归档。

(8)科研项目文件在结题验收后归档。

(9)生产准备、试运行文件在试运行结束时归档。

(10)实行总承包的项目文件在项目合同验收后归档。

(11)各专项验收和竣工验收文件在验收通过后归档。

4.文件归档份数要求

项目法人可根据实际需要,确定项目文件的归档份数,项目总承包单位应遵照执行。项目文件的归档份数应满足以下要求:

(1)项目法人应保存 1 套完整的项目档案,并根据运行管理单位需要提供必要的项目档案。

(2)工程涉及多家运行管理单位时,各运行管理单位只保存与其管理部分有关的项目档案。

(3)有关项目文件需由若干单位保存时,原件应由项目产权单位保存,其他单位保存复制件。

(4)国家确定的重要江河、湖泊建设的流域控制性工程,跨流域的大型水利工程,流域内跨省级行政区域、涉及省际边界的大型水利工程,项目法人应负责向流域机构档案馆移交 1 套完整的工程前期文件、竣工图及竣工验收等相关档案。

7.3.2　项目档案管理

在工程建设活动中直接形成的具有归档保存价值的文字、图纸、图表、声像、电子文件等各种形式的历史记录,简称工程档案。档案管理亦称档案工作,是档案馆(室)直接对档案实体和档案信息进行管理并提供利用服务的各项业务工作的总称。项目档案工作是水利工程建设项目建设管理工作的重要组成部分,应融入建设管理全过程,与建设管理同步实施。

7.3.2.1　项目档案工作内容

档案工作的基本内容包括收集、整理、鉴定、保管、检索、编研、统计、利用等八个方面,也称为档案管理的八个环节。“收集、整理、鉴定、保管”统称为项目档案工作的基础业务,其目的是维护项目档案的完整、准确、系统、安全,为档案的开发利用创造条件。

(1)档案的收集。将项目建设过程中产生的档案资料集中到档案部门。

(2)档案的整理。指建立项目档案实体的管理秩序,实施对档案实体进行有序化、条理化的过程,档案整理是档案管理工作的核心部分。

(3)档案的鉴定。是对档案的价值即有用性进行鉴别判定,主要是对其原始价值和情报价值的鉴定。通过对档案内容、形式等各种特征的分析,确定档案材料的不同保管期限,并将超过保管期限的档案进行剔除销毁。

(4)档案的保管。是通过档案库房的建设,采取各种防治措施,以维护档案的完整和安全。一是指保持档案的存放秩序;二是指保护档案实体不受损害,尽量延长档案实体的自然寿命,保证档案管理工作能够正常运行。

(5)档案的检索。是运用一系列专门方法将档案的信息内容进行加工处理,编制各种各样的检索工具或检索目录,并运用这些检索工具为档案人员查找所需要的档案。

(6)档案的编研。档案编研是以收藏的档案为基础并结合社会需求,研究档案信息内容,编辑出版档案文献,参与编修史志等,档案编研是一项研究性很强的工作,它对主动开发档案信息资源、为社会服务具有特殊意义。

(7)档案的统计。是对档案和档案管理情况进行登录、分析、研究,以做到心中有数,为科学管理,决确的信息支持。

(8)档案的利用。档案工作目的是维护档案的完整与安全,便于社会各方的利用。档案的利用是指通过各种各样的方式将档案直接或间接地提供给利用者,一是满足社会对档案的需求;二是体现档案的价值。档案利用服务是档案管理的根本目的。

7.3.2.2　项目档案工作要求

(1)项目总承包单位应建设与档案工作任务相适应的、符合规范要求的档案库房,配备必要的档案装具和设施设备。应建立档案库房管理制度,采取相应措施做好防火、防盗、防水、防潮、防有害生物等防护工作,确保档案实体安全和信息安全。

(2)项目总承包单位档案管理机构应建立项目档案管理卷,对项目建设过程中形成的能够说明档案管理情况的有关材料组成专门案卷,包括项目概况、管理办法、分类方案、整理细则、归档范围和保管期限表、标段划分、参建单位归档情况、档案收集整理情况、交接清册等。

(3)项目总承包单位档案管理机构应依据保管期限表对项目档案进行价值鉴定,确定其保管期限,同一卷内有不同保管期限的文件时,该卷保管期限应从长。项目档案保管期限分为永久、30年和10年。

(4)项目总承包单位应建立档案利用制度,对档案利用范围、对象、审批程序等做出规定,涉密档案的借阅利用应严格按照保密管理规定执行。

(5)项目总承包单位档案管理机构应对项目档案接收、保管、利用等情况进行统计并建立台账。

7.3.3　项目电子文件和电子档案管理

7.3.3.1　项目电子文件及格式

项目电子文件指在工程建设过程中通过计算机等电子设备形成、办理、传输和存储的数字格式的各种信息记录。归档的电子文件应采用或转换为表7-1所列的文件格式。

表7-1　项目电子文件格式

文件类别	格式
文本(表格)文件	OFD、DOC、DOCX、XLS、XLSX、PDF/A、XML、TXT、RIF
图像文件	JPEG、TIFF
图形文件	DWG、PDF/A、SVG
视频文件	AVS、AVI、MPEG2、MPEG4
音频文件	AVS、WAV、AIF、MID、MP3
数据库文件	SQL、Dl、DBF、MDB、ORA
虚拟现实/3D图像文件	WRL、3DS、VRM、X3D、IFC、RVT、DGN
地理信息数据文件	DXF、SHP、SDB

7.3.3.2 项目电子文件归档范围

电子文件归档就是将符合归档条件的电子文件,按照档案管理要求的格式存储到可长期脱机保存的载体上,电子文件存储载体类型有磁带、磁盘、光盘、移动硬盘等。

项目总承包单位应根据项目文件归档范围,结合工程建设实际情况,确定项目电子文件归档范围。项目电子文件形成部门负责电子文件的归档工作,项目总承包单位档案管理机构负责项目电子文件归档的指导、协调和电子档案接收、保管、利用等工作。

7.3.3.3 项目电子文件整理与检验

项目电子文件在办理完毕后,应按照归档要求及时收集完整;项目电子文件整理应按照档案分类方案分别组成多层级文件信息包,文件信息包应包含项目电子文件及过程信息、版本信息、背景信息等元数据。

项目电子文件完成整理后,由形成部门负责对文件信息包进行鉴定和检测,包括内容是否齐全完整、格式是否符合要求、与纸质或其他载体文件内容的一致性等;项目总承包单位档案管理机构在接收电子文件归档时,应进行真实性、可靠性、完整性、可用性检验,检验合格后,办理交接手续。

7.3.3.4 项目电子档案管理

项目总承包单位应按照国家有关规定及《电子文件归档与电子档案管理规范》(GB/T 18894—2016)等标准、规范开展电子文件归档与电子档案管理工作,完善管理制度,配备软硬件设施,建立电子档案管理系统。电子档案管理系统应当功能完善、适度前瞻,满足电子档案管理要求。

项目总承包单位应开展纸质载体档案数字化工作,档案扫描、图像处理和存储、目录建库、数据挂接等工作应符合《纸质档案数字化规范》(DA/T 31—2017)有关规定,数字化范围根据工程建设实际情况并参照《建设项目档案管理规范》(DA/T 28—2018)有关规定确定。委托第三方进行数字化加工时,委托单位应与数字化加工单位签订保密协议,确保档案信息安全。

7.3.4 项目档案验收与移交

7.3.4.1 项目档案验收

项目档案验收是水利工程建设项目竣工验收的重要内容,大中型水利工程建设项目在竣工验收前要进行档案专项验收。其他水利工程建设项目档案验收应与竣工验收同步进行。

项目法人在项目档案专项验收前,应组织参建单位对项目文件的收集、整理、归档与档案保管、利用等进行自检,并形成档案自检报告。自检达到验收标准后,向验收主持单位提出档案专项验收申请。自检报告应包括工程概况,档案管理情况,项目文件的收集、整理、归档与档案保管、利用等情况,竣工图的编制与整理情况,档案自检工作的组织情况,对自检或以往阶段验收发现问题的整改情况,档案完整性、准确性、系统性、规范性和安全性的自我评价等内容。

监理单位在项目档案专项验收前,应组织对所监理项目档案整理情况进行审核,并形成专项审核报告。专项审核报告应包括工程概况,监理单位履行审核责任的组织情况,审核所监理项目档案(含监理和施工)的范围、数量及竣工图编制质量情况,审核中发现的主要问题及整改情况,对档案整理质量的综合评价,以及审核结果等内容。

项目档案专项验收一般由水行政主管部门主持,会同档案主管部门开展验收。地方对项目档案专项验收有相关规定的从其规定。档案专项验收前,验收主持单位或其委托的单位应根据实际情况开展验收前检查评估工作,落实验收条件是否具备,针对检查发现的问题提出整改要求,问题整改完成后方可组织验收。

项目档案专项验收按照水利部颁布的《水利工程建设项目档案验收管理办法》执行。凡是档案内容与质量达不到要求的水利工程建设项目,不得通过档案验收;未通过档案验收或档案验收不合格的,不得进行或通过竣工验收。

7.3.4.2　项目档案移交

项目总承包单位应在所承担项目合同验收后 3 个月内向项目法人办理档案移交,并配合项目法人完成项目档案专项验收相关工作;项目法人应在水利工程建设项目竣工验收后半年内向运行管理单位及其他有关单位办理档案移交。

项目档案移交时,应填写《水利工程建设项目档案交接单》(水办〔2021〕200 号文件附件 4),编制档案交接清册,包括档案移交的内容、数量、图纸张数等,经双方清点无误后办理交接手续。

停、缓建的水利工程建设项目,项目档案由项目法人负责保存。项目法人撤销的,应向项目主管部门或有关档案机构办理档案移交。

7.4　项目信息管理

信息指的是用口头的方式、书面的方式或电子的方式传输(传达、传递)的知识、新闻,或可靠的,或不可靠的情报。声音、文字、数字和图像等都是信息表达的形式。项目信息管理是指通过对各个系统、各项工作和各种数据的管理,使项目的信息能方便和有效地获取、存储、存档、处理和交流。

7.4.1　项目信息的分类与编码

7.4.1.1　项目信息的分类

业主方和项目参与各方可根据各自项目管理的需求确定其信息的分类,但为了信息交流的方便和实现部分信息共享,应尽可能做一些统一分类的规定,如项目的分解结构应统一。

(1)按项目管理工作的对象,即按项目的分解结构,如子项目 1、子项目 2 等进行信息分类。

(2)按项目实施的工作过程,如设计准备、设计、招标投标和施工过程等进行信息分类。

(3)按项目管理工作的任务,如投资控制、进度控制、质量控制等进行信息分类。

(4)按信息的内容属性,如组织类信息、管理类信息、经济类信息、技术类信息和法规类信息。

为满足项目管理工作的要求,往往需要对项目信息进行综合分类,即按多维进行分类,如第一维按项目的分解结构,第二维按项目实施的工作过程,第三维按项目管理工作的任务。

7.4.1.2　项目信息的编码

编码由一系列符号(如文字)和数字组成。一个建设工程项目有不同类型和不同用途的信息,为了有组织地存储信息、方便信息的检索和信息的加工整理,必须对项目的信息进行编码。常用的项目信息编码包括以下几种:

(1)项目的各参与单位编码。至少包括:①政府主管部门;②业主方;③金融机构;④工程咨询单位;⑤项目总承包单位;⑥设计单位;⑦施工单位;⑧监理单位;⑨物资供应单位;⑩运行管理单位。

(2)项目的结构编码。依据项目结构图对项目结构的每一层的每一个组成部分进行编码。

(3)项目管理组织结构编码。依据项目管理的组织结构图,对每一个工作部门进行编码。

(4)项目实施的工作过程的编码。应覆盖项目实施的工作任务目录的全部内容,包括:①设计准备阶段的工作项;②设计阶段的工作项;③招标投标工作项;④施工和设备安装工作项;⑤项目动用前的准备工作项等。

(5)合同编码。应参考项目的合同结构和合同的分类,应反映合同的类型、相应的项目结构和合同签订的时间等特征。

(6)项目目标控制编码。应综合考虑不同层次的目标控制需要,建立统一的进度、投资、质量、安全信息编码,服务于项目目标的动态控制。

以上这些编码是因不同的用途而编制的,为满足项目管理工作的要求,往往需要对上述项目信息编码进行组合。

7.4.2　项目信息管理系统

项目部应建立与企业相匹配的项目信息管理系统,实现数据的共享和流转,对信息进行分析和评估。

7.4.2.1　项目信息管理系统的基本功能

(1)数据处理功能。能够将各种渠道获得的信息进行输入、加工、传递和储存,对信息进行统一编码方便查询和使用,同时能够完成各种统计工作,及时提供给信息需求方。

(2)信息资源共享功能。建设工程是一个多方参与的过程,每个参与方之间要达到信息的及时交流和对称,必须依赖一个可以方便提取信息的系统,达到信息的实时共享。

(3)辅助决策功能。运用计算机中储存的大量数据可以快速生成各种财务、进度、资源等分析报表,给项目各级管理者最直接的材料进行合理的决策,以期取得最大的经济效益。并且可以运用现代数学方法、统计方法或模拟方法,根据现有数据预测未来。

(4)动态控制功能。根据建设工程项目进行过程的工程资料数据可以进行计划与设计施工对比分析,从而得到进度实施情况表,并分析产生偏差的原因,使管理人员及时进行调整和采取纠偏措施。

7.4.2.2　项目信息管理系统的功能模块

项目信息管理系统应包括如下基本功能模块：

（1）投资控制功能模块。可以进行项目的估算、概算、预算、标底、合同价、投资使用计划和实际投资的数据计算、分析和动态比较，并形成各种比较报表；可以根据工程的进展进行投资预测等。

（2）进度控制功能模块。可以计算工程网络计划的时间参数，并确定关键工作和关键路线；可以绘制网络图和计划横道图，编制资源需求量计划；可以进行进度计划执行情况的比较分析；可以根据工程的进展进行工程进度预测。

（3）质量控制功能模块。可以进行质量要求和质量标准的制订，分项工程、分部工程和单位工程验收的记录和统计分析，工程材料验收的记录（包括机电设备的设计质量、建造质量、开箱检验情况、资料质量、安装调试质量、试运行质量），工程设计质量的鉴定记录，质量事故的处理记录，提供多种工程质量报表。

（4）安全管理功能模块。可以进行危险源的识别分析与评价，"人、机、料、法、环"要素的记录和统计分析，安全教育培训的记录，安全检查的记录与统计分析，安全管理制度的制定与执行情况的记录与分析，安全事故的分析与处理记录，提供多种安全检查与分析报表。

（5）合同管理功能模块。可以进行合同基本数据查询、合同执行情况的查询和统计分析；可以进行标准合同文本查询和合同辅助起草等。

7.4.3　项目信息安全及保密

总承包项目部在项目实施的过程中，应遵守国家、地方有关知识产权和信息技术的法律法规和规定。

总承包项目部应根据公司总部关于信息安全和保密的方针及相关规定，制订信息安全与保密措施，防止和处理在信息传递与处理过程中的失误与失密，保证信息管理系统安全、可靠地为项目服务。

总承包项目部应根据公司总部的信息备份、存档程序，以及系统瘫痪后的系统恢复程序，进行信息的备份与存档，以保证信息管理系统的安全性及可靠性。

第 8 章　水利工程总承包项目风险管理

　　工程总承包项目风险分担经验表明,总承包项目风险几乎移转给了总承包商。对于总承包商而言,凡工程总承包项目之败者,皆在风险管理之不当也。本章在界定总承包项目风险内涵的基础上,介绍了常见总承包合同示范文本风险分担的差异,继而遵循风险管理的一般流程,着重介绍了总承包项目风险识别、评估、应对和监控的主要内容和方法,并辅以典型案例加以说明。

8.1　总承包项目风险与风险管理内涵

8.1.1　总承包项目风险内涵

8.1.1.1　总承包项目风险的概念

1.风险定义

　　学术界迄今对风险的认识和理解并不统一。美国学者 A. H. Mowbray 将风险定义为"事物的不确定性";C. A. Williams 定义风险为:在给定的条件和某一特定时期,未来结果的变动;March 和 Shapira 认为风险为:事物可能结果的不确定性,可由收益分布的方差测度;而学者 J. S. Rose 仅把"损失的不确定性"定义为风险;我国清华大学卢有杰教授定义风险为:活动或事件消极的、人们不希望的后果发生的潜在可能性;国际标准化组织给出的风险定义为:不确定性对目标的影响,而不确定性是指对事件及相应后果的信息缺失或不能全面了解的状态。有学者认为风险(risk)和不确定性(uncertainty)是不同的,如美国经济学家 F. Knight 在其著作《风险、不确定性和利润》(1921)中指出,前者是可测定的不确定性,后者是不可测定的不确定性。可测定性是指先验知识足以可靠地确定不确定性事件发生的概率。换言之,在 F. Knight 眼中,无法用概率有效描述的不确定性才是"不确定性"。

　　由此可见,关于风险概念有以下几种观点:

　　(1)风险不确定说。该学说把风险与偶然和不确定性联系起来,认为风险就是不确定性,包括风险发生与否的不确定性、发生时间的不确定性、发生事件的不确定性、发生结果的不确定性。

　　(2)损失可能说。该学说强调风险就是损失发生的可能性,并不包括不确定性可能带来的正收益的可能性。这种可能性通常用概率来测度。

　　(3)结果差异说。该学说认为风险是随机事件可能结果之间的差异,尤指预计结果与实际结果之间的差异。

　　(4)风险因素结合说。美国学者 Pfeiffer 在《保险与经济理论》(1956)一书中强调不区分风险的主观性和客观性,应着眼于风险产生的原因、后果与人类行为之间复杂的互动关系,指出风险包括两个基本要素:不利后果与可能性。

以上学说在不同学科领域中有不同的适用场景。在工程建设领域,人们更倾向于风险因素结合说,认为风险就是在人们实践活动中,由于客观环境和主观行为的不确定性因素,产生的不利后果及其可能性。

风险是客观存在的,其大小可以度量。常见的度量方法为损失概率分布的期望值与方差。统计学上把概率测定分为两种:一种是根据大量历史数据推算出来的概率,即客观概率;另一种是在没有大量实际资料的情况下,根据有限资料和经验合理估计的概率,即主观概率。

根据风险的概念,风险应包含四个要素:风险因素、风险事件、风险概率和风险损失。风险因素是指导致风险事件发生条件和原因;风险事件是指由于风险因素的存在而产生的能造成损失的具体事件,这些事件是造成损失的直接原因,是风险产生损失的具体承载物;风险概率是风险事件发生的可能性;风险损失是由于风险事件的发生导致的经济价值的减少。比如超标准洪水是风险因素,基坑淹没是风险事件,由于基坑淹没而导致施工机械、工程本身毁损,以及工期延误等皆是风险损失。

2. 总承包项目风险的概念

根据前述风险概念,总承包项目风险可以定义为:总承包项目实施期间,由于客观环境与主观行为的不可确定因素,造成的项目实际损失及其可能性。

总承包项目风险损失分为有形损失和无形损失,有形损失指一旦风险事件发生所造成的经济损失,如设计缺陷、现场勘察深度不够、施工放线失误等原因导致的工期和费用损失等;无形损失指风险事件发生后,对总承包商产生的、无法用货币来衡量的损失,如风险事件对总承包商的经营运行、国际声望、社会名誉、企业形象等方面造成的负面影响。

风险也会随着时间的推移而不断演变,因此时间也是影响风险的一个重要维度。如果以 R 表示风险,C 表示风险后果,T 表示时间,则可以把风险表述为函数:$R=f(P,C,T)$。

对于某个风险主体而言,风险评估值大小也与其风险态度和风险承受能力等因素有关。

3. 总承包项目风险的来源

工程风险的来源是多方面的,如自然风险、社会风险、经济风险、法律风险和政治风险。在不同的承包模式下,承包商所需承担的风险范围也是不一样的。对于 EPC 项目而言,除具有传统承包模式下所有风险的特点外,其所面临的风险范围进一步增大,风险增大源于 EPC 合同所规定的风险分配发生了变化,主要有以下两方面的原因:

(1)合同条款变化。与传统承包模式相比,EPC 总承包模式下合同风险分担发生了很大变化,EPC 总承包商除承担合同明示的风险外,还有一些风险往往是隐藏在合同条款中的,这样就给总承包商的风险管理大大增加了难度。传统的施工总承包模式下,业主承担的风险主要有政治风险、经济风险、法律风险、自然风险与外界风险等,承包商承担剩余的风险,而且当发生不可抗力风险时,业主也会承担承包商的直接损失;但在 EPC 总承包合同下,除因政治和不可抗力因素引起的风险外,其他的风险都由总承包商承担,EPC 总承包模式下总承包商的风险范围大大增加。

(2)工作范围的扩大。在 EPC 总承包模式下,总承包商的工作范围包括设计、采购和施工等过程,根据业主需要,总承包商还可能参与到项目的前期策划、试运行、物业管理与运行维护等阶段,在如此大的工作范围中,分项目、各专业的接口多,承包范围边界模糊。同时,需要多单位、多专业人员参与建设才能完成项目目标,参与方包括设计单位、设备和材料的供应商、施工分包商等,人员众多,从而增加了项目的风险。另外,与传统承包模式相比,EPC 项目一般持续的工期较长,不仅从项目范围上会有增加的风险,还在项目实施难度上往往也会增加,EPC 项目实施过程中环境的复杂性和不可确定性,会造成总承包商项目管理组织跨度的增加,从而使管理风险增大。

8.1.1.2　总承包项目风险的分类

工程总承包项目根据其所处的环境、形成原因、所处阶段及结果性质划分为不同的类别。总的来说,可以分为以下四类。

1. 按风险来源范围分类

按风险来源范围分类,可以将项目风险分为内部风险和外部风险。风险如果发生在项目内部,就称为内部风险,如由采购的设备、施工工艺和方法、使用的新材料等产生的风险,就属于内部风险;如果风险由项目外部的原因引起的,就属于外部风险,如自然环境风险、政治风险、社会风险、经济风险等。

2. 按风险产生原因分类

按风险产生原因分类,可以将项目风险分为自然风险、技术风险、管理风险、经济风险和政治风险。自然风险指由于自然灾害的作用而产生的风险;技术风险主要指工程本身的技术方面的风险,包括项目设计采用的新技术和施工工艺技术等;管理风险是指工程建设的管理过程中可能产生的投资超过概算、工期延长、施工质量不合格等风险;经济风险就是指在工程项目的建设过程中由于资金问题而产生的风险;政治风险指政局或政策的变化而引起的风险。这几方面的风险有时还存在着一定程度的关联性,它们相互作用、相互影响。

3. 按风险可见程度分类

按风险可见程度分类,可以将项目风险分为显性风险和隐性风险。在总承包项目实施过程中,易于被发现的表面风险称为显性风险,隐性风险则指短期内不易被发现或重视的风险。例如,边坡开挖时塌方的风险,由于存在一定的监测预警方法和手段,其发展变化可以被观察到,因而是显性的;而一些设计错误、局部水文地质变化等风险,短期内不易被发现,因此属于隐性风险。

4. 按风险对经济实体的影响分类

按风险对经济实体的影响分类,可以分为系统风险和非系统风险两类。系统风险是指由于某些因素给市场所有的经济实体(承包商或承包项目)带来经济损失的可能性,如政治风险、经济风险和环境风险等。非系统风险又称为公司特别风险,是指某些因素对单个经济实体造成经济损失的可能性,如投标风险(报价风险、技术风险等)和履约风险(合同风险、组织管理风险等)。

5. 按风险是否具有可保性分类

按风险是否具有可保性分类,可分为可保风险和不可保风险两类。可保风险是指损失程度高、发生概率小、损失发生是意外的风险,且符合承保人承保条件的特定风险,如火灾财产、人身伤害等;不可保风险是指那些损失程度低、发生概率高、必然发生的风险,如机械磨损等风险,这类风险保险公司是不予承保的。

8.1.1.3 总承包项目风险的特征

水利工程总承包项目风险既有一般风险特征,如客观性、不确定性、可变性等,也有自身特征,主要包括以下几方面。

1. 多样性

水利工程总承包项目通常建设周期长,征地移民工作量大,受外部条件如经济、社会、自然条件影响大,因此在项目实施过程中,可能存在社会、自然、经济、技术、施工、环保和管理等风险,风险表现具有多样性。

2. 复杂性

水利工程总承包项目风险的复杂性表现在以下两个方面:一是风险的偶然性和不确定性,难以预测和监控发生的时点;二是风险具有连锁和叠加效应,如水利工程选址不当,可能引起滑坡、坍塌等施工风险,此即连锁效应,而某一风险事件的发生导致另一风险事件发生可能性增加,此即叠加效应,比如漏电引起库房火灾,爆炸风险可能会增加。

3. 社会性

水利工程总承包项目实施过程中涉及利益相关者众多,关系复杂,不同利益相关者行为对水利工程总承包项目风险的影响尤其大,比如项目所在地群众对项目的态度和支持行为对项目成功与否影响深远,实践中不少水利工程由于总承包商的不当施工行为,引发群众的反对和干扰,最终导致工程停工事件,进而造成费用增加和工期延误。

4. 相对性

总承包项目风险是客观的,这种客观风险会通过合同约定在项目业主和总承包商之间分担,合同各方存在"竞争"关系,有些风险的发生,如合同条款缺陷风险,可能会造成项目业主的损失,而总承包商可能因此而获利。

8.1.1.4 总承包项目风险的分担

1. 工程风险分担的一般原则

总承包项目实施过程中存在各种各样的风险因素,如何在项目参与方之间合理分担风险,一直是实务界和学术界关注的重点问题,其直接影响到工程投标报价、项目实施和争端解决。经过多年的理论研究和实践,目前关于项目风险分担原则基本达成共识,具体有:

(1)过错责任原则。若该风险的发生归因于该方的过错、缺乏合理的效率或慎重,则由该方承担责任。

(2)管理原则。即哪方最有能力以较低成本或能更好地被激励以控制和管理该风险,则该风险由该方承担。

(3)成本原则。即谁是管理风险的最大受益方,或谁是风险发生后的直接受害者,则就由谁承担该风险。

(4)保险原则。若谁可以通过商业保险进行转移风险,并且在经济上高效可行,则由该方承担此责任。

(5)其他。在无法应用上述原则时,应综合考虑双方的财务能力,在一定范围内分别承担。

上述风险分担原则虽然在国内外总承包合同范本中运用,但具体实施的风险分担方法却不尽相同。

2.常见总承包合同示范文本风险分担分析

国外的总承包模式推行更早,配套的合同体系也更加成熟。目前在国外总承包项目上使用较多的合同范本是 FIDIC 在 2017 年发布的《Contract conditions of EPC/Turnkey Project》(简称 FIDIC 银皮书),它是在 1999 版银皮书被全球多个国家广泛使用近 20 年的基础上更新升级而成,也是国际项目总承包合同范本的集大成者。我国住房和城乡建设部于 2020 年 11 月 25 日在发布了《建设项目工程总承包合同(示范文本)》(GF-2020-0216)(简称我国示范文本),在吸收我国 10 余年总承包实践经验的基础上对 2011 版示范文本进行了较多有益的改进完善。

通过对上述两种合同文本的条款差异,总结和分析工程总承包项目风险分担的差异见表 8-1。

表 8-1　FIDIC 银皮书与我国示范文本主要条款差异对比表

序号	合同条款	FIDIC 银皮书	我国示范文本
1	适用范围	大型基础设施项目及生产设备比较多的项目,如能源、供水、污水处理、工业厂房等,但以下 3 种情形除外:①投标人没有足够的时间或充足的信息及资料以仔细审查和核查业主要求,或开展设计、风险评估及费用估算工作;②工程施工涉及相当数量的地下工程,或投标人无法开展调查的区域内的工程,除非在特殊条款中对不可预见的各类条件予以说明;③业主想要密切监督或控制承包商的工作,或审核大部分施工图纸	房屋建筑和市政基础设施项目工程的总承包承发包活动,且为非强制性使用文本(推荐使用)
2	现场数据 (site data)条款	《业主要求》或提供的基础资料中错误风险;工程场地的基准坐标资料、放线错误由承包商承担。 但《业主要求》中的工程或任何部分的设计意图、竣工试验和性能标准错误,以及承包商不能验证的数据和资料错误风险由业主承担	《业主要求》或提供的基础资料中错误风险,工程或任何部分的设计意图、竣工试验和性能标准错误,以及承包商不能验证的数据和资料错误风险由业主承担。工程场地的基准坐标资料、放线错误由承包商承担

续表 8-1

序号	合同条款	FIDIC 银皮书	我国示范文本
3	开工日期（commencement date）条款	合同中约定的开工日期即为在合同协议书或者开工通知中载明的开始日期，该日期相当于设计、采购和施工三类开工日期中的最早开始时间，增大了承包商索赔设计、施工等各阶段搭接情况下延误工期的难度	将开工日期分为了计划开始工作日期、计划开始现场施工日期、实际开始工作日期和实际开始现场施工日期四类，设计、采购等前期工作的开始时间与施工阶段的开工时间区分开，降低了项目工期、施工工期的索赔争议风险
4	进度计划（progress）条款	详细规定了以下时间规定：整个工程和各部位开竣工时间；业主提供场地时间；设计、采购、施工、试验等各阶段时间；业主审批的周期；检查和试验的顺序和时间；所有工作的最早和最晚开始时间、完成时间及持续时间；法定节假日时间；设备材料的发货、到货时间；施工组织设计及人工、设备等资源投入。降低了双方索赔风险	规定递交项目实施计划（包含总体实施方案和项目初步进度计划）和项目进度计划（包括设计、采购、施工、试验等各个阶段时间）。实施方案须经工程师审批，承包商可能存在施工方案变更引起承包商费用增加而又不能索赔的风险
5	暂停施工（suspension）和复工（resumption）条款	①暂停施工。承包商在业主持续暂停时有申请复工或终止合同的权利，并给承包商更多的选择，包括提前协商费用、停止工程保护、发出二次通知等，承包商可以根据项目的特点和对外部环境的判断，选择其中一种最有利的方式进行申诉。②承包商已经在暂停施工的索赔中包含了保护工程的费用，若工程或设备有损失，且是由于承包商未履行照管和保护义务造成的损失，承包商将承担该部分的修复费用和工期延误风险	①暂停施工。承包商在业主持续暂停时有申请复工或终止合同的权利，但规定的时间期限更短，有利于承包商控制停工损失带来的现金流风险。②给承包商预留了必要的准备复工时间，暂停带来的修复费用由责任方承担

续表 8-1

序号	合同条款	FIDIC 银皮书	我国示范文本
6	支付(payment)条款	①在支付方式和支付周期上,采用里程碑付款,支付时间相对较长。承包商现金流风险相对高些。 ②在延期支付的利息计算上,规定的延期计算利率更高,计算时间更长,承包商权益保障程度高。 ③在质保金的约定上,质保金要求比例高,而且在履约担保下仍会在进度款中扣除约定比例的质保金	①在支付方式和支付周期上,采用月进度付款,支付时间相对较短,且约定人工费(付给建筑工人的工资)在进度款之前单独支付。承包商现金流风险相对低些,相比里程碑付款,避免了因为分部工程验收不合格争议导致付款阻碍。 ②在延期支付的利息计算上,规定的延期计算利率相对低些,计算时间相对较短。 ③在质保金的约定上,规定业主不得同时要求承包商提供履约担保和质保金,而在工程接收后,以工程结算总额的3%作为质保金。承包商资金流风险低些
7	不可抗力(exceptional events)条款	①不可抗力定义范围更广,为不可避免、不能克服且不能提前防备的事件或情况。 ②在不可抗力的后果上,认为业主应承担由不可抗力引发的包括工期和费用的一切损失,包括承包商的人员和机械损失	①不可抗力定义范围较窄,为不可避免、不能克服且不能提前防备的自然灾害和社会性突发事件。 ②在不可抗力的后果上,永久工程损失和工期延误由业主承担,自身经济损失各自承担

8.1.2 总承包项目风险管理内涵

风险虽然是偶然性的,具有不确定性,但对风险进行管理却在人类远古时代就存在,不过风险管理作为一门系统学科直到 20 世纪初才首次形成。

风险管理是风险管理主体通过对风险的识别、评估和应对、监控,以最小的代价使风险发生的可能性和(或)风险可能造成的损失达到最低程度的过程,旨在最大程度实现预期目标。工程总承包项目风险管理的对象是总承包项目实施过程中的各类风险。由于总承包项目风险几乎转移给了总承包商,对于总承包商而言,风险管理持续时间长、管理工作难度大,总承包商风险管理能力要求较高。

从风险管理过程看,风险管理工作主要包括风险分析和风险决策两大方面内容。风险分析又具体分为风险识别、风险评估两个阶段,风险决策分为风险应对和风险监控两个阶段。

(1)风险识别。主要是风险因素的识别,该阶段工作成果是风险因素清单。

（2）风险评估。细分为风险估计和风险评价两项工作。风险估计是运用定量、定性方法对风险进行估值，在此基础上，不同风险主体在一定的风险态度和情景下，采用一定方法对多种风险进行评价，为风险决策提供可靠的依据。

（3）风险应对。主要是在风险发生前或发生时采取措施进行风险管控，达到抑制、缓解、降低风险的目的。

（4）风险监控。是指跟踪已识别的风险，监视残余风险和识别新的风险，并保证计划执行，同时评估这些计划对降低风险的有效性。

8.2　总承包项目风险因素识别

风险识别是指在潜在风险发生之前，综合运用各种专门的方法技术对面临的各种风险及风险事件发生的潜在原因进行系统、连续的认识过程。风险识别是风险管理的第一步，其任务是找出风险源和引起风险的主要原因，以便对风险进行分析和应对。

总承包项目是一个实时变化的系统，新的不确定因素在实施过程中不断出现，项目管理者必须考虑风险识别的时效性，应不定期地对项目风险进行再识别，因此风险识别是工程项目风险管理中一项经常性的工作。

8.2.1　总承包项目风险识别依据

工程总承包项目的风险识别依据主要包括以下四个方面。

8.2.1.1　项目的假设条件与制约因素

总承包项目建议书、可行性研究报告、设计或其他文件都是在若干假设条件的基础上编制的，这些假设条件在项目实施期间可能成立，也可能不成立。假设条件的变化一定会引起项目目标、实现路径、方法手段的变化，成为影响项目目标实现的重要风险因素。另外，总承包项目是在一定的外部环境中实施的，必然会受到所处环境因素的多方面制约，例如自然环境因素、政治因素、社会因素等，上述因素中有许多因素是人为力量不能掌控的，因此隐藏着巨大的风险。

8.2.1.2　项目规划

项目规划中包含项目目标、任务、范围、质量计划、进度计划、资源计划、费用计划、采购计划等计划和方案，以及业主方、总承包商和其他利益相关者对项目的利益诉求。是否按既定方案和计划实施项目、是否达到利益相关者的利益诉求，或多或少影响着项目的成功度，因此项目规划也是项目风险识别的重要依据之一。

8.2.1.3　工程总承包项目的常见风险

工程总承包项目的常见风险是指那些可能对总承包项目产生负面影响的经常发生的风险。经过长期的工程实践，不同行业的总承包项目的常见风险已为大家所熟知，收集整理这些常见风险及发生原因，对于提高具体项目风险识别的准确率大有帮助。

8.2.1.4　历史资料

在总承包项目的风险识别中，历史资料也是重要的识别依据。历史资料既可以是风险管理者亲身经历过的项目的经验总结，也可以是通过各种渠道收集的类似工程的历史文档。如类似工程总承包项目的风险评估与风险应对资料、工程验收与工程总结资料、项目绩效测评分析报告、工程质量与安全事故处理文件等,对当前工程总承包项目的风险识别都是很有帮助的。

8.2.2　总承包项目风险识别步骤和方法

8.2.2.1　风险识别步骤

项目风险识别是一项复杂的工作,应遵循一定的步骤并采用适当的方法,才能保证风险识别活动的效率。项目风险识别的主要步骤可以概括为:收集资料、风险分类、识别风险因素和风险事件、编制项目风险清单。

1. 收集资料

项目风险管理者应收集与项目有关的资料,主要包括:

(1)环境资料。项目建设实施的自然环境及社会环境资料等。

(2)建设文件。招标投标文件、项目合同、设计及施工文件、风险管理计划、项目管理实施计划、验收计划等基础资料。

(3)类似项目有关的资料。过去发生的类似项目的相关资料。

2. 风险分类

根据风险管理需要并结合项目特点,选择一个合适的角度,事先对项目的风险进行分类。无论采用哪一种分类方式都要保证风险识别结果的完整性,防止遗漏某些风险。大多数的项目习惯上采用按风险产生原因进行风险分类,将风险分为自然风险、技术风险、管理风险、经济风险和政治风险等。

3. 识别风险因素和风险事件

在完成项目资料收集和风险分类后,应根据不同类型的风险,系统辨识可能存在的风险因素及风险事件。在风险识别过程中,找出风险因素向风险事件转化的条件是非常重要的。弄清楚转化的条件并加以适当的干预,就能降低风险事件发生的概率和损失程度。

4. 编制项目风险清单

以项目风险清单的形式详细列出引发各类风险的因素及事件,在此基础上进一步厘清各风险之间的联系及可能产生的连锁反应。项目风险清单格式如表 8-2 所示。

表 8-2　项目风险清单格式

项目名称:		编制日期:
风险编号	风险类型	风险因素
1	政策风险	
1.1		对工程建设程序不熟悉
1.2		实行增值税政策
…		

8.2.2.2　风险识别方法

常用的风险识别方法主要有核查表法、流程图分析法、SWOT 分析法、分解分析法、专家调查法、敏感性分析法、故障树分析法、情景分析法等。

1. 核查表法

项目风险管理人员根据项目的特点将项目可能发生的许多潜在风险列于一个表上，供识别人员进行检查核对，用来判别该项目是否存在表中所列或类似的风险。检查表中所列都是历史上类似项目曾发生过的风险，是项目风险管理经验的结晶，对项目管理人员具有开阔思路、启发联想、抛砖引玉的作用。

2. 流程图分析法

项目流程图是用于表达一个项目的工作流程并且反映工作之间相互关系的图表。项目流程图包括系统流程图、实施流程图、作业流程图等。通过对项目流程的分析，可以发现和识别项目风险可能发生在项目的哪个环节或哪个地方，以及项目流程中各个环节对风险影响的大小。

3. SWOT 分析法

这是依据项目所处环境进行分析的方法，包括优势（strength）、劣势（weakness）、机遇（opportunity）、威胁（threat）分析，并将上述分析结果用矩阵排列起来，然后进行综合分析，从中找出解决问题的措施。这种方法可操作性强，可随着环境变化进行动态分析，减少决策风险。

4. 分解分析法

分解分析法是一种定性分析和定量分析相结合的方法，是把整个繁杂的系统简单化，细分为很多个相对简单的子系统或者许多个具体的组成要素，在此基础上分析可能潜在的风险及损失。由于项目分解的方式较多，按不同方式分解而识别出的风险可能存在一定的差异，实际应用时，可采用两种以上的分解方式，防止出现风险漏项。

5. 专家调查法

专家调查法是集众人智慧进行预测的方法，它是由相关领域专家运用以往知识和经验，逐一列出总承包项目风险的一种方法。为保证结果的合理性，有时需要反复向专家征求意见。这种方法具有较强的主观性，结果与专家的知识、能力和经验有密切的关系，但是这种方法不需要大量统计数据就能得到定量结果，有助于定量描述风险程度。常用的风险识别调查表如表 8-3 所示。

6. 敏感性分析法

敏感性分析法是指在项目全寿命周期内，将项目变动因素与经济评价指标变化相结合而进行风险识别的方法。这种方法考虑了变动因素和资金的时间价值，较客观且符合实际，是一种定量识别方法，但是要求项目数据丰富，对经济管理水平有一定要求。

7. 故障树分析法

故障树分析法是一种图形演绎方法，是故障事件在一定条件下的逻辑推理方法。故障树分析法也就是在设计、运营或作业过程中，通过对可能造成系统事故或导致灾害后果的各种因素（包括硬件、软件、人、环境等）进行分析，从而确定故障原因的各种可能组合方式。故障树分析法既可用作定性评价，也可定量计算系统的故障概率及其可靠性参数，为改善和评价系统的安全性和可靠性、减小风险提供定量分析的数据。

表 8-3　风险识别调查表

风险问卷编号：	日期：
项目名称：	专家(签名)：

风险编号	风险类型	风险类型识别调查(√)
1	政策风险	
2	社会风险	
3	自然风险	
4	商务风险	
5	组织与管理风险	
5.1	业主方的组织管理	
5.2	总承包方的组织管理	
5.3	施工分包方的组织管理	
6	技术风险	
7	其他风险	

8.情景分析法

情景分析法就是通过有关数字、图表和曲线等,对项目未来的某个状态或某种情况进行详细地描绘和分析,从而识别引起项目风险的关键因素及其影响程度的一种风险识别方法。它注重说明某些事件出现风险的条件和因素,并且还说明当某些因素发生变化时,又会出现什么样的风险,产生什么样的后果等。

8.2.3　总承包项目风险识别案例

风险管理人员根据某总承包项目实际情况,采用专家调查法,通过调查表的方式,汇总专家的风险识别意见和建议,形成最终的风险清单,如表 8-4 所示。

表 8-4　某总承包项目风险清单

风险编号	风险类型	风险因素
1	政策风险	
1.1		对工程建设程序不熟悉
1.2		实行施工费增值税政策
1.3		总承包单位进行施工采购的政策要求不明确

续表 8-4

风险编号	风险类型	风险因素
1.4		政府审计的风险
2	社会风险	
2.1		征地难度大
2.2		社会群体事件频发
2.3		项目所在地的治安状况不好
2.4		特定的社会文化偏好
3	自然风险	
3.1		台风
3.2		暴雨、洪水
3.3		高温
3.4		雷电
3.5		山体滑坡、泥石流
4	商务风险	
4.1		业主建设资金不到位
4.2		物价上涨
4.3		业主扣留保证金
4.4		总价包干合同按照实际完成工程量乘以单价结算
5	组织与管理风险	
5.1	业主方的组织管理	
5.1.1		业主决策不及时
5.1.2		业主征地、报建等工作不及时
5.1.3		业主方与总承包方的义务、权利,以及工作接口不明确
5.2	总承包方的组织管理	
5.2.1		项目团队对同类项目的经验不足
5.2.2		投入的人员不足
5.2.3		联合体内部各成员单位的义务、权利,以及工作接口不明确

续表 8-4

风险编号	风险类型	风险因素
5.2.4		总承包方与施工分包方的义务、权利,以及工作接口不明确
5.2.5		对施工分包单位管理不到位
5.2.6		与当地政府关系不融洽
5.2.7		项目施工与采购脱节
5.2.8		公司总部对项目进展不清楚
5.2.9		施工分包单位承担全部设计工程量变化风险
5.2.10		供图不及时
5.2.11		设计代表服务不到位
5.3	施工分包方的组织管理	
5.3.1		恶意拖延工期,要求增加合同价格
5.3.2		违法转包、分包,以包代管
5.3.3		管理人员、技术人员能力欠缺,数量不足
5.3.4		未按施工策划文件和技术文件组织施工
5.3.5		施工作业人员能力不足
5.3.6		施工作业人员数量不足
5.3.7		施工材料、中间产品质量不符合设计和规范要求
5.3.8		施工材料、中间产品供应不及时
5.3.9		施工机械质量不合格
5.3.10		施工机械数量和生产能力不足
5.3.11		重大危险源、环境因素控制不到位
5.3.12		劳动保护不到位
5.3.13		拖欠劳工工资、供应商货款
5.3.14		未执行质量验收程序
6	技术风险	
6.1		设计审查未通过
6.2		发生设计变更

续表 8-4

风险编号	风险类型	风险因素
6.3		施工组织设计、技术方案不可行
6.4		施工测量控制网误差偏大,放样不准确
6.5		采用新材料、新技术、新工艺

8.3 总承包项目风险评估

8.3.1 风险评估的概念与流程

8.3.1.1 风险评估的概念

风险识别是风险管理的基础,通过风险识别可将潜在的风险定性并识别出来。但是仅仅知道可能存在风险是不够的,还要掌握风险发生的可能性和风险一旦发生可能造成的损害程度等,这些问题需要风险评估来解决。

风险评估是在对过去损失资料分析的基础上,运用概率论和数理统计方法,对某一或某几个特定风险事故发生的概率和风险事故发生后可能造成损失的严重程度做出定量分析。风险评估有主观和客观两种情况。客观的风险评估以历史数据和资料为依据。主观的风险评估无历史数据和资料可参照,靠的是人的经验和判断。

8.3.1.2 风险评估的流程

风险评估的具体内容包括两个方面,一是估计风险事件在规定时期内发生的概率;二是估算风险事件发生后,将造成多大数量的损失。风险评估的流程如图 8-1 所示。

1. 收集数据

风险评估的第一步是要收集与风险因素相关的数据和资料。这些数据和资料可以从过去的类似风险管理项目的经验总结或记录中取得,也可以从相关研究或试验中取得,还可以在风险识别实施过程中取得,也可以从市场、社会发展的历史资料中取得。所收集的资料要求客观真实,具有较好的统计性。

原始数据收集之后,必须对其进行整理,即将收集来的所有资料进行加工、综合,使之条理化、系统化,成为能够反映事物总体特征的综合资料。经过整理的资料,能以某种易读易懂的形式提供给使用这些资料的人。

2. 构建理论模型

以取得的有关风险因素的数据资料为基础,对风险事件发生的可能性和可能的结果给出明确的量化描述,即风险模型。该模型又分为概率分布模型和损失分析模型,分别用以表示风险因素与风险事件发生概率的关系及与可能损失的关系。

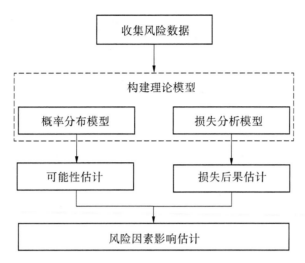

图 8-1　风险评估流程

3. 风险发生可能性估计和损失后果估计

风险模型建立后,就可以用适当的方法去估计每一风险事件发生的概率和可能造成的损失。损失可以是费用的损失或工期的拖后。

4. 风险因素的影响估计

风险因素的影响估计是指将风险因素的发生概率和可能的结果综合起来进行评价。可从概率的大小和损失的程度这两个维度来判别风险因素的等级,从而明确关键风险因素。

8.3.2　总承包项目风险评估方法

风险评估方法可以分为定性分析、定量分析和定性定量结合分析三种方法。常见的方法有专家打分法、敏感性分析法、层次分析法、模糊综合评价法和蒙特卡罗模拟分析法,贝叶斯估计方法及贝叶斯网络等。

8.3.2.1　专家打分法

筛选有丰富专业技术知识和工程经验的专家,通过对风险因素打分,来判断项目的风险状况。具体做法是邀请专家对初步识别的风险因素进行打分,通过评分综合考量风险发生的可能性和影响水平,确定因子权重,构建风险指标评价模型。该方法对专家水平要求较高,评价结果主观性较强。

8.3.2.2　敏感性分析法

采用关键因素分析的思想,只考虑影响项目的关键风险因素,其影响程度大小的判定是通过指标变化来获知,当一种因素发生变化造成整体目标偏移程度较大则认为是敏感因子。然后对敏感因素进行排序来制定关键风险指标,这种方法多用于项目可研阶段。

8.3.2.3　层次分析法

在进行社会、经济及科学领域问题的系统分析中,常常面临由相互关联、相互制约的众多因素构成的复杂而往往缺少定量数据的系统。层次分析法(analytic hierarchy process,简称 AHP)为这类问题的决策和排序提供了一种新的、简洁而实用的建模方法,它特别适用于那些难以完全定量分析的问题。

运用层次分析法建模,大体上可按四个步骤进行:建立递阶层次结构模型;构造出各层次中的所有判断矩阵;层次单排序及一致性检验;层次总排序及一致性检验。

8.3.2.4　模糊综合评价法

对模糊风险因素进行量化处理,考虑多种影响因素获得评价对象唯一的评价值,是一种全面分析方法。首先分析各种单因素变量进而考虑权重,确定对象判断等级的隶属程度得到的评价结果可以在应用实例中获得较好的实际效益。

8.3.2.5　蒙特卡罗模拟分析法

蒙特卡罗模拟分析法是评估不确定性因素在各种情况下对系统产生影响的方法。这种方法通常用来评估各种可能结果的分布及值的频率,例如成本、周期、吞吐量、需求及类似的定量指标。蒙特卡罗模拟分析法可以用于两种不同用途:一是传统解析模型的不确定性的分布;二是解析技术不能解决问题时进行概率计算。

8.3.2.6　贝叶斯统计方法及贝叶斯网络

近年来,贝叶斯决策理论及贝叶斯网络的运用非常普及,部分是因为它们具有直观吸引力,同时也归功于目前越来越多现成的软件计算工具。贝叶斯网络已用于各种领域:医学诊断、图像仿真、基因学、语音识别、经济学、外层空间探索,以及今天使用的强大的网络搜索引擎。对于任何需要利用结构关系和数据来了解未知变量的领域,它们都被证明行之有效。贝叶斯网络可以用来认识因果关系,以便了解问题域并预测干预措施的结果。

8.3.3　总承包项目风险评估案例

某承包商承接了某大型水电站的设计、采购与施工任务,该承包商鉴于项目的特点,采用专家打分法对已经识别出的项目风险进行评估。项目风险调查打分表如表 8-5 所示。

专家根据自身的经验,首先推断各个风险因素发生的可能性,按高、中、低分别赋值为 1.0、0.5 和 0.1;然后判断各个风险因素对成本、工期、质量、环境和安全的影响程度,按严重、一般和较轻分别赋值为 1.0、0.5 和 0.1;最后计算各个风险因素的风险量,其计算公式为

$$R = P \sum E_i \tag{8-1}$$

式中:R 为风险量,P 为可能性,E 为影响程度。

根据计算出的风险量的大小,对本项目中的风险因素进行排序,前 15 名作为影响本项目的主要风险因素,如表 8-6 所示。

表 8-5　项目风险调查打分表

风险编号	风险因素	可能性			影响程度														
					成本			工期			质量			环境			安全		
		高	中	低	较轻	一般	严重	较轻	一般	严重	较轻	一般	严重	较轻	一般	严重	较轻	一般	严重
1	政策风险																		
1.1	对工程建设程序不熟悉			√		√			√			√		√			√		
1.2	实行施工费增值税政策		√				√	√			√			√			√		
1.3	总承包单位进行施工采购的政策要求不明确			√		√			√		√			√			√		
1.4	政府审计的风险		√				√		√		√			√			√		
2	社会风险																		
2.1	征地难度大	√					√			√	√			√			√		
2.2	社会群体事件频发		√			√				√	√			√				√	
2.3	项目所在地的治安状况不好			√		√			√			√			√			√	
2.4	特定的社会文化偏好			√	√				√		√			√			√		
3	自然风险																		
3.1	台风			√			√			√			√		√				√
	……																		

表 8-6　影响项目的主要风险因素及排序

风险编号	风险因素	风险量	排序
1	政策风险		
1.1	对工程建设程序不熟悉	0.17	16
1.2	实行施工费增值税政策	0.7	6
…			

8.4　总承包项目风险应对

　　风险应对是风险管理的又一关键环节,是指在风险识别和风险评估的基础上,根据风险性质、决策主体对风险的偏好和对风险的承受能力而制订的应对计划,同时采取回避、预防、转移或自留风险等控制行动,以达到有效减少或防止风险发生,降低经济损失的目的。

8.4.1　总承包项目风险应对原则

8.4.1.1　适配原则

　　风险应对的适配原则是指风险应对必须与风险重要性相适应和匹配。因此,风险应对要与不同的项目所产生的不同的风险因素、风险发生的概率和影响程度相适配。这就要求承包商针对具体项目中不同的风险成因、不同的风险程度及自身的实力选择不同的风险应对策略。比如,某项目要求较短工期,因此工期拖延是项目重要的风险事件。在项目的实施过程中,应采取积极的风险预防策略,以避免工期延误风险的发生。

8.4.1.2　成本效益原则

　　开展一项活动是否合理,可以从投入与产出之比加以衡量。投入与产出之比越小,说明该项活动的成本效益越高,反之亦然。成本效益原则是指产出与投入之比最大化原则。风险应对需要花费一定的人力、物力和财力,风险应对方案实施后能否达到控制风险、减少风险损失的目的,是风险应对遵循的重要原则。如果风险应对成本小于能够挽回风险的损失值则是值得的;否则,其应对计划和措施是不适合的。

8.4.2　总承包项目风险应对策略与选择

8.4.2.1　风险应对策略

　　总承包项目常用的风险应对措施包括风险回避、风险转移、风险缓解、风险自留、风险利用及这些策略的组合。

　　1.风险回避

　　风险回避是一种最简单也是最为消极的风险应对方法,它是指经过风险评估后主动放弃风险过大的项目。在采取风险回避策略时,必须对项目风险有全面的认识,对风险发生的可能性及风险损失有足够的把握,当其他风险控制措施确实不能发挥作用时才采取该方法。该方法适用于应对风险发生概率大且损失严重的风险。

风险回避策略虽然将风险降为零,但在回避项目风险的同时也放弃了获利的机会,也不利于提高总承包商的风险管理水平。

2. 风险转移

风险转移是一种直面风险的方式,是指在清楚了解项目风险的前提下以某种方式将风险损失转移给第三方承担,但风险转移并不能降低风险损失。该方法适用于应对发生概率小,但一旦发生将产生严重损失的风险事件。风险转移存在很多种具体的方式,主要包括以下四种方式:

(1)选择联合体合作伙伴。对于某些工程项目,总承包商或由于自身业务范围的局限性或由于技术特长的不全面而认为风险较高时,可以选择联合体投标形式,结成合作伙伴。联合体的目的不仅在于增强投标竞争能力,还可以共同分担履约过程中可能出现的风险。

(2)将风险转移给分包商或材料供应商。例如利用分包合同或采购合同将自身风险转移给对方当事人。

(3)向保险公司投保。一旦发生风险损失,总承包商可以从保险公司获得一定的补偿,这是总承包模式下总承包商转移风险的最主要的途径。

(4)将风险转移给担保人。担保是指保险公司、银行或其他非银行金融机构在被担保人不能履行合同时,由其代替被担保人履行合同或支付损失赔偿。

3. 风险缓解

风险缓解是一种主动的、积极的策略,经常被使用。风险缓解又称风险减损、损失控制,既包括事前对风险进行主动控制,以降低风险发生的概率及风险损失,也包括风险事件发生后采取有力手段,降低风险损失。对于风险发生概率高但风险损失不严重的风险,可以采用风险缓解的应对措施。

与风险回避策略相比,该策略的实施需要耗费一定的资金,涉及预防成本与潜在损失比较的问题,如果预防成本小于承担这种风险的潜在损失,则可以对风险实施预防策略,消除风险因素,降低风险概率,或减少风险损失。反之,如果预防成本大于风险的潜在损失,则放弃预防策略,通过其他策略对风险实施有效的控制。

4. 风险自留

风险自留又称风险自担,是一种由项目主体自行承担全部风险后果的风险应对策略。该方法适用于风险发生概率较小,风险损失不大,采用其他风险控制措施所需费用大于自行承担风险所需费用,项目主体对风险事件有充分认识且自身完全有能力应对风险损失的情况。

风险自留与其他风险应对策略的根本区别在于:它不改变项目风险的客观性质,既不改变项目风险的发生概率,也不改变项目风险潜在损失的严重性。风险自留可以是主动的(有计划的),也可以是被动的(无计划的)。此外,风险自留策略不可单独使用,而应与其他风险应对策略结合使用。

5. 风险利用

风险利用是更高水平的风险管理应对方式。大多数的风险一旦发生就会产生损失,所以人们要采取措施加以防范,但有些风险如投机风险,其后果可能是获利,也可能是损失,若风险管控得当,则会获利。总承包项目存在很多风险因素,总承包商在投标报价时会考虑风险管理成本及可能遭受的损失。在项目实施期间,若总承包商风险管控较好,导致某些风险并未发生,总承包商因此会获得更多的利润。

8.4.2.2　风险应对策略的选择

总承包项目存在诸多风险因素,每一个风险的性质、出现的概率、产生的后果各不相同,因此应采用不同的策略来应对每一个风险。具体采用什么样的风险应对策略,要根据项目所在的环境和不同的目标要求、项目相关方对风险的承受度及各种策略的适用条件来决定。各种风险应对策略的适用条件如表 8-7 所示。

表 8-7　各种风险应对策略的适用条件

序号	风险应对策略	适用条件
1	风险回避	风险发生概率较大,后果很严重; 无法减轻风险、无法转移风险,承包商也不能接受风险; 丢失了机会,压制了创造力
2	风险缓解	风险发生概率较大,但风险损失较小; 可以通过采取防范措施抑制、减少或消除风险; 防范风险的成本比其他措施成本要低
3	风险转移	风险发生概率较小,后果很严重; 承包商很难控制风险
4	风险自留	风险发生概率较小,风险损失较小; 采用其他风险控制措施所需费用大于自行承担风险所需费用
5	风险利用	承包商易于预见,或易于控制的风险

8.4.3　总承包项目风险应对案例

某总承包商计划参与一个水电站总承包项目,通过收集有关资料,聘请专家识别、评估风险,并根据自身承担风险的意愿与能力,提出了针对各个风险的应对措施,具体结果如表 8-8 所示。

表 8-8　典型风险常用对策

编号	风险因素	可能造成的后果	可能采取的措施
1	政策风险		
1.1	对工程建设程序不熟悉	报建、报验工作周期拉长,项目完工推迟	1. 资料搜集,加强项目人员有关知识培训; 2. 进行专项报建、报验工作规划
1.2	实行施工费增值税政策	项目成本增加	制订合理的项目税收规划

续表 8-8

编号	风险因素	可能造成的后果	可能采取的措施
1.3	总承包单位进行施工采购的政策要求不明确	施工采购需要进行公开招标。增加采购工期和采购成本	1. 工期计划充分考虑施工采购时间; 2. 项目管理成本计划列支施工采购成本
1.4	政府审计的风险	合同金额被审计核减,尾款回收困难	合同计价、支付条款符合法律要求,避免无效条款
2	社会风险		
2.1	征地难度大	项目工期延误	征地工作由业主负责,总包方配合
2.2	社会群体事件频发	阻碍工程正常施工	1. 群体事件纳入不可抗力,风险转移给业主或保险公司; 2. 与项目所在地政府建立良好沟通关系; 3. 避免直接雇佣当地劳务; 4. 做好社会交通道路维护,避免影响当地居民生活; 5. 做好环保、水保工作,避免污染当地环境; 6. 做好与当地其他工作的接口管理
2.3	项目所在地的治安状况不好	物资被盗,人员受伤	封闭施工区域,加强工地保卫。在工地设立警务点
2.4	特定的社会文化偏好	当地居民阻工	充分了解、尊重当地民风民俗
3	自然风险		
3.1	台风	工程停工,物资受损,人员伤亡	1. 合理规划工期; 2. 购买保险; 3. 制订安全应急预案并保障实施
3.2	暴雨、洪水	基坑被淹、施工受阻、山体滑坡	1. 合理规划工期; 2. 购买保险; 3. 制订安全应急预案并保障实施; 4. 制订雨季施工质量保证措施
3.3	高温	人员中暑。造成施工质量缺陷	1. 制订高温季节防暑降温措施; 2. 制订高温季节施工质量保证措施
3.4	雷电	物资受损,人员伤亡	做好施工期防雷措施,避免雷电伤害
3.5	山体滑坡、泥石流	物资受损,人员伤亡	避免施工营地、设施布置在危险区域。做好危险山体监测

续表 8-8

编号	风险因素	可能造成的后果	可能采取的措施
4	商务风险		
4.1	业主建设资金不到位	工期延误,工程成本增加	1. 根据资金到位情况,确定开工时间,调整工期计划及资源投入计划; 2. 根据合同条款及时索赔工期和费用; 3. 协助业主争取财政资金拨款; 4. 协助业主办理银行贷款
4.2	物价上涨	项目成本增加	1. 转移给施工分包单位; 2. 进行合同单价变更
4.3	业主扣留保证金	项目资金周转困难;保证金回收难度大	1. 资金压力转移给施工单位; 2. 用银行保函代替现金保证
4.4	总价包干合同按照实际完成工程量乘以单价结算	设计优化无法转化为公司利润	设计优化主要用于弥补设计变更和漏项导致的工程量增加
5	组织与管理风险		
5.1	业主方的组织管理		
5.1.1	业主决策不及时	工作延误或返工	形成书面记录,并及时索赔
5.1.2	业主征地、报建等工作不及时	工作延误或返工	形成书面记录,并及时索赔
5.1.3	业主方与总承包方的义务、权利,以及工作接口不明确	项目纠纷不断,工作无人负责	建立畅通的沟通协商渠道
5.2	总承包方的组织管理		
5.2.1	项目团队对同类项目的经验不足	项目预判不足,关键环节和工作把握不准,项目实施困难	1. 知识搜集和项目培训; 2. 项目总体规划和实施计划,邀请专家把关
5.2.2	投入的人员不足	项目延期或失控	1. 加大公司本部支持; 2. 人员招聘和培训; 3. 采用矩阵式项目组织架构,优化人力资源配置

续表 8-8

编号	风险因素	可能造成的后果	可能采取的措施
5.2.3	联合体内部各成员单位的义务、权利,以及工作接口不明确	项目纠纷不断,工作无人负责	1. 采用格式合同,做好合同评审; 2. 建立畅通的沟通协商渠道
5.2.4	总承包方与施工分包方的义务、权利,以及工作接口不明确	项目纠纷不断,工作无人负责	1. 采用格式合同,做好合同评审; 2. 建立畅通的沟通协商渠道
5.2.5	对施工分包单位管理不到位	施工进度延迟; 发生施工质量事故; 发生施工安全事故	1. 定期检查,及时纠偏; 2. 重大事项及时上报; 3. 做好项目总体策划
5.2.6	与当地政府关系不融洽	外部环境恶劣,工程受阻	1. 适当支持当地建设; 2. 建立良好沟通渠道
5.2.7	项目施工与采购脱节	采购进度不满足施工工期要求	1. 协调好项目实施与采购部门关系; 2. 做好项目采购策划,充分考虑采购所需时间
5.2.8	公司总部对项目进展不清楚	项目出现重大偏差,无法纠正	1. 实行项目进展月报制度; 2. 实行项目重大事项汇报制度
5.2.9	施工分包单位承担全部设计工程量变化风险	施工单位无法承担,项目出现纠纷,工程无法推进	超过一定工程量变化(如±15%)可进行调价;
5.2.10	供图不及时	施工返工,工期延误	1. 根据施工进度计划制订供图计划; 2. 提前催图
5.2.11	设计代表服务不到位	工期延误	1. 成立设计代表组,刻制设计代表章。施工现场常驻设计代表人员; 2. 做好施工图纸会审和设计交底
5.3	施工分包方的组织管理		
5.3.1	恶意拖延工期,要求增加合同价格	无法满足项目进度要求,总承包方被业主解除合同	1. 设置施工里程碑,并设立工期延误罚则和解约条款; 2. 施工工期与项目总工期间留有余量; 3. 加强对施工单位的签约前信用评审; 4. 合理划分标段,防止一家施工单位独大

续表 8-8

编号	风险因素	可能造成的后果	可能采取的措施
5.3.2	违法转包、分包，以包代管	施工进度、质量和安全失控	1. 抓施工单位管理人员到位情况，查社保证明； 2. 要求施工单位与我方设立共管项目银行账户，监管账户资金流向； 3. 专业分包报我方批准，合同备案
5.3.3	管理人员、技术人员能力欠缺，数量不足	施工管理混乱。工程质量、安全和工期均无法保证	1. 抓施工管理组织机构和人员按承诺到位； 2. 实行不合格人员更换处罚制度； 3. 实行人员不按承诺到位的处罚制度
5.3.4	未按施工策划文件和技术文件组织施工	施工管理混乱。工程质量、安全和工期均无法保证	1. 实行施工策划文件和技术文件审查、报备制度； 2. 实行施工策划文件和技术文件执行情况检查制度
5.3.5	施工作业人员能力不足	1. 工程延期； 2. 出现施工质量缺陷	1. 抓关键作业岗位持证上岗； 2. 技术交底和人员培训
5.3.6	施工作业人员数量不足	工程延期	制订劳动力计划。按计划检查人员投入
5.3.7	施工材料、中间产品质量不符合设计和规范要求	出现施工质量缺陷和质量事故	实行材料进场报验制度
5.3.8	施工材料、中间产品供应不及时	停工待料。工程延期	制订材料采购计划。按计划检查材料采购、排产、运输和进场等各项工作进度
5.3.9	施工机械质量不合格	1. 发生机械伤人事故； 2. 造成施工质量缺陷	实行施工机械进场报验制度
5.3.10	施工机械数量和生产能力不足	工程延期	制订施工机械设备进场计划。按计划检查机械设备投入
5.3.11	重大危险源、环境因素控制不到位	1. 出现重大安全事故和环境污染事故； 2. 工程全部停工； 3. 工期严重滞后	1. 开工前抓好重大危险源和环境因素辨识，专项技术方案的制订和审查；施工中抓好方案的实施检查； 2. 制订发生重大安全事故的应急预案

续表 8-8

编号	风险因素	可能造成的后果	可能采取的措施
5.3.12	劳动保护不到位	1.出现安全事故； 2.工程局部停工整改	1.日常、专项安全检查和整改闭合； 2.实行安全措施费按实计量，专款专用制度
5.3.13	拖欠劳工工资、供应商货款	群体事件，工人阻工	1.实行农民工工资保证金制度； 2.公布项目投诉电话，接受工人和供应商投诉； 3.及时拨付工程款
5.3.14	未执行质量验收程序	出现工程质量缺陷和质量事故	1.实行施工样板先行制度； 2.辨识工程重要工序、部位和验收阶段，严抓关键部位和环节验收； 3.严格工程款支付，未验收合格工程不予计量
6	技术风险		
6.1	设计审查未通过	工期延长	1.提供设计质量，确保外部审查一次通过； 2.设计过程中聘请外部专家进行咨询
6.2	发生设计变更	1.成本增加； 2.工期延长	1.提高设计产品质量，避免因设计质量问题引起的设计变更； 2.业主提出的设计变更，须有书面记录； 3.重大设计变更按政府有关程序办理； 4.设计变更应有对工期、费用的影响评估
6.3	施工组织设计、技术方案不可行	1.工程延期； 2.费用增加； 3.出现质量、安全事故	1.施工组织设计需由总承包方审查通过； 2.专项技术方案须有专家审查通过
6.4	施工测量控制网误差偏大，放样不准确	施工返工	1.施工测量人员持证上岗，仪器检定合格； 2.对施工测量控制网进行复核； 3.抽查施工放样质量
6.5	采用新材料、新技术、新工艺	存在质量缺陷	1.对新施工工艺进行生产性试验，确定技术参数； 2.合理确定新材料技术检测指标； 3.类似工程项目实施效果考察

8.5 总承包项目风险监控

8.5.1 风险监控的定义与目的

8.5.1.1 风险监控的定义

项目风险监控是指对项目风险规划、识别和应对的全过程进行的监视与控制,从而能够保证风险管理达到预期目标。具体来讲,风险监控是指追踪已识别的风险,监测其触发条件和发展变化过程,审查风险应对策略的实施,并评价其效力;识别、分析和规划新生风险。

8.5.1.2 风险监控的目的

风险监控的目的主要表现在以下几个方面:

(1)及时跟踪和度量已识别的风险状态。通过开展持续的项目风险识别和度量,把握原来已识别出的风险动向,分析项目的原有风险状态是否已经改变及其发展趋势如何。

(2)及早识别和度量项目的新风险。工程项目风险具有潜伏性、多变性,在施工过程中,不断会有新的风险出现,通过风险监控及早发现项目所存在的各种新的风险及新风险的各种特性,并制订新风险应对预案。

(3)避免项目风险事件的发生。对识别出的项目风险,积极采取各种风险应对措施,努力避免项目风险事件的发生,从而确保项目不会造成不必要的损失。

(4)消除项目风险事件的消极后果。项目风险并不都是可以避免的,有许多项目风险会由于各种原因而最终发生,这种情况下的项目风险监控是要积极采取行动,努力消除这些风险事件的消极后果。

(5)充分吸取项目风险管理经验与教训。通过分析风险监控数据,对项目风险的发生发展变化规律及风险应对的效果进行总结,从中吸取经验和教训,从而避免在今后发生同样的风险事件。

8.5.2 风险监控的方式

总承包项目风险监控的方式较多,风险管理人员应根据项目的实际情况,选择几种组合方式对项目的风险进行高效的监控。风险监控主要有以下两种方式。

8.5.2.1 建立风险预警系统

通过建立风险预警系统,及时发现风险发生的征兆,并发出预警信号,以便及时采取校正行动,并最大限度地控制不利后果的发生。建立风险预警系统的本质在于从"救火式"风险监控向"消防式"风险监控发展,从注重"风险防范"向"风险事前控制"发展。因此,建立有效的风险预警系统,对于风险的有效监控具有重要作用和意义。

8.5.2.2 定期进行风险审核

风险审核制度是监控风险的一种传统的审核方法,但也是首选方法。该方法可用于工程项目建设全过程,即从项目建议书开始到项目结束的全过程。

项目建议书、产品和服务的技术标准要求、招标投标文件、设计文件、实施计划、必要的试验都需要进行以下几方面审核：

（1）仔细核查有无错误、疏漏、不准确、前后矛盾、不一致之处。通过审核，还会发现以前或他人未注意到的或未想到的问题。

（2）一般是在项目进展到一定阶段时进行审核，而不是在项目结束后进行。审核一般以会议形式进行，在会议上提出的问题要具体，邀请多方面专家来会诊，但参加者不要审核自己负责的那部分工作。

（3）审核一般是以完成的工作成果为对象，包括项目的设计文件、实施计划、试验计划、现场的材料和设备等。审核结束后要把发现的问题及时反馈给原来负责的人员，让其马上采取行动加以解决。

8.5.3　风险监控的流程与监控结果的运用

8.5.3.1　风险监控的流程

总承包项目风险监控的流程如图 8-2 所示。

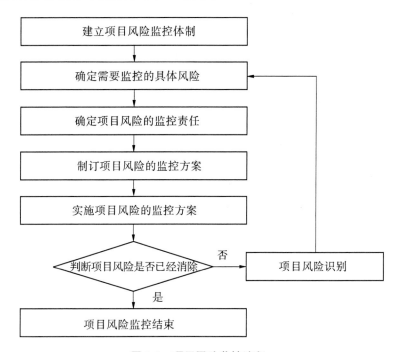

图 8-2　项目风险监控流程

（1）建立项目风险监控体制。包括制定项目风险监控的方针、程序及各种风险管理工作制度，例如项目风险责任制、项目风险报告制、项目风险监控决策制等。

（2）确定需要监控的具体风险。按照项目风险发生概率、后果严重程度、风险监控资源等情况确定出对哪些项目风险进行监控。

（3）确定项目风险的监控责任。项目风险的监控必须落实到人，并要确定其所负的具体责任。

（4）制订项目风险的监控方案。首先要找出能够监控项目风险的各种备选方案，然后对方案进行必要的分析和评价,以验证备选方案的效果,最终选定要采用的风险监控方案。

(5)实施项目风险的监控方案。一是要根据监控方案对项目风险进行实时监控;二是要根据项目风险的实际发展与变化,不断地修订项目风险监控方案与办法。

(6)判断项目风险是否已经消除。如果认定项目某风险已经解除,则该项目风险监控作业完成;若判定某项目风险仍未解除,则需要重新识别和度量项目风险,然后按图 8-2 所示步骤开展下一步的项目风险监控工作。

8.5.3.2　风险监控结果的运用

在总承包项目风险监控的过程中,通过收集和分析相关的风险信息,可以促使相关责任单位和个人根据风险变化情况,采取相应的对策措施;同时,也能丰富风险管理人员的监控经验,为进一步完善风险监控工作打下坚实基础。风险监控结果的运用包括以下几方面内容:

(1)制订权变措施计划。权变措施是为了应对那些出现的、先前又未识别或接受的风险而采取的应对行动。

(2)提出纠正措施。纠正措施包括风险应急计划或风险权变措施。

(3)变更项目计划。如果需要经常执行应急计划或权变措施,则需要对项目计划进行变更以应对项目风险。

(4)更新风险应对计划。风险可能发生,也可能不发生,确实发生的风险必须进行评价,原有风险排序必须进行再评价,以便使新的和重要的风险能够得到适当的控制。

(5)丰富风险数据库。风险监控可以进一步丰富风险数据库。使用这一数据库,可以帮助项目风险管理人员快速准确识别新的风险。

(6)更新风险识别结果。根据风险监控工作中取得的经验,对风险检查表进行更新,这种更新的检查表将会对未来项目的风险管理提供帮助。

第9章 纳坝水库工程 EPC 总承包项目的组织与实施

9.1 项目概况

9.1.1 工程基本情况及其特点

9.1.1.1 工程基本情况

纳坝水库枢纽工程位于西南某省,作为西南五省骨干水源工程之一,肩负防洪、供水和农田灌溉任务。根据批复的初步设计报告,纳坝水库工程为中型水库,工程等别为Ⅲ等。工期 36 个月(1 095 个日历天),建设性质为新建。

本工程主要建筑物包括面板堆石坝、左岸溢洪道、左岸泄洪兼放空隧洞、取水隧洞及输水建筑物、交通建筑物、管理房和复建道路等。主要工程量为:土石方开挖 120.67 万 m^3、混凝土 37.48 万 m^3、土石填筑 207.34 万 m^3、钢筋制作安装 4 063 t、灌浆 19 000 m。输水管线 8.25 km、淹没区复建道路 3.698 km。

9.1.1.2 工程特点

(1)纳坝水库坝型为混凝土面板堆石坝,最大坝高 74.5 m。主堆石区就近采用河床砂卵石材料,为我国西南地区首创。且该工程所处河流河床砂卵砾石为洪冲积形成,材料级配不好,离散性较大,在行业内都面临技术挑战。

(2)纳坝水库前期地质勘察由项目所在地省级水利水电勘测设计院承担,地勘外业较为粗糙,地勘报告大坝及左岸边坡地质情况与实际地质情况相差较大,给工程施工带来较大干扰。

9.1.2 项目招标投标情况及合同主要条款

9.1.2.1 项目招标情况

项目初设批复后,项目业主——纳坝水库工程建设管理所采用 EPC 模式发包建设。2013 年 4 月,该项目通过公开招标方式邀请潜在投标人进行投标,评标方法采用综合评审法。参与本工程投标的投标人共有 5 家联合体单位,最终由中水珠江公司和 GND 集团第一工程有限公司(简称 GND 集团一公司)组建的联合体中标。2013 年 6 月,联合体与项目业主签订了《纳坝水库工程勘察设计、设备材料采购及施工》总承包合同。

总承包范围包括:①施工图阶段的勘测设计工作。②施工工作。主要包括:a.永久工程的设计、采购、施工;b.临时工程的设计与施工;c.竣工验收工作;d.技术服务工作;e.培训工作;f.质保期工作(一年)。

合同工期为 1 095 个日历天。

9.1.2.2　签约合同价及合同价格形式

纳坝水库工程 EPC 总承包合同采用固定总价合同,主要包括:初步设计概算一至四部分工程费、施工阶段勘测设计费、工程保险费、水土保持及环境保护工程部分概算等。

9.1.2.3　合同主要条款

与项目业主签订的 EPC 总承包合同和补充协议中规定的关于风险、合同计价与支付的主要条款如下:

(1)关于基准资料错误的责任。合同 9.3 款,发包人应对其提供的测量基准点、基准线和水准点及其书面资料的真实性、准确性和完整性负责。由于前期勘测设计承包人提交给承包人的上述基准资料错误导致本合同承包人测量放线工作的返工或造成工程损失的,发包人承担由此增加的成本费用和(或)相应的工期延误。承包人发现发包人提供的上述基准资料存在明显错误或疏忽的,应及时通知监理人或发包人。

(2)关于设计变更。合同 15.1.3 款,按设计变更施工,所有合同变更的结果引起工程费用的增减,按合同中规定的调整办法执行,如果发出本工程的变更指令(简称变更令)是因承包商过错、承包商违反合同或承包商责任造成的,则这种违约引起的任何额外费用应由承包商承担。

(3)关于合同价格调整。合同 17.1 款,合同价格修改为"本合同执行总价合同,在招标范围内保持不变。但以下条款约定可调范围除外"。

①甲方认可同意的超出本合同范围的项目和数量。

②遇人力不可抗拒因素造成的损失,由甲乙双方根据国家现行的有关政策规定另行协商处理。

③乙方应甲方要求增加工程需要的附加工作或更改有关工程的性质、质量、规格,由此增加的价款,执行单价合同。项目单价可直接套用原投标文件工程量清单中相同项目单价或参照原投标文件工程量清单中类似项目单价执行,如无相同或类似项目单价,则由投标人根据原投标文件引用的相关定额编制新单价报监理人及发包人审核批准后执行。

(4)关于合同支付方式。EPC 总承包合同约定"工程进度款按月支付";后补充协议约定"工程进度款按形象进度节点进行支付"。

9.2　项目组织结构

9.2.1　机构设置原则

(1)目的性原则。根据目标设事,因事而设置机构,划分层次,定岗、定责,从而使责权利达到统一平衡。

(2)信息畅通原则。EPC 总承包项目的组织结构必须能保证各类信息的有效流转。

(3)适应性原则。EPC 总承包项目的组织结构必须充分发挥 EPC 模式的优点。

(4)兼顾流程管理原则。EPC 总承包项目的组织结构必须兼顾 EPC 模式下总承包商各种工作的具体流程。

（5）灵活机动原则。EPC 总承包项目的组织结构的设计应尽量使该组织机构简单、人员精简、效率最高等。

9.2.2　组织机构框架

根据上述原则，中水珠江公司组建如图 9-1 所示的 EPC 总承包项目部，并派出项目经理和必要的项目管理人员，负责项目协调管理，EPC 总承包项目部设 2 名项目副经理（1 名由中水珠江公司派出、1 名 GND 集团—公司派出）；由中水珠江公司组建勘察设计管理部和施工管理部，负责具体的项目勘察设计和施工管理工作；由 GND 集团—公司组建施工项目部，负责具体的项目施工。施工项目部经理作为 EPC 项目部副经理参与项目决策和协调管理。

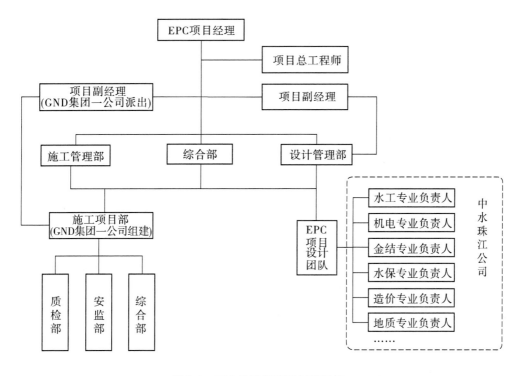

图 9-1　EPC 总承包项目组织架构

9.2.3　项目组织主要职责分工

9.2.3.1　项目经理（中水珠江公司总承包事业部派出）职责

项目经理在公司的授权范围内，代表公司全面履行与业主签订的 EPC 总承包合同与书面承诺，是总承包合同的第一责任人；负责主持项目经理部的全面管理工作；协调好各方面的关系；负责总承包项目所需人、财、物的组织管理与控制。主要职责有：

（1）贯彻执行国家有关法律法规、方针、政策和强制性标准，执行本公司的管理制度，维护公司的合法权益。严格履行合同中的权利和义务,对工程项目全面负责。

(2)经授权组建项目部,推荐、选择和聘用项目部主要成员,确定项目部人员的职责。代表公司组织实施工程总承包项目管理,对实现合同规定的项目目标负责。

(3)批准项目总体控制计划、勘测设计计划、项目采购计划、施工总进度计划、项目财务资金计划。

(4)组织制定项目的总目标、阶段目标,并进行目标分解。

(5)在授权范围内负责协调和处理与项目有关的内、外部事项,及时解决项目管理过程中出现的问题。

(6)适时做出项目管理决定,负责组织制定项目实施目标,对项目的安全、进度、质量、费用等实施控制。

(7)管理和主持项目部日常工作,组织制定项目的各项管理制度。定期向顾客(业主)和公司主管领导、有关职能部门汇报工程进度情况和项目实施中存在的重大问题及有效处置措施。

(8)负责组织工程竣工验收。竣工验收后,组织档案资料的整理、归档工作。

9.2.3.2　项目副经理(中水珠江公司总承包事业部派出)职责

履行分管范围内的职责。公司派出的项目副经理,项目经理不在现场时,经项目经理授权,履行项目经理职责。

项目副经理协助项目经理具体负责分管技术工作(如设项目总工程师,由项目总工程师负责),主要职责有:

(1)对工程项目的技术、质量负责。

(2)审查项目总体控制计划、勘测设计计划、项目采购计划等策划文件。

(3)负责组织审批设计策划文件、施工组织总设计、机电设备安装调试方案、设备采购的技术性参数;组织解决施工中的重大技术问题。

(4)在项目实施过程中,主持项目部的技术工作;批准工程项目技施设计文件。

(5)审查优化设计方案、施工方案、设计和施工变更方案,负责科技推广应用管理。

9.2.3.3　项目副经理(GND集团—公司派出)职责

履行分管范围内的职责。主要负责协调工程施工中存在的问题及施工项目部的全面管理工作。

9.2.3.4　设计管理部(中水珠江公司水电院派出)职责

设计管理部主要负责设计管理工作。主要工作有:

(1)组织审查工程设计必备条件的可靠性和完整性。主要条件为:EPC总承包合同、初步设计报告、项目基础资料。

(2)做好设计开工前的准备工作,组织设计班子,商定设计各专业负责人。

(3)组织各专业确定工程的设计标准、规范、统一设计规定并严格执行,把好设计质量关。在设计中贯彻执行公司关于设计工作的 QES 管理体系文件要求。

(4)编制项目设计计划,提出设计的指导思想、依据、原则、分工、要求和内外协作关系,并把各项工作落实到各专业负责人。

(5)负责组织有关专业参加设计协调会议,协调与协作设计单位的分工范围和接口条件关系。

(6)按照合同规定,及时将设计方案及文件提交业主审查、确认。根据业主的意见补充、修改后,进行下一步工作。

(7)会同工程部,根据主进度计划编制设计进度计划。

(8)当设计方案需变动时,应事先通知合同部,并报告项目经理批准后实施。

(9)组织做好业主变更和内部变更的设计工作。

(10)组织安排工程设计阶段全过程的工作任务,指导和促进各专业之间问题的解决,按期向施工单位提交采购必需的技术文件,对报价进行技术评审,并要求施工单位及时返回制造厂提供的设备订货先期确认图和最终确认图。

(11)主持有关的设计工作会议。

(12)负责编写工程设计说明,汇总各专业文件,提交工程设计文件。

(13)工程施工前负责组织设计交底和设计修改工作,尽量将设计问题在施工之前处理完毕。

(14)组织处理现场提出的施工、试运行中的设计问题。

(15)参加试运行、生产考核、合同项目验收,组织各专业人员做好工程设计总结。

9.2.3.5　施工管理部(中水珠江公司总承包事业部派出)职责

施工管理部主要负责施工管理,包括施工进度、质量、安全的控制和管理。主要工作有:

(1)参加设计图纸会审和设计技术交底,对项目工程设计提出意见和要求。

(2)组织编制总体工程布置设计。明确项目的施工工程范围、任务、工程部组织方式、施工准备工作、施工的质量、进度、安全控制的原则和方法等。

(3)根据总体进度计划,组织编制施工进度计划、设备进场计划、材料使用计划。并对各项工作的进度进行跟踪和动态管理。

(4)会同业主、监理,建立材料、设备的检查验收程序和施工验收程序。

(5)对施工过程中的安全、文明施工的管理。

(6)审核施工单位的技术方案,并监督其按方案实施。

(7)加强本工程质量控制、验收检查等,组织编制、落实质量计划工作。

(8)负责项目质量统计报表工作,及时上报有关部门,参加质量事故的处理。

(9)参加施工质量验收,工程质量资料的填写及签字并交综合部归档。

(10)组织编制竣工资料。

(11)编制施工管理工作总结。

9.2.4　项目现场机构人力资源配置

根据项目建设期间专业需求和成本的平衡,项目现场机构常驻地人员数量见表 9-1。建设高峰期间根据工作需求动态调整,增派人员前往项目现场以弥补管理力量的不足。

表 9-1　项目现场机构人力资源配置表

序号	岗位	数量/人	说明
一	项目经理	1	
二	项目副经理	1	总承包单位派出
三	项目副经理	1	GND 集团一公司派出
四	设计管理部		
1	部长	1	
2	地质工程师、设计代表	2	按不同阶段,配不同专业
五	施工管理部		
1	部长	1	项目副经理兼任
2	专职安全员	1	
3	质量管理员	1	
六	综合部		
1	部长	1	
2	合同工程师	1	
3	文档管理员	1	
4	司机	1	
	共计	13	高峰期(其中 12 人为总承包单位派出人员)

9.3　项目采购与分包策划

9.3.1　牵头单位承担的总承包任务清单

中水珠江公司作为联合体牵头单位,在考虑联合体伙伴的竞争优势和自身资源条件、项目盈利条件的基础上,将主体工程(除灌浆工作)施工交由联合体伙伴——GND 集团一公司(主营业务为水利水电工程施工)负责,而公司负责总承包管理、设计、灌浆、金属结构、机电采购及安装、复建公路施工、管理楼施工、水保与环保工程施工。2013 年 7 月,中水珠江公司与 GND 集团一公司签订《纳坝水库枢纽工程 EPC 总承包合作协议书》(简称《总承包合作协议》),细化了双方责权利。具体而言,GND 集团一公司负责除灌浆工程以外的面板堆石坝、左岸溢洪道、左岸泄洪兼放空隧洞、取水隧洞及输水建筑物,中水珠江公司承担的总承包任务清单见表 9-2。

表 9-2　联合体牵头单位承担的总承包任务清单

序号	工程名称	序号	工程名称
	第一部分　建筑工程	3	水库淹没公路复建工程
一	挡水工程	五	房屋建筑工程
（一）	面板堆石坝工程基础处理工程	1	管理楼工程
1	固结灌浆钻孔	六	其他建筑工程
2	固结灌浆	1	厂区环境建设工程
3	帷幕灌浆钻孔		第二部分　机电设备及安装工程
4	帷幕灌浆	1	变电设备及安装工程
二	泄洪工程	2	公用设备及安装工程
（一）	溢洪道工程		第三部分　金属结构及安装工程
1	固结灌浆钻孔	一	泄洪工程
2	固结灌浆	1	闸门设备及安装工程
（二）	泄洪兼放空隧洞工程	2	启闭设备及安装工程
1	固结灌浆钻孔	3	其他设备及安装工程
2	隧洞固结灌浆	二	引水工程
3	隧洞回填灌浆	1	闸门设备及安装工程
三	引水工程	2	拦污设备及安装工程
（一）	隧洞及引水口工程	3	启闭设备及安装工程
1	固结灌浆钻孔	三	管线工程
2	隧洞固结灌浆	1	钢管制作及安装工程
3	隧洞回填灌浆	2	其他设备及安装工程
四	交通工程		第四部分　水土保持工程
1	新建公路（路基 8 m）		第五部分　环境保护工程
2	改建公路（路基 8 m）		

9.3.2　分包策划方案

中水珠江公司在分包策划时考虑了以下因素：

（1）EPC 总承包合同条款相关规定。EPC 总承包合同第 6.2.7 款，"承包人在同等条件下应优先选用本地企业品牌"，此外，对合同分包并无明确限制，但强调分包应经发包人同意。

（2）公司自身技术力量和优势。公司本身具有雄厚的水利水电工程勘察设计能力和经验，拥有设计部门、总承包事业部、地质勘探院等二级机构。

（3）成本风险管控因素。由于 EPC 总承包合同为固定总价合同，因此为有效防范成本超支风险，委外合同如果适用总价合同，尽量采用总价合同。

（4）任务实施工作量和难度。如果任务实施难度大，利润空间不大，公司由于投入资源限制，可考虑将这部分任务进行分包。反之，则由公司自行承担。

综合考虑以上因素，公司设计部门承担主要设计任务，地质勘探院承担灌浆及部分建筑工程工作，总承包事业部承担总承包管理和部分设计工作。对于环境保护工程，由于施工过程中的环保措施一并纳入施工任务中，可由施工承包商完成，策划时暂时不需要考虑这部分任务的分包问题。分包策划方案经业主同意后予以实施，委外任务见表9-3。

表9-3　委外任务一览表

序号	任务名称	合同性质
1	水库淹没公路复建工程	总价合同
2	管理楼工程	总价合同
3	其他建筑工程	总价合同
	其中：水库标识牌制作安装	单价合同
4	机电设备与安装工程	总价合同
5	金属结构设备及安装工程	总价合同
6	水土保持工程	
	其中：绿化工程	单价合同
	挡墙、河道外观整治工程	总价合同
7	工程保险	

9.4　项目实施工作

9.4.1　工程设计实施

中水珠江公司作为联合体牵头单位，充分发挥其设计优势及项目管理能力，优化设计，加强设计内部协调和现场设计代表服务工作，以及设计-施工的协调工作，致力于解决重大技术问题，进行技术创新。在总体设计框架下，使设计、采购和工程造价紧密结合，使设计更符合工程实际，更具可实施性，从设计源头上有效减少和控制变更，缩短了建设工期，节约了工程投资。纳坝水库大坝开挖揭露河床段趾板弱风化基岩面由原设计 708 m 高程抬高到 723 m 高程，减少了基岩开挖量及大坝填筑料，节约了投资，节省工期 6 个月；取消右岸取水隧洞，取水与左岸泄洪放空洞相结合（三洞合一方案），节约工期 3 个月，节约投资数百万元。

9.4.1.1　设计优化

1. 大坝河床段趾板二次定线

根据现场实际开挖的地质情况，大坝河床段趾板弱风化基岩面由原设计 708 m 高程抬高到 723 m 高程,且坝基基岩完整性较好,工程地质条件满足建坝要求。根据《混凝土面板堆石坝设计规范》(SL 228—2013)第 3.1.3 条文第 5 条"在施工初期,趾板地基覆盖层开挖后,可根据具体地形地质条件进行二次定线,调整趾板线位置"相关规定,设计单位对河床段趾板开展二次定线工作。

为给趾板二次定线提供充实依据,中水珠江公司于 2014 年 11 月对河床段趾板新线位置进行补充勘察,地质钻孔 3 个,钻探合计深度 35 m,并进行了物探声波测试,声波测试深度 32.6 m。2014 年 11 月 24 日,项目业主委托了一家省级水利水电工程咨询有限责任公司对二次定线设计方案进行了咨询,根据咨询意见中水珠江公司又对原钻孔进行加深,并进行了 9 组穿孔声波测试,合计钻孔 9 个,总深度 151 m,其中地质钻孔 3 个,总深度 55 m,潜孔钻 6 个,总深度 96 m;单孔声波测试 55 m,跨孔声波测试 9 组。最终《纳坝水库工程河床段趾板二次定线设计专题报告》报送行政主管部门审查,经审查,同意该设计报告成果。

2. 取水隧洞设计优化

纳坝水库初步设计方案中泄洪洞及导流洞布置在左岸为两洞合一方案,而取水隧洞布置在右岸,洞径 1.5 m。施工图设计阶段,考虑原取水隧洞洞径偏小,根据国内已有同类工程施工出现的情况,机械化施工难度及安全风险较大,取水隧洞存在由非关键线路变成制约工程完工的关键工期的较大风险。因此,对原方案进行优化设计,取消右岸取水隧洞及取水塔,调整至左岸与泄洪放空洞和导流洞相结合,共用一个闸门竖井的方案(三洞合一方案)。

泄洪放空洞主要结构及尺寸不变,由进水有压段、闸门井、龙抬头和导流洞段组成。有压段 75 m 后接 14.5 m 长的闸门井,闸门井内布置 1.5 m×2.4 m 的平板检修门和 1.5 m×1.8 m 的弧形工作门,后接 79.852 m 龙抬头段,龙抬头段之后为利用导流洞段。有压段断面为直径 3 m 圆形洞,闸门井尺寸为 14.5 m×12.5 m(顺水流向×垂直水流向),龙抬头段为宽 2.5 m、高 3.5 m 的城门洞形,导流洞段的过流宽度由原来的 4.6 m 变为 3.8 m。

取水建筑物为双层取水,由 1 号取水隧洞、2 号取水隧洞、高位水池组成。1 号取水隧洞进口底板高程 773.0 m,洞身为圆形断面,洞径 2.0 m,Ⅳ类围岩;2 号取水隧洞(放空洞)进口底板高程 753 m,洞身为圆形断面,洞径 3.0 m,为Ⅳ类、Ⅴ类围岩。

水库正常蓄水位 790.0 m,防洪限制水位 780.0 m,死水位 759.0 m。水库正常运行时只启用 1 号取水隧洞取水,此时取水与泄洪放空互不干扰,当水位低于 1 号取水隧洞进口高程后,方才启用 2 号取水隧洞。故该方案可满足水库正常运行调度及分层取水生态要求。

3. 石料场设计优化

石料场清表开挖及坑槽探揭露石料场确实处于岩溶强烈发育区,初步设计描述的"零星"出露的基岩几乎是石笋或石芽,覆盖层厚度平均大于 17 m,而初步设计计算覆盖层厚度为 8.5 m,覆盖层厚度与初步设计发生了较大变化;另外,强岩溶区的石料场大量石笋或石芽的存在大大增加了开采难度,直接影响了"可作为土料用"的可操作性。再加上原石料场背后紧靠 WM 县某鞭炮厂仓库,开采范围距此仓库 0~400 m,鞭炮厂仓库搬迁难度较大,因安全距离不合要求,火工炸药难以得到审批及受附近村民阻工等不利因素影响导致开采停止。

按照原石料场平均覆盖层厚度大于 17 m 计算(采用方格网计算),无用层储量达 50 多万 m^3,较原设计多出将近一倍,且根据坑槽探结果,可采高程 668 m(路面高程)以上有用层储量为 27.67 m^3,与设计用量差距达 34.3 m^3,不仅开采难度大,且石料储量不能满足大坝填筑需求。为此,公司派出岩溶地质专家现场论证,经论证原料场处于强岩溶发育区,继续利用价值不高。EPC 总承包单位及时更改料场方案,积极寻求新料场,新料场勘察工作量极大,EPC 总承包单位一边补充勘察,一边与县政府、省水利厅相关部门积极沟通,利用设计单位强大的技术实力,在原石料场附近找到新灰岩料场,新料场避开强岩溶发育区,覆盖层厚度较小,开采价值大,同时得到了省水利厅、原初步设计审查单位及县政府的高度认可。

9.4.1.2　设计-施工联动技术创新

1. 充分利用天然建筑材料筑坝

纳坝水库在我国西南地区首创性采用河床天然砂砾石料作为筑坝材料。项目所在河流的河床砂卵砾石为洪冲积形成,材料级配不好,离散性较大,在行业内都面临的技术挑战,填筑参数无可复制参考案例。针对本工程坝址区域强渗透河床砂砾石料的开采、筑坝技术,中水珠江公司邀请了水规、水工、地质专家进行咨询,并为此做了大量的科研工作,与施工项目部共同成立科技攻关小组,对可开采区域河床砂砾石料进行多点位、高频次取样检测和工艺性碾压试验,最终确定了一整套满足工程功能需要的筑坝施工技术参数,优质高效地保证了坝体如期填筑封顶。

河床砂砾石料为当地天然建筑材料,可节省工程投资,并对环境保护有利,避免了爆破开采带来的粉尘、噪声等一系列环保问题。取料筑坝同时完成了河床的清淤、疏浚工作,增加了河道的行洪能力。

2. 采用可控灌浆技术

纳坝水库河床段覆盖层以洪积块石、漂石及砂卵砾石为主,且厚度较大,防渗处理难度较大。根据工程实际情况,中水珠江公司及时调整了设计,采用可控灌浆技术并结合袖阀管技术,帷幕灌浆效果明显,保证了趾板基坑的顺利开挖,为大坝如期填筑提供了保证。并在此基础上申报了发明专利。

3. 挤压边墙技术的应用

工程开工之初,EPC 联合体就纳坝水库工程枢纽混凝土面板堆石坝上游坡面斜坡碾压工艺进行了探讨,针对工艺落后、施工安全风险高、质量难以保证等问题,开展先进工艺探索。经过 EPC 联合体共同优化调整,最终确定了大坝上游坡面挤压边墙工艺技术,并专门定制了连续挤压成型边墙机。此工艺不仅节约了传统的斜坡碾压繁琐的流程和复杂的设备工艺,更大大降低了施工安全风险、提高了大坝填筑效率和质量。

4. 大断面竖井开挖工艺

纳坝水库将初设方案中泄洪洞及导流洞布置在左岸为两洞合一方案,调整为三洞合一方案,即将右岸的取水隧洞及取水塔,调整至左岸与泄洪放空洞和导流洞相结合,共用一个闸门竖井,这就使得竖井的开挖断面大大增加。本工程地处西南地区典型喀斯特地貌区域,且坝址区左岸山体存在堆积体和顺向边坡等不良地质情况,给大断面竖井的开挖带来了重重困难。经过 EPC 联合体专家团队反复研究后,制订了"通心溜渣井+井底隧洞出渣+光面爆破扩挖"的竖井开挖工艺,取代了原定传统的"爆破+机械装渣+塔机提升出渣"的烦琐工艺,提高了施工速度,更极大地减小了施工作业对山体的影响,确保了整体安全稳定。通过设计优化节约了工程投资,节约了工程工期,并保证了隧洞安全施工的可控。

5.铜止水片连续成型技术的应用

大坝面板止水是混凝土面板堆石坝的核心控制项目,为确保面板板间缝、周边缝高标准止水效果,施工单位结合自身多年水利水电施工经验,与机械制造厂家联合制造了适用于本工程 W 型、F 型、T 型铜止水带的复合型铜止水带连续成型机,基本实现了板间缝止水带无焊接整体成型,确保了止水带高标准质量。

9.4.1.3　加强设计内部协调和现场设计代表服务

1.设计内部协调

纳坝水库工程 EPC 项目为公司一级经营项目,勘察设计工作由公司水电院牵头组织实施,总承包事业部完成部分设计工作。项目成立了公司级协调组织,在公司层面配置和调度项目所需资源,从整体实施看,项目内部生产组织协调较为顺畅。

2.现场设计代表服务

现场设计代表工作人员由总承包事业部和公司水电院共同派出人员承担,根据需要定期或不定期前往工地现场解决设计问题。此外,现场 EPC 管理人员兼任现场设计代表,随时传达设计信息和解决现场问题。

9.4.2　工程采购与分包实施

在进行工程采购与分包合同策划的基础上,公司在采购与分包合同履行过程中,还采用了以下措施:

(1)采用招标方式进行分包合同发包。根据总承包合同要求,要尽量采用本地品牌企业产品或服务。为此,公司通过了解当地建筑市场有关主体能力,同时考虑分包合同金额对市场主体的吸引力,对水库复建道路、管理楼工程、水土保持工程挡墙施工、大坝后坝坡硬化等工程施工任务,采用公开招标、合理低价评标方式进行采购。对于专业性强的任务,采用邀请招标、综合评标方式进行采购。

(2)公司严格履行合同,按照总价支付方式对分包方进行工程款支付。对复建道路、金属结构制作及安装、安全监测、灌浆工程均采用总价方式进行分包,采用形象进度节点支付,利于工程成本控制,同时也利于分包商的合同绩效考核。

(3)高度关注分包合同违约条款的设置。拖欠农民工工资是建筑市场痼疾,而这又是国家和地方政府关注的重点问题。为防止分包商拖欠农民工工资而导致的不利影响,在分包合同违约条款中专门规定拖欠农民工工资作为违约条款之一。

9.4.3　工程施工实施

9.4.3.1　建立质量管理组织机构和激励制度

(1)建立质量管理组织机构。质量是工程之本,是企业生存发展之源泉。中水珠江公司作为牵头单位,高度重视工程施工质量管理,要求总承包项目部和施工单位分别成立质量管理机构,联合体内部形成了不同层级的质量管理和检查机构。牵头单位以设计的原则控制施工质量,整个施工过程中严格按照设计图纸进行施工,施工过程中未发生任何质量事故,5 个单位工程质量均达到合格标准,其中 2 个单位工程质量为优秀。施工单位每日晚上下班前各班组召开会议,对当日的施工质量、安全、进度进行归纳总结,发现问题及时进行纠偏。

（2）制定施工承包商激励制度。公司与联合体成员方的 GND 集团一公司,除签署主合同《纳坝水库工程 EPC 总承包合作协议》外,还专门出台了《安全文明施工、质量、进度管理考核和奖励办法》,额外划出预算作为对 GND 集团一公司的奖励金。

9.4.3.2　进度实施情况

1. 进度管理主要措施

在进度管理方面,公司着重采取了以下三个方面的措施：

（1）重视施工计划的审核及实时监控,尤其是重视实施过程中的施工组织优化。

（2）做好文字记录和档案管理,为合理索赔工期提供依据。

（3）做好沟通交流和统筹协调工作,保证设计进度满足施工进度要求,避免现场管理陷入被动局面。

2. 进度管理效果

纳坝水库工程完工时间比合同工期滞后约半年,工期滞后的主要原因在于左岸古滑坡体变更、料场变更、趾板二次定线。但是在遇到左岸古滑坡体、石料场储量不足等不利条件下,由公司设计牵头的 EPC 模式充分发挥了技术优势,克服了诸多困难,如期完成了导截流和达到度汛高程,顺利实现下闸蓄水。总体来看,项目进度控制较好,获得业主认可。

9.4.3.3　质量管理情况

1. 质量综述

纳坝水库工程共包括 5 个单位工程,分别为混凝土面板堆石坝工程、溢洪道工程、泄洪放空及引水洞工程、输水管线工程、房屋建筑及其他附属工程。2019 年 4 月 16 日通过单位工程验收会议,5 个单位工程质量均为合格,2021 年 9 月 27 日完成竣工验收。单位工程质量评定情况见表 9-4。

表 9-4　纳坝水库工程单位工程质量评定统计表

序号	单位工程名称	分部工程			外观质量得分率/%	单位工程质量等级
		数量/个	优良分部/个	优良率/%		
1	混凝土面板堆石坝工程	11	8	72.7	92.7	优良
2	溢洪道工程	9	5	55.6	87.8	合格
3	泄洪放空及引水洞工程	7	3	42.9	85.2	合格
4	输水管线工程	2	0	0	78.1	合格
5	房屋建筑及其他附属工程	1	1	100	好	优良

2. 质量缺陷

（1）砂砾料填筑缺陷处理。由于在河床开采、河床局部地段砂砾石级配不均匀，部分粒径超过 600 mm，且含泥量偏高，导致部分砂砾料级配超出设计包络线。大坝砂砾料填筑施工中，经现场取样，坝轴线下游 EL741～EL742 填筑层部分级配超出设计包络线，影响大坝的填筑质量。处理措施有：①对于现场不合格的砂砾料全部挖出，作为弃料。②根据现场检测报告，及时调整河床部位，合理调节级配料径颗粒，装车时合理掺和各级配料径颗粒。③开采时避开含泥量偏高的区域，选择含泥量满足要求的区域开采，无法避开时，可将表层含泥量偏高的砂砾石料挖除弃往弃渣场，开采下层质量满足要求的砂砾石料。针对部分粒径超过 600 mm 的问题，采取在自卸汽车箱体顶部设置活动钢条筛的办法，装车时剔除粒径超过 600 mm 的大块石。④对砂砾料选取严格要求，挖装砂砾料的操作手集中进行培训，挑选含泥量、粒径适中的砂砾料。⑤增强质量意识，经返工的砂砾料全部进行取样合格、监理验收签证后，才进行下一道工序。

通过切实可行整改、改进，砂砾料的质量明显的改观，从取样的结果来看：特征粒径中小于 0.075 mm 含量满足设计要求；颗粒级配满足设计要求。

（2）过渡料施工缺陷处理。过渡料在大坝施工过程中，EL755～EL756 填筑层出现超径石，部分级配超出设计包络线，影响大坝的填筑质量。主要原因为：混装乳化炸药装药密度比普通铵油炸药大，为确保安全，堵塞长度较一般爆破长，孔口容易产生超径石；爆破部位岩石层理裂隙发育，爆破中容易产生超径石。处理措施有：①现场采取集中解炮，或挖运到堆石区；②加强挖装操作手培训，超径石一律不能上坝；③改变了孔网参数，采用"深孔微差挤压、宽孔距、小排距、小抵抗线爆破法"施工技术，增加爆破块体相互碰撞挤压，降低超径石百分率；④增大爆破规模，减少爆破次数，减少因多次临空面出现超径石；⑤严格控制钻孔质量，按照爆破设计孔并保持孔底在同一高度，使爆破质量在岩石中合理分布，从而降低超径石含量；⑥堵塞段加一 ϕ70 乳化炸药破碎药包，使得原因堵塞段长，孔口容易产生超径石的情况减少；⑦炸药材料——混装药基质中添加一定比例多孔粒硝酸铵，形成爆力加强的重铵油炸药，降低超径石的产生。

通过改进爆破参数、装药结构，爆破出的过渡料经多次试验取样颗粒级配满足设计要求，超径石明显地减少，并且加强了挖运及现场填筑质量控制，过渡料的填筑质量满足设计要求。

（3）水库管理房质量缺陷处理。管理楼二层混凝土在施工过程中，局部因模板接缝处松动，张开后漏浆，而施工人员没有及时发现，造成新旧混凝土接缝部位出现蜂窝麻面，严重影响了管理房的整体外观质量。该不符合项按照质量缺陷进行处理，制订了《纳坝水库工程管理楼二层混凝土质量缺陷专项施工方案》，该方案经监理、业主审批后由专人负责实施，处理后经检查外观质量满足规范要求。

（4）右岸趾板混凝土质量缺陷处理。在省水利工程建设质量与安全监测中心对纳坝水库进行质量检查中，发现右岸趾板 ZB4、ZB5 两块 C25 混凝土强度不满足设计要求。项目部针对趾板多次召开质量专题会议，分析的原因主要为混凝土施工工艺现场控制不力及质量管理控制不到位。趾板混凝土浇筑施工过程中，入仓后的混凝土振捣不到位，浇筑完成后养护时间少于规范要求的 14 d，造成趾板混凝土表面碳化严重。混凝土施工过程中,现场施工管理人员责任心不强,未监督到位。

处理措施:对混凝土施工作业班组进行质量教育培训,经培训测试合格后上岗。现场加强混凝土试验检测力度和频次,确保混凝土施工质量可控;针对 ZB4 和 ZB5 两块趾板局部质量缺陷,根据规范要求,经过参建各方讨论,为确保坝体整体安全稳定和水库蓄水安全,对有缺陷的两块趾板采取拆除重浇处理。

通过切实可行整改、改进,趾板、块的质量明显改观,从取样的结果来看,整改结果满足设计要求。

(5)面板裂缝处理。纳坝水库混凝土面板于 2016 年 4 月 23 日全部浇筑完成,面板裂缝普查时间为 2016 年 5 月 6 日至 2016 年 5 月 22 日。裂缝普查由施工、监理、业主三方共同开展,并形成普查统计表,根据裂缝宽度、走向、深度、是否贯穿等特性对裂缝进行分类,根据不同类型裂缝采取不同的处理措施。

温度和干缩引起的裂缝是主要的,温度冷缩、干缩时受到基础约束而在混凝土内诱发拉应力,是使面板产生裂缝破坏力的内因。混凝土抗拉强度和极限拉伸值等自身抗裂能力有限是产生裂缝的内因。

裂缝处理严格按照以下五步进行:①处理前对处理部位面板的裂缝进行全面详细的检查、素描和编录,包括裂缝数量、所在块位、位置高程和坐标、裂缝宽度、长度和深度,作为裂缝处理的依据。普查成果须经监理、业主方签字确认。②分析裂缝产生的原因,并确定裂缝的类别(温度缝、结构缝、施工缝和其他缝)。为更好更准确地分析裂缝产生的原因,加强对坝体变形的观测,结合以往数据,对观测数据进行系统地分析。③分析裂缝对建筑物的危害,确定处理要求。④根据裂缝的实际情况,拟定合适的处理方案,经参建各方确认后付诸实施。⑤效果检查。处理完成后,由参建四方进行检查,直到满足要求。上述五步程序完成后,将处理过程的资料整理归档。

针对不同的裂缝类型,采取上述不同的处理工艺,经压水试验检测,透水率符合设计要求,现已全部完成对面板裂缝的处理,面板整改结果满足设计要求。

9.4.3.4　安全管理情况

纳坝水库工程自开工以来,施工过程中未发生安全事故,安全文明施工均满足地方职能部门要求。2014 年度水利部到纳坝水库工地现场进行安全标准化建设考核,受到专家的好评和肯定;2014 年当时项目所在省的省长到纳坝水库视察,对纳坝水库的安全管理和文明建设表示肯定和赞扬;2016 年 3 月水利部中型水库安全专项稽查组到纳坝水库进行稽查,对工地的安全文明建设表示高度肯定。

9.5　工程收尾和试运行管理

9.5.1　工程收尾管理

工程收尾阶段,公司按照竣工验收的相关规定,积极做好完工结算和档案管理工作。

9.5.1.1　完工结算

本项目为总价承包合同,工程款按形象进度节点支付。施工过程中按照总承包模式进行管理,进度款按节点进行总价支付,结果工程量未据实计量。

完工结算阶段,结算审核单位未严格按照合同条款进行总价审核。合同可调整情形按照单价合同计价。纳坝水库工程合同可调整情形主要包括:

(1)二次定线变更。坝基趾板高程从初步设计报告 708 m 提高至 723 m,改变了大坝工程的坝高,由此引起工程量的变化,按工程量的增减量以合同单价进行调整合同价。具体实施为:以合同清单扣减坝基趾板抬高节省工程量,即为结算审核完成的实物工程量。

(2)左岸溢洪道边坡滑坡治理工程和左岸坝址下游古滑坡体治理工程变更。左岸溢洪道边坡滑坡治理工程和左岸坝址下游古滑坡体治理工程变更工作内容超出了招标范围,增加了工程内容,按单价合同计算。

(3)料场变更。料场条件发生变化,超出了招标范围,增加了工作内容,按单价合同计算。

(4)三洞合一变更。变更改变了招标范围内工程的方案,按单价合同计算。

(5)交通工程。公路工程桩号、长度变更,按单价合同计算。

(6)输水工程中甘河沟管桥未施工、劳动安全与工业卫生设备及安装未实施、交通设备未采购移交、环境保护工程中移民安置环境保护未实施,按合同文件规定未完成的工作内容结算价予以扣减。

9.5.1.2　档案管理

1. EPC 总承包商档案管理职责

EPC 水利总承包项目规模近年来虽然有所增加,但相关配套的政策文件和管理办法并未出台,各地尚在试点探索阶段,相关部门对项目文件和档案收集归档范围、分类方案、保管移交等没有统一标准,值得借鉴的成熟经验较少。

EPC 总承包商在档案管理过程中的职责包括:①负责接收项目准备阶段形成的前期文件(勘察、初设、项目审批、用地手续等文件);②负责组织收集汇总项目施工阶段的施工文件;③负责收集、整理项目监理工作中形成的监理文件;④负责组织收集、整理项目设备的采购文件;⑤负责收集、整理项目工程管理文件。

2. 纳坝水库 EPC 总承包项目归档内容

EPC 工程建设档案产生于工程建设全过程,涉及勘察设计阶段、施工阶段、竣工阶段、生产试运行阶段等。因此,EPC 总承包商归档文件范围包括设计、采购、施工及试运行过程中的各种文件。纳坝水库工程归档内容如下:

(1)工程管理文件。纳坝水库项目审批文件,施工过程中的纳坝水库安全生产文明施工管理文件,工程质量技术管理文件,纳坝水库施工进度控制管理文件等。

(2)设计文件。纳坝水库建设过程中的所有设计报告、设计图纸及设计变更等。

(3)采购设备质量检测文件。纳坝水库工程所使用的设备采购合同、产品合格证、厂家检测报告、抽检报告等。

(4)施工文件。纳坝水库工程土建施工文件及设计变更材料,纳坝水库工程的单位工程、分部工程、单元工程开工申请及批复,纳坝水库工程的单位工程、分部工程、单元工程质量评定表,施工检查表和原材料及中间产品质量检测报告,竣工验收文件、竣工图、竣工验收鉴定书等。

3. 纳坝水库工程的归档资料分类整编、组卷方式

(1)工程管理文件材料：按纳坝水库工程项目管理、招标投标、合同管理等类别组卷。

(2)工程设计文件材料：按纳坝水库工程初步设计及概算、施工图设计文件、设计变更文件及批复、备案文件等类别组卷。

(3)施工管理文件材料：按纳坝水库工程项目合同段，结合文件材料性质分类组卷，分类包括施工管理、进度计划管理、技术管理、质量控制管理、计量与支付等。

(4)竣工文件材料：按照纳坝水库工程项目质量检测、竣工图、财务管理等组卷。

(5)综合管理类文件材料：按纳坝水库项目来往文件，按问题种类、时间或重要程度顺序进行组卷。

9.5.2　工程试运行内容

纳坝水库质保期为 12 个月，下闸蓄水后即投入试运行，运行管理单位为 GZ 水投水库运营管理望谟有限公司。

运管单位定期或不定期派专人对水库进行巡视检查，每年汛前运行管理单位都组织人员对挡水建筑物、泄水建筑物、闸门及启闭设备、电气电路进行深度检查，汛期派专人现场值班，根据防汛调度应用方案及省、市、县防汛指挥中心指示统一调度。

水库运行管理人员参与大坝管理以来，制订了《纳坝水库工程安全检查记录表》，每日进行一次日常巡查，截至目前，水库工程质量运行情况一切正常。工程完工后初期电气设备运行正常，未出现事故。

9.5.3　工程试运行效果

2017 年 8 月 26 日，项目所在县城单日降雨量达到 160 mm，纳坝水库 2 h 内蓄洪 130 万 m³，阻挡了洪水的"步伐"，保障了水库下游及县城安全，防洪效果明显。

2018 年 1 月起，适逢连续多月未降雨，项目所在县主要水源断流，城区严重缺水，为了保障县城居民生活用水，纳坝水库于 2018 年 1 月 12 日提前向县供水公司临时供水，结束了县城一到冬季间歇性供水的历史，解决了居民生活用水问题，为当地社会提供了有力的供水保证，截至 2019 年 5 月，已向县供水公司供水 648 万 m³，发挥了水库的社会效益，供水效益明显。

试运行期间，施工方能积极配合运管单位工作，根据实际情况进行合同范围内项目修补和完善，截至目前工程始终保持良好的运行状况。

经过 4 年运行，经观测数据显示大坝及边坡无异常，溢洪道过水通畅，闸门和启闭设备运行正常，输水系统给水通畅，各类阀门运行正常，无漏水及失控情况发生。

9.6　项目实施取得的成效与经验

9.6.1　项目实施取得的成效

(1)纳坝水库工程提前发挥了设计效益。

纳坝水库工程 2017 年 3 月 6 日正式下闸蓄水运行,同年 8 月 26 日当地遭遇洪水,水库 2 h 蓄洪 130 万 m³,有效保障了水库下游及县城安全;2018 年 1 月起当地又遭遇旱灾,连续数月未降雨,水库提前供水,解决了居民生活用水问题,提前发挥了防洪效益、供水效益和灌溉效益。

（2）项目实施过程获得了各方好评。

纳坝水库 EPC 项目实施过程中,以设计单位牵头的联合体各方作为国企,勇于承担社会责任,站在项目利益相关者角度,以业主、移民和当地政府等利益相关者满意为己任,充分发挥联合体各方的优势,克服一切困难进行技术创新、设计优化、组织管理优化,首先确保 2014 年截流、枯水期边坡支护和 2015 年的安全度汛等工程关键节点按期实现;其次在长达 6 年的工程建设期间,总承包单位与项目业主沟通交流顺畅,严格履约,不仅按照相关规范、规程、合同进行设计、采购、施工和管理,还针对项目业主、项目运行单位技术力量不足的情形,组织开展了一系列培训工作,为当地培养了一批技术干部,获得了各方好评。比如,2013 年 12 月 23 日导流洞贯通,当地县人民政府向公司发送了贺信;2014 年 1 月 24 日,蔗乡镇平亮村向公司纳坝水库 EPC 项目部参建人员发送了感谢信;2021 年 9 月 27 日纳坝水库省水利厅组织的竣工验收,当地县人民政府向公司参建人员发送了感谢信。

（3）较好地实现了项目管理目标。

从项目管理各目标实现度看,除总工期滞后半年外,纳坝水库项目质量安全、投资和廉政目标均得以实现。项目单元、分部及单位工程经验收组验收鉴定,全部 100%合格,达到合同质量目标,其中面板堆石坝工程质量评定为优良;施工过程中未发生一起安全事故,现场工地安全文件建设受到了水利部安全专项稽查组的高度肯定;工程实际投资未超概算投资,纳坝水库工程项目法人单位与参建各方签订了廉政建设责任状,中水珠江公司总承包事业部与纳坝水库项目经理签订了廉政建设责任状,项目建设全过程没有发生廉政事件。

（4）EPC 总承包合同财务营收较好。

中水珠江公司作为联合体牵头方,主要承担总承包管理、施工图勘测设计、灌浆工程、机电设备及安装工程、金属结构及安装工程、其他建筑工程、水土保持工程和环境保护工程,通过精心组织策划、优化设计、技术创新和合理分包,公司实施部分均实现了较好的财务盈利。

9.6.2　项目实施经验与启示

9.6.2.1　项目实施经验

（1）设计优化和技术创新对 EPC 总承包项目成功有着重要的保障。

理论研究表明,EPC 总承包模式下设计-采购-施工一体化,可以充分发挥总承包商的技术优势,进行设计优化和技术创新,从而缩短项目建设周期,增加设计的可实施性,从设计源头上减少和控制变更。纳坝水库 EPC 总承包项目范围是施工图设计-采购-施工一体化,发包人提供的基准资料(初步设计资料)错误或不准确对项目有着较大的不利影响。在本项目中,由于初步设计阶段勘测设计深度不足,左岸溢洪道边坡施工过程中出现了严重的滑坡体,滑坡体形成泥石流,将左岸溢洪道控制段地基、趾板及泄洪洞洞脸冲毁,对工程进度和投资影响较大。在此基础上,纳坝水库总承包项目虽然总工期有所滞后,但总承包商的设计优化和技术创新工作尽可能降低了初设深度不足对项目工期延期的影响,同时也确保了工程关键控制性进度的实现、提高了工程质量安全的保证度。比如纳坝水库大坝开挖揭露河床段趾板弱风化基岩面由原设计 708 m 高程抬高到 723 m 高程,减少了基岩开挖量及大坝填筑料,节约了投资,节省工期 6 个月;取消右岸取水隧洞,取水与左岸泄洪放空洞相结合(三洞合一方案),节约工期和投资。

(2)科学运用工程保险索赔有利于工程成本风险管控。

纳坝水库建筑工程一切险于 2013 年 12 月以直接谈判模式由中国太平洋财产保险股份有限公司广州分公司承保。2014 年 6 月 16 日晚至 20 日早上,工程地点出现了降雨量超 160 mm/24 h 的大暴雨,造成河水大幅上涨,冲毁部分施工道路,并出现大面积边坡塌方及地面基础沉降,左岸出现大范围泥石流,冲入已开挖的趾板基础、溢洪道、复建公路区域,影响范围较大,现场亦有部分设备、材料被洪水冲走。截至 6 月 21 日统计损失,左岸滑坡体滑坡土石方超过 18 万 m³,当地 35 kV 高压供电线路、工区 10 kV 供电线路损毁;1# 水池基础塌陷;水泵、鼓风机、管线、钢材、水泥等设备及材料被掩埋;临时改建公路彻底损毁;施工区、生活营地交通、供电、供水系统中断;经济损失严重,施工面貌损毁严重。另外 7 月 17 日又发生降雨量为 53.9 mm 暴雨,导致滑坡体第二轮塌方,约计 36 464 m³ 滑坡进入工程红线范围,尚未开始修复的溢洪道边坡塌方体出现扩大。

本事件中向保险公司索赔内容主要为:塌方土石清理、垮塌公路修复、砂石系统与供电线路等设施的修复。总承包项目部与保险公司的索赔谈判从 2014 年 6 月下旬事故发生开始,至 2015 年 7 月上旬达成协定,历经长达一年的多轮拉锯谈判,双方通过大量的文件及技术分析进行了针锋相对的质证。最终于同年 12 月赔付到账。

本次索赔金额与项目部预估基本差不多,整个执行过程总体上未偏离原计划,在没有前例参考的情况下,最终结果较为成功,有效降低了因不可抗力造成的成本超支风险。

(3)项目参与各方关系和谐和良好沟通是项目顺利实施的重要基础。

总体而言,在纳坝水库 EPC 项目实施过程中,公司作为总承包单位与业主、监理、施工方等项目参建各方相处融洽,合作比较顺利,尤其项目实施过程中与业主方保持良好的沟通,是项目得以顺利实施的重要基础。

①与业主、监理的沟通。a. 实施过程中,由于前期地勘资料不准,纳坝水库趾板线抬高了 13 m,料场进行了变更,左岸滑坡体两次进行治理。面对上述问题,公司项目管理人员积极与业主、监理沟通,制订了合理措施,各方密切配合,圆满地完成了纳坝水库施工任务。b. 验收阶段,该阶段重要的沟通工作是配合业主完成项目验收的各项工作,确保各项建设程序合规合法。根据现场实际实施情况,再次查漏和完善设计、施工资料;对现场局部的不符合项目再次进行整改。c. 保修阶段。本项目保修期间依然能够与业主保持沟通,使得良好关系得以延续。对于保修期间业主的诉求,没有第一时间推脱。在了解具体情况后,属于我们的问题能够想方设法给予解决,不是我们的问题也能做到能帮尽量帮。

②与施工方、班组的沟通。在项目实施过程中,对于施工控制重点是安全和质量。尤其在地方协调和安全、质量把控方面,具体施工班组或当地承包商发挥了较大作用。为了

更好地推进项目,必须依赖和借助于他们的力量。因此,与施工方甚至是施工班组是融洽相处的。本项目充分发挥了工程总承包设计施工一体化优势。施工过程中,施工单位采用了挤压边墙技术,节约了传统的斜坡碾压烦琐的流程和复杂的设备工艺,更大大降低了施工安全风险、提高了大坝填筑效率和质量;针对大断面竖井的开挖,EPC 联合体专家团队反复研究后,制订了"通心溜渣井+井底隧洞出渣+光面爆破扩挖"的竖井开挖工艺,取代了原定传统的"爆破+机械装渣+塔机提升出渣"的烦琐工艺,提高了施工速度,更极大减小了施工作业对山体的影响,确保了整体安全稳定;为确保面板板间缝、周边缝高标准止水效果,施工单位结合自身多年水利水电施工经验,与机械制造厂家联合制造了适用于本工程 W 型、F 型、T 型铜止水带的复合型铜止水带连续成型机,基本实现了板间缝止水带无焊接整体成型,确保了止水带高标准质量。

(4)EPC 模式是弥补项目业主力量不足的有效途径。

在 EPC 总承包模式下,业主变多头管理为总承包管理,将设计、采购、施工形成统一的管理体系,合同关系得到简化,大大减轻了项目业主管理的工作。在地方水利部门自身建设管理能力有限和水利建设任务繁重的实际情况下,由统一的总承包单位进行工程建设管理,真正实现了"小业主、大管理"。本项目实践表明,纳坝水库项目业主采用 EPC 模式是成功的,项目参建各方也收获了相应的利益。

9.6.2.2　项目启示与思考

纳坝水库 EPC 项目总体看是成功的,但无论是在总承包商自身层面,还是在行业管理制度层面,均存在有待以后进一步改进和完善的地方。

(1)需要进一步提高现行工程审计制度与 EPC 模式的适应性。

纳坝水库建设前期公司与业主签订了补充协议 1,约定工程款按形象进度节点支付。施工过程中按照总承包模式进行管理,进度款按节点进行总价支付,结果工程量未据实计量,业主人员变更频繁,后期补签难度较大。但审计单位未严格按照合同条款进行总价审计,基本按照实物量进行审计,而纳坝水库施工过程中按照总承包模式进行计量支付,后期完工结算工程量差距较大。

(2)注重进一步核实确认招标文件和基准资料。

纳坝水库 EPC 项目是在初步设计批复后招标的,尽管在总承包合同中规定基准资料错误责任由发包人承担,但这种基准资料错误对整个项目实施的影响是深远的。基于合同风险分担的分析,总承包单位在施工图阶段未足够重视地质勘察,但由于初步设计地质勘探精度不高,河床基岩面相差 12 m,且未发现溢洪道左岸古滑坡体,造成施工时重大设计变更,耽误了工期。因此,从项目实施角度看,在施工图设计阶段进行补充地质勘察是非常有必要的。

鉴于本项目采用总价合同,在投标阶段的招标文件分析过程中,疏于复核合同工程量清单,未能发现存在工作量重复,但由于与 DBB 模式相适应的工程审计制度与方法的滞后,在完工结算时被审计单位给"一刀切"了,影响公司收益。

(3)设计人员滑坡体治理技术有待提高。

溢洪道左岸边坡滑坡后,首次治理采用"溢洪道进口段及控制段重力式挡土墙+溢洪道泄槽段普通抗滑桩"方案,但之后开挖过程中,由于溢洪道槽底土体不断被掏空及切角开挖,加之开挖当时雨水较多等原因。2015 年 11 月 14 日,溢洪道上部的道路挡墙、抗滑桩平台及冠梁和上部山坡(堆积体)均出现大小不一的裂缝,最终造成二次滑坡。主要原因在于抗滑桩设计深度不足,设计人员在滑坡体治理上还有进一步提升的空间。

(4)分包商合同管理。

纳坝水库建设过程中,项目业主与公司按照总价包干方式进行中期结算和付款。公司与项目成员方、分包方也是按照总价包干方式进行结算和支付。但是政府的完工结算审计却是按照实物工程量计量、单价结算的方式进行的,导致如按审计结果计算,公司的外委支付存在超付现象,影响公司实际收益。

在工程实施过程中,发现外委施工单位存在转包和个人挂靠现象,如复建道路和管理楼施工等,从而衍生出了施工质量不合格、拖欠农民工工资等问题,最终被迫中途更换施工单位,导致施工工期延误,给公司的声誉造成了影响。设计单位开展总承包业务,要特别重视施工单位的选择和分包管理,严防非法分包、转包和挂靠。

第 10 章　设计企业发展水利工程总承包业务的有关思考

从设计企业走向工程公司是企业响应市场需求的战略选择。作为新兴利润增长点,设计企业探索发展工程总承包业务属于"摸着石头过河",势必存在不少经验和教训,需要及时总结和反思,正所谓"思深以致远"。

10.1　我国设计企业发展工程总承包业务回顾

10.1.1　我国工程总承包政策发展历程

10.1.1.1　国家层面政策文件

工程总承包模式在我国从 1982 年化工系统设计院总承包探索试点到逐步完善推广已历经 40 余年,其间国家层面陆续出台了许多倡导鼓励和支持发展工程总承包模式的政策、办法和规定,见表 10-1。

表 10-1　我国总承包宏观政策发展历程表

序号	文件名称	文号/颁布年份	主要内容
1	《国务院关于改革建筑业和基本建设管理体制若干问题的暂行规定》	国发〔1984〕123 号	提出工程总承包企业设想
2	《设计单位进行工程总承包资格管理的有关规定》	建设〔1992〕805 号	明确了设计单位开展工程总承包的相关规定
3	《中华人民共和国建筑法》	1997	给予工程总承包法律地位
4	《关于培育发展工程总承包和工程项目管理企业的指导意见》	建市〔2003〕30 号	培育和发展工程总承包企业
5	《关于工程总承包市场准入问题的复函》	建办市函〔2003〕573 号	"具有工程勘察、设计或施工总承包资质的企业可以在其资质等级许可的工程项目范围内开展工程总承包业务。因此,工程设计企业可以在其工程设计资质证书许可的工程项目范围内开展工程总承包业务,但工程的施工应由具有相应施工承包资质的企业承担"

序号	文件名称	文号/颁布年份	主要内容
6	《建设项目工程总承包管理规范》(GB/T 50358—2005)	2005	总结了近20年总承包和项目管理推行经验，规范和提高总承包建设管理水平
7	《关于印发简明标准施工招标文件和标准设计施工总承包招标文件的通知》	发改法规〔2011〕3018号	规范了设计施工一体化的总承包项目招标文件
8	《水利部关于深化水利改革的指导意见》	2014	提出要深化水利工程建设和管理体制改革，创新水利工程建设管理模式，因地制宜推行水利工程代建制、设计施工总承包等模式
9	《中共中央、国务院关于进一步加强城市规划建设管理工作的若干意见》	2016	提出要深化建设项目组织实施方式改革，推广工程总承包制
10	《住房城乡建设部关于进一步推进工程总承包发展的若干意见》	2016	提出大力推进、优先采用工程总承包模式，完善和规范管理的二十条意见
11	《国务院办公厅关于促进建筑业持续健康发展的意见》	国办发〔2017〕19号	进一步明确了要加快推行工程总承包。指出装配式建筑原则上应采用工程总承包模式。政府投资工程应完善建设管理模式，带头推行工程总承包
12	《建设项目工程总承包管理规范》(GB/T 50358—2017)	2017	对2005年版规范进行修编
13	《房屋建筑和市政基础设施项目工程总承包管理办法》	建市规〔2019〕12号	对总承包开展以来关注和饱受困惑的问题，提出了一定的解决办法
14	《建设项目工程总承包合同(示范文本)》(GF-2020-0216)	建市〔2020〕96号	提供了总承包合同示范文本

由表10-1可看出，进入21世纪，尤其是2011年后，国家层面及各部委密集发文推行工程总承包发展，指出装配式建筑和政府投资项目原则上采用工程总承包模式，我国工程总承包发展进入了"快车道"。为从政府方、发包方、承包方规范总承包项目管理，先后编制出台了建设项目工程总承包管理规范、管理办法和合同示范文本，给我国工程总承包业务发展提供了指导。

10.1.1.2 水利行业工程总承包指导意见、管理办法

具体到水利行业，部委层面仅在2014年发文指出"因地制宜推行水利工程代建制、设

计施工总承包等模式",但未出台具体的指导意见或管理办法。部分省(直辖市)在先行先试的指导思想下于 2013 年前就颁布了水利建设工程总承包(试点)暂行办法,如广东省、福建省分别于 2008 年、2012 年开始试点。2013 年后,许多省(区)陆续出台水利工程建设项目总承包指导意见(见表 10-2),2021 年 9 月中国水利水电勘测设计协会批准发布了《水利工程建设项目管理总承包管理规范》(T/CWHIDA0019—2021)。

表 10-2　部分省(直辖市)水利工程建设项目总承包政策

序号	文件名称	年份	省(区)
1	《关于印发云南省水利建设工程设计采购施工总承包指导意见的通知》	2014	云南
2	《关于开展水利工程建设项目设计施工总承包(试点)工作的通知》	2015	内蒙古
3	《湖北省水利建设项目工程总承包指导意见(试行)》	2016	湖北
4	《甘肃省水利厅关于规范水利工程建设项目总承包的指导意见》	2017	甘肃
5	《江西省水利建设项目推行工程总承包办法(试行)》	2018	江西
6	《安徽省水利建设项目工程总承包工作意见(试行)》	2019	安徽
7	《福建省水利建设项目工程总承包管理办法(试行)》	2021	福建
8	《广西壮族自治区水利建设项目工程总承包管理办法》	2021	广西
9	…		

从各省已颁布实施的水利工程总承包管理办法或指导意见看,具有如下特点:

(1)可以对整体工程实行总承包,也可以对其中若干阶段的工程、单项工程或专业工程实行总承包。工程征占地、拆迁、移民搬迁安置、工程监理不列入总承包范围。

(2)除江西省允许单资质资格条件外,其余省均要求工程总承包商满足设计和施工"双资质"条件。

(3)要求主要采用招标方式选择工程总承包商。而工程总承包单位可以依法采用直接发包的方式进行分包,但以暂估价形式包括在总承包范围内的工程、货物、服务分包时,属于依法必须进行招标的项目范围且达到国家规定规模标准的,应当依法招标。严禁将主体、关键性工程的施工和设计分包给其他单位。

(4)工程总承包方式主要为设计-采购-施工(EPC)或设计-施工总承包(DB)两种方式。仅有湖北省、四川省将勘察阶段纳入工程总承包范围,其他省份未将勘察阶段纳入工程总承包范围。

(5)明确了项目法人承担的风险,主要包括:①因项目法人原因产生的工程费用和工期变化;②主要工程材料、设备、人工价格与招标时基期价格相比,波动幅度超过合同约定幅度的部分;③因国家法律法规政策变化引起的合同价格的变化;④不可预见的地质条件造成的工程费用和工期的变化;⑤不可抗力造成的工程费用和工期的变化。

(6)工程总承包项目可以采用固定总价合同,也可以采用总价控制、单价结算形式。

(7)发包时点稍有差异,大部分省份实行总承包从项目可行性研究报告或初步设计报告批准后开始发包,个别省份稍有例外,如广西、四川省规定"实行工程总承包,原则上从项目初步设计报告批准后开始";江西省规定也可以从项目建议书批准后开始。

10.1.2 "十三五"期间工程总承包业务发展成就

随着国家大力推广工程总承包模式,工程总承包业务对勘察设计行业的贡献进一步增大。"十三五"期间,勘察设计行业复合增长率为24.4%,其中勘察业务复合增长率为5.8%、工程设计业务复合增长率为12.2%,而工程总承包业务的复合增长率为46.1%,工程总承包业务带动行业增长效应显著。比如2019年全国具有勘察设计资质的企业营业收入总计64 200.9亿元,其中工程总承包业务营业收入33 638.6亿元,工程总承包业务占比达到52.4%,而工程设计收入5 094.9亿元,占比仅为7.9%。更进一步看,不同细分行业的勘察设计企业开展工程总承包业务极不均衡。由图10-1可知,建筑行业占比最高,公路、电力、市政、铁道、化工、冶金、水利等行业的占比相对较高,其他行业占比相对少。

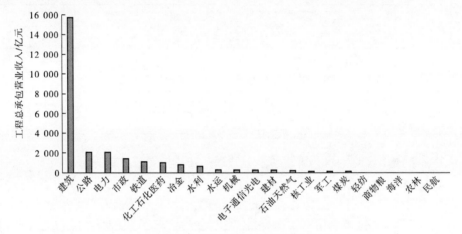

图10-1　2019年各行业工程总承包营业收入统计

10.2　存在的主要问题及其原因

10.2.1　存在的主要问题

经过十余年的水利工程总承包试点,设计企业的工程总承包业务取得了长足进步,一批设计企业也成功地转型为优秀的工程总承包企业,但与此同时,从整个勘察设计行业看,工程总承包业务尚存在以下问题:

(1)总承包市场竞争日趋激烈,业务承揽难度加大。

如前所述,无论是在国家层面还是在地方政府层面,大多对工程总承包实行"双资质"资格要求,这显然对设计企业十分有利,但是一方面我国工程总承包的细分市场尚未成熟,头部企业较少,中底部企业趋同性较强,导致市场竞争激烈,这是由我国水利全产业链资源配置的特殊性所决定的。我国采用条块分割的体制,专业分工很细很全,从规划、设计、科研到施工的资源配置,如设计,就有国家级设计院和省市各专业设计院等。如施工,有中字头的中水电、能建等央企,地方也有各种资质的水利施工资源的配置,呈现正金字塔形结构,中底部企业同质性竞争较为激烈。另一方面,从近十年试点的水利工程总承包项目看,为稳妥起见,大多地方政府对中小型水利项目采用总承包模式,而对于重点项目,往往采用"指挥部(或代建制)+DBB"模式,这也导致设计企业的同质性竞争激烈。

(2)风险与收益不匹配。

通过调查访谈,大部分设计企业表示工程总承包业务是"赢了面子,亏了里子",即工程总承包业务虽然可以大大提高设计企业的营业收入或产值额,但与设计企业投入的人力物力、承担的风险相比,其利润额未能得到对称性的提高,这是因为,一方面设计企业本身不具备施工能力,作为联合体牵头人,需要组建总承包项目部,投入较多人力资源进行现场管理;另一方面,水利建设项目前期工作深度不足,工程总承包合同风险分配不合理,导致工程总承包商承担的风险较高,虽然设计企业在总承包项目中一般只有设计费和总承包管理费收入,但鉴于联合体之间的连带责任,设计企业要承担项目的最终风险,因此存在风险与收益不匹配的问题,也导致一部分设计企业退回其传统的设计业务领域,工程总承包业务日益萎缩。

(3)合同实施过程争议、"扯皮"多。

总承包合同实施中的许多变更、索赔等争议最终会落脚到工程款支付问题上。从试点情况看,水利项目在完成可研后即进行招标投标的,常在合同中写明预估工程总价款,采用经审批后的初步设计概算总价为基准价格进行下浮率报价,在结算时以此进行结算,或者总价控制,单价结算。为追求利益最大化,总承包商存在扩大工程量、增加工程概算的潜在因素。对存在较大地质缺陷的项目,总承包商有扩大风险,增加概算从而有可能超出可研控制估价的可能性。有的项目法人在合同中注明项目预估总价承包金额,承包人在完成施工图设计并经审查后,编制的施工图预算应当经建设单位及财务审核部门审核,经审核后的预算价作为按进度支付及结算的依据。此条款实质上是重新核定合同价款,后期结算时双方产生不可调和的争议时,管理风险较大。合同的价格条款属于《中华人民共和国民法典(合同编)》调整的实质性条款,在招标后重新确定合同价格存在违背《中华人民共和国招标投标法》"招标人和中标人不得再行订立背离合同实质性内容的其他协议"的风险。另外,在竣工结算时片面强调以政府审计结果为依据,与普遍市场原则相冲突,违背总承包本质。

在工程进度款支付中,项目法人常依据现行的通用合同条款,按工程量清单表中所列工程量对应以实际完成数折算成价款支付,规避超量支付风险,但总承包单位因设计局部优化或调整引起的分项或单元工程间数量变化,导致价款变动引起资金调度紧张而矛盾重重。

(4)现场管控能力弱。

设计企业的资源禀赋优势主要在于各专业的设计人才及其经验,传统上主要服务于设计阶段,在建设实施阶段也仅仅提供设计服务。但对于总承包项目而言,作为牵头人,需要具备现场的全面管控能力,显然设计企业在这方面的项目管理人才是较为匮乏的。此外,工程总承包中设计、施工"两张皮"现象较为普遍,联合体成员间并未形成真正风险共担、利益共享的合作关系,而是相互竞争的关系,施工企业由于惯性思维作祟,且对联合体的连带责任认知不准确,对于隐蔽工程及不可监督的部位,往往存在偷工减料行为,以谋取施工利润最大化,从而损害了总承包项目的整体利益。作为牵头人的设计企业,由于缺乏施工经验,也往往难以找到施工管控的关键环节和关键点实施重点管控,或者即使知道关键的管控点,也没有相应的技术、能力和手段识别其中的问题所在。

10.2.2　主要原因分析

水利工程总承包模式的发展离不开法律法规、市场、自身资源和管理技术能力等方面因素的支持,这些因素可能成为发展障碍,制约设计企业工程总承包业务的发展。

10.2.2.1　法律法规体系不健全

(1)专门规则体系的匮乏。现行法律法规和部门规章对传统施工总承包和分项直接发包方式的水利建设项目参建各方的约束和调整较全面、具体,但针对总承包模式下的项目管理法律法规十分缺乏。除水利行业外的其他部门针对总承包方式专门出台了若干部门规定或规范性文件,但法律效力层级较低。我国现行的《中华人民共和国建筑法》《中华人民共和国民法典》相应条款仅对总承包实践提供了基础的法律依据,无针对总承包的具体的可执行的规定,实践中适用性差。2017 年 5 月发布的《建设项目工程总承包管理规范》(GB/T 50358—2017)和 2021 年 9 月中国水利水电勘测设计协会批准发布的《水利工程建设项目管理总承包管理规范》(T/CWHIDA 0019—2021),为总承包单位实行总承包项目的规范化管理提供了较好的技术及规则支持,但目前针对项目法人或建设单位在总承包模式下的管理职责尚无具体规定。传统施工方式强调的是"施工方保证、监理单位监督、项目法人负责",总承包模式下强调的是"总承包单位在合同约定的工程范围内对设计、采购、施工全面负责",也可理解为在其职责范围内对工程项目的进度、质量、安全、投资、信息和档案管理等全面负责。总承包单位与项目法人管理的职责存在交叉重叠的问题,如何区分各自职责目前没有专门规定。

(2)建设监理制与工程总承包模式的融资问题。监理单位传统职责是对工程质量、进度、造价进行控制,执行合同与信息管理,协调参建各方的关系,这些职责只对应传统施工监理服务,与总承包监督管理职责要求差距较大。工程总承包范围远大于传统施工项目,因此对监理单位的监理能力和水平提出了更高的要求。多数监理单位存在缺乏设计、采购、投资控制经验方面的专业人员,尤其缺乏全方位、全过程控制能力的人才,工程实践中不能代表业主运用经济和合同手段进行全过程管理和控制。因总承包单位对项目的质量、安全、工期和造价等全面负责,现有监理单位的管理职责大部分与其重叠,存在多头监管或重叠监管的问题。

(3)现行相关监管制度与工程总承包模式的适应性问题。水利工程大多属于公益性项目,基本为财政投资项目,合同价格除合同文本约定的价格外(即使合同双方确定采用固定总价),还受两方面制约:①地方财政投资评审中心对工程价格的审核;②地方财政投资评审中心对于地方政府投资建设项目均要进行工程概算、预算、决算审查。很多水利工程 EPC 合同大多按概算审批价格下浮一定比例确定合同价格。由于财审的介入(广东、浙江、广西),在预算环节往往强制性大幅下调价格,使得招标投标及合同约定的价格形成一纸空文。

此外,《中华人民共和国审计法》第二十三条:审计机关对政府投资和以政府投资为主的建设项目的预算执行情况和决算,对其他关系国家利益和公共利益的重大公共工程项目的资金管理使用和建设运营情况,进行审计监督。实际操作过程,绝大部分审计机构对于 EPC 总价合同,大多仍然按照传统验工计价模式进行审计,并按审计结果进行项目结算,导致所谓的 EPC 总价合同又走回到单价的老路上去,实际操作过程中争议很大,行政定价代替市场定价,合同法与审计法在实践中发生了冲突。2017 年全国人大常委会法制工作委员会做出解释:审计结果不能作为工程竣工结算的依据,应该说从法理的角度做出了明确,但实际效果还有待观望。

10.2.2.2　总承包市场需求动力不足

国外工程总承包模式走的是市场推动的自然成长路径,发包、承包双方均有主动性,我国工程总承包走的是由政府行政发文推动的被动性路径,发包方(投资方)缺乏主动性,即所谓的市场需求"动力不足"。

我国工程总承包模式推广速度较慢,其中主要原因之一是业主(投资方)没有积极性,相关意识不强。业主不愿放弃既有的权利和利益,对项目管理干预或控制太多。据调查,有一项上亿元的工程,业主竟分包了 22 项内容。总承包工程被业主指定分包、随意肢解的现象较为普遍。现阶段多数业主(无论政府投资还是国有企业投资)不愿采用工程总承包模式,少数政府或国企业主选择了工程总承包模式,但从立项、规划、设计到招标投标、施工的全过程,业主们仍会沿用施工总承包的方式来实施工程总承包,或是对项目管理干预控制,或是指定分包,或是指定设计院。试点项目调研中发现,完备的真正意义上的工程总承包项目少之又少,业主采用工程总承包动力不足的深层次的原因有以下四个:

(1)实践中,许多总承包项目最终价格高于传统发包模式。如果一个项目采用工程总承包模式,总价高于或与现行的施工总承包模式持平,就失去了竞争力。当施工总承包模式能以同样的工期、质量达到"交钥匙"的要求,业主当然会惯性地选择施工总承包模式。

(2)业主方不愿打破既有权利和利益格局。推广工程总承包模式不仅是对建筑业资源配置格局的调整,更是对业主手中的权力和利益的转移。

(3)思维的惯性使然。发包方选用施工总承包已经驾轻就熟,有一种抵触工程总承包模式的惰性。

(4)诚信氛围缺失。特别是在项目造价的定价过程中,业主对承包商的报价是不信任的,对承包商的管控能力是不信任的。万一项目做砸了,最终损失的是业主自己。业主感到采用工程总承包模式风险太大,所以没有采用工程总承包模式的动力和积极性。

10.2.2.3　工程总承包运行机制的缺失

"游戏已经开始了,游戏规则还没有制定好。"这是基层企业对工程总承包模式缺少运行机制的形象比喻。在水利工程总承包模式推广过程中出现的"扯皮"、反复协调、拖延工期、部门无法作为等情况,发包、承包双方(主要是发包方),都有缺位和越位的现象,造成了实施中的困惑和困难。究其根本,就是尚未建立健全工程总承包的运行机制。

(1)总承包发包时点较早,发包人要求不够清晰明确。有些水利工程在项目建议书或可行性研究批准后开始实施总承包项目招标,但由于对总承包项目认知不够成熟,加之传统意义上项目建议书和可行性研究深度不足,导致业主所提供的招标资料显得比较简单,设计意图不明显,功能要求过于笼统等这给承包方的投标和项目实施等后续阶段带来大量的协调、变更等工作任务,并埋下了工程难以结算等问题的伏笔,同时因缺少规范性约束机制,部分业主方行为随意、急躁,承包方无所适从。

（2）缺乏成熟且适应中国国情的总承包合同文本。虽然我国 2020 年出台了第 2 版建设项目工程总承包合同示范文本，但根据目前各地政府水行政主管部门出台的做法是参考工程总承包合同形式，采用总价控制、单价结算方式，这种合同条款的约定更像是施工总承包合同。由此采用总价合同的存在增、减造价的反复协调现象，有的业主对自己有利的就严格执行总价，对自己不利的，就要调减合同总价，致使工程结算不顺利。实际操作中，业主一般会按概算报出一个总价，让投标人下浮多少百分点，以此为合同总价。更为离谱的是在工程实施过程中，业主会不受合同约束随意提高设计标准，增加工程项目总量，但还不允许调增总价。业主权利上的强势，加大了承包方履约的难度，压缩了承包方部分利润空间。

此外，在菲迪克合同条款中，有一个很重要的约束条款即工程索赔条款，国外成熟的工程总承包合同中，索赔约定是一个专门的章节来体现的，约定也很细很全面。但我国现行总承包示范文本对此规定还稍显粗糙。

（3）合同争议解决机制尚不健全。在工程总承包合同履行和收尾阶段，发包、承包双方会产生很多争议和"扯皮"现象，而最终解决往往是以业主的强势、承包方的退让来实现的。工程总承包实施过程中解决争议的机制尚不健全，总承包合同中虽有对争议可采用协商、诉讼、仲裁解决的约定条款，但实际上发包、承包双方依法处理争议的意识较为淡薄，现行的法律尚不具备处置工程总承包争议的机制，工程总承包项目在实施的过程中还会遇到来自地方的法律法规的制约。如在项目决策审批、招标投标、从业人员资格管理、质量安全管理、市场监管等方面，现行的法律法规都是针对传统施工总承包模式的。各地方现行的行业法律法规并不支持工程总承包模式。工程总承包模式立法滞后，需加大立法力度。

（4）市场信用机制的不完备。我国社会信用体系建设起步较晚，市场信用机制尚不健全，主要表现为市场主体失信行为的识别、失信行为信息的收集处理、失信惩戒机制等还存在不足，尚未形成"横向到边、纵向到底"的信用机制。

10.2.2.4　工程总承包商能力不足

如前所述，我国工程总承包商从设计、施工企业逐渐演化而成，在这个过程中，各企业工程总承包能力不足问题非常凸显，主要表现在以下几方面：

（1）总承包项目管理组织和体系不健全。工程总承包商承担项目的设计、施工和采购工作，涉及专业种类多、协调管理工作量也大，要求总承包商企业要建立健全系统、完善和科学的总承包组织管理体系，并且企业的经营战略、项目管理理念、现代化管理方法和多形式的承包模式等，从全面、全方位、全过程发生根本性的变化。然而，目前虽然部分设计企业成立了工程总承包（事业）部或工程总承包公司，但因此不少企业在组织机构、服务功能等方面在根本上不能满足工程总承包的要求，缺乏与工程总承包相适应的组织管理体制与项目管理目标体系，同时，由于项目管理信息技术和管理手段的落后，很难体现工程总承包对项目组织和体系的根本要求，加上技术开发与应用能力不足，无法适应EPC 总承包的要求。

（2）总承包企业内部运行机制不合理。大多数总承包单位对 EPC 总承包管理模式尚未进行全面深入研究，还没有真正理解和把握其运行规律，加之原有项目组织方式和习惯势力的影响和制约，在总承包企业内部运行模式上依旧按照原有的方式进行运作，比如部门激励和分配制度等,使得工程总承包的优越性难以充分发挥。

(3)总承包商的功能不匹配。要实现"边设计、边施工",总承包商就要同时具备设计和施工功能,但目前大部分的总承包商由于国内市场发育及资质壁垒等原因,很少企业能够同时获取相关的资格。而只能与施工单位组成联合体或是将施工工作分包给相关资质的单位。加上设计企业在施工管理和项目管理上又普遍地缺乏经验,对施工单位或施工分包人的管理不到位,这在很大程度上制约了总承包的发展。

(4)风险管理不足。总承包项目涉及资金数量大,与公司收益大小、风险控制有着密切的关系,但国内许多总承包商仍然沿袭传统水利工程承包模式下的思维,如对发包人要求不深入研究、设计文件深度不够等,导致最后造成较大亏损,这就是风险管理意识不足,同时许多总承包商也缺乏完备的企业内部风险管控体系。

(5)缺少项目管理复合型人才。人才缺乏一直是影响我国开展工程总承包和项目管理的主要问题之一。总体看来,我国缺乏高素质、具有组织大型工程项目管理经验、能按照国际通行项目管理模式、程序、方法、标准精心管理的复合型高级人才。

10.3　进一步发展水利工程总承包业务的建议

工程总承包模式是从国外引进的,它在国外有很适宜的生存条件,能发挥自身的优势,但引进国内,尚没有适合它生存的土壤,它的优势可能变成劣势,需要有一个"洋为中用"、培育、转换、循序渐进的过程。这需要政府、发包方和承包方形成合力,共同推进我国水利工程总承包模式的发展。

10.3.1　尽快建立与工程总承包相适应的法律法规体系

(1)完善工程总承包市场准入资格的法规。主要体现在对建筑市场各方主体的资质管理,包括勘察设计单位、建筑施工企业、建设监理单位、招标投标代理机构等的资质管理及跨行业申请资质的管理。

(2)完善有关水利工程总承包有关的政府监管程序的法规。包括水利工程总承包适用范围和项目的规定、工程总承包各参与方职责界定、工程总承包招标投标管理办法、建设工程施工许可管理法规、建设工程竣工验收备案、竣工决算与审计等。在该类法规中,还包括了工程建设现场管理的法规,来规范建设工程现场管理和建筑安全生产监督管理。这些法规是作为工程建设法规的核心部分,应给予特别的重视。

(3)抓紧制定水利工程总承包与项目管理的实施细则和合同示范文本。有助于规范工程总承包与项目管理的基本做法,促进工程总承包与项目管理的科学化、规范化和法治化,提高项目管理水平,与国际惯例接轨。此外,根据 FIDIC 合同条件分析,EPC 合同在水利项目上基本很难实施,DB 合同相对而言适用性更广,针对水利工程公益性强,水下及地下不可预见因素多的特点,DB 合同条件更适用国内总承包项目。因此,需要结合国内实际和水利工程特殊性,尽快制定出台相应的合同示范文本。

关于水利工程总承包项目的计价方式,由于财审和审计的存在,政府投资的水利工程采用固定总价目前看难度较大,而且目前财审对工程的进度推动存在很大障碍,很多地方把水利工程按工民建工程一样对待,须待施工图预算通过财审后才给予放款。水利行业传统习惯和出图特点,都是根据现场施工进度、设备购置情况和揭露地质条件分批出具施工图纸,因此往往时间很长,少则半年,多达一年以上,一边是财审,一边是业主催促进度,很多项目都差不多快完工了,财审都还没结果,对项目制约很大。从水利总承包健康发展财审的角度,有必要进一步规范说明,上海住建部门对总承包模式的价格和结算提出了具体的看法,水利行业/部门可适度参考结合自身特点,进一步讨论研究。

(4)规范水利工程总承包市场各方主体行为的法规和信用机制的完善。通过制定一系列的法规和不断完善的信用机制来规范项目参与各方的行为,为工程总承包项目顺利开展创造良好的基础。

(5)出台相应的企业信誉评估、银行担保、税收制度等政策。例如,对于 EPC 总承包工程的流转税规定就不是非常的明确和清晰,更没有体现培育发展工程总承包的精神或意见。在采购设备的时候,经常造成设备供应商需交纳双重税的重荷。又如,开展工程总承包,尤其是 EPC 总承包,总承包商将需要大量的资金,我国银行对企业的信贷额度本来就较低,而国家同样也没有给予总承包项目的融资以优惠政策,这在较大程度上影响了工程总承包的发展。建设主管部门应制定与工程总承包项目管理相适应的取费方式与标准。因此,应推行履约保函与工程保险制度,使工程总承包管理的建设方式从起步就与国际接轨。明确总承包工程的流转税规定,避免出现双重纳税,加大总承包商及分包供应商的负担。

10.3.2　宣传引导项目业主逐步转变对工程总承包的认识

工程总承包模式的优势已为国际实践经验所证明,如何充分发挥工程总承包模式的优势离不开项目业主的认识和行为。

(1)加强宣传培训,加深业主对工程总承包的理解。与国外私营业主不同的是,我国政府投资项目较多,政府投资项目业主由于思维惯性使然,可能排斥工程总承包模式,导致市场需求动力不足,因此需要广泛宣传,统一思想,提高认识,使业主深刻认识到实行总承包对建设项目节约投资、加快进度、提高质量的优越性,能够对项目进行监督、协调和控制,又不过多干预。实行 EPC 总承包模式后,要求业主转变以往的管理理念,理顺管理机制,明确各方职责,合理划分管理权限,真正做到权责清晰、管理明确,使 EPC 总承包商成为真正的责任主体和利益主体。

加强业主项目管理人才或总承包管理知识的培训,通过举办各种学术研讨会、专题讲座,进一步推行 EPC 总承包管理模式,有利于业主、总承包商双方建立"共同语言",减少合同双方因为对合同条款和责任条款的理解歧义而引发的"扯皮"。

(2)转变观点,敢于并善于授权。在工程总承包模式下,项目实施的绝大部分控制权实质上由项目业主转移给了工程总承包商,项目业主失去了对项目实施阶段一些细节的控制权,但这并不意味着业主没有话语权,业主可以通过预先设置的设计、采购确认程序对主要的、关键的部位加以控制,并无必要实现对所有环节的控制,而这也是工程总承包模式的好处之一——充分发挥专业分工优势,业主主要专注于决策、资金筹措等重要事项上,从而达到精简业主机构的目的。

(3)明确工程总承包模式适用项目范围和发包时机。总体上看,水利工程项目较为复杂,受外界环境变化影响大,目前各省市出台的管理办法大多对工程总承包模式适用项目范围未做出明确规定,导致实践中采用工程总承包模式的项目无论从规模还是从技术复杂性看都存在较大差异,建议对此做出指导性意见,比如在试点期间,宜从简到繁、从小到大,循序渐进,逐步积累经验后才推广到大型复杂项目中实施。对于勘察阶段,建议不予纳入总承包范围,尽量减少项目的不确定性。此外,关于发包时机,目前各省市规定也不同,按照我国现行水利工程建设程序的规定和前期工作深度的要求,建议除特殊情况外,原则上项目初步设计批准后开始发包,此时业主建设意图、项目建设规模和内容才较为明确。

10.3.3　需提高总承包商自身实力

(1)完善总承包项目管理体系。严格按照国家标准《建设项目工程总承包管理规范》(CB/T 50358—2017)的要求,建立、健全总承包项目管理组织和管理体系。从组织体系、技术体系、项目管理体系、人才结构等方面为建设项目全过程提供服务,满足进行工程总承包的客观要求,最终实现 EPC 总承包应有的作用。

(2)提升现有总承包商的功能。进一步贯彻落实建设部颁布的《关于培育发展工程总承包和工程项目管理企业的指导意见》([2003]30 号)文件,通过对具有工程设计或施工总承包资质的工程设计,施工企业改造和重组,使之同时具有设计、采购、施工(施工管理)综合功能,以满足承担 EPC 总承包项目的要求。

(3)总承包商应当大力培养复合型的、能适应 EPC 总承包管理的各类项目管理人才。人才培养途径主要有:

①将企业和各高等院校有机结合起来。一方面,在各高等院校有关专业中增加项目管理的课程,普及项目管理知识,抓紧培养后备专业人才;另一方面,高等院校与企业应多举办各类研讨班和培训班,学习管理理论、模式、程序、方法、程序和技术,实际实践经验,研讨管理问题,提高总承包管理水平,培养具有多学科知识的复合型管理人才。

②防止人才流失。各企业尤其是许多国有大型设计和施工企业,应建立吸引和招聘社会优秀人才的机制,充分利用人才市场优势使短缺人才能迅速补充企业人才储备。通过建立长期性的激励方法、拴心留人的分配机制,避免人才流失。

(4)进一步提高总承包商,特别是设计单位的设计水平。由于 EPC 总承包模式得以顺利实施,主要取决于设计单位的水平,因此对设计单位的要求更高,对业主使用要求的理解要更加充分、准确。不仅对不同技术方案的可靠性有深刻的了解,还必须掌握不同方案造价和工期的差异,能够在短时间内做出恰当的选择。能够适应"边设计边施工"的模式,如设计周期更短;为了满足工程进度要求分阶段、分工程包出图;提前提供长周期设备采购技术条件等。

(5)加强宣传提高总承包商的风险意识。要意识到工程总承包的高风险性,切实加强内部风险防范和控制体系的建立,健全并完善企业内部定额和价格数据库尤其是设备价格数据库,以满足进行工程总承包的采购客观需要,同时最大限度降低 EPC 项目总承包的承包经营风险。

参 考 文 献

[1] 杨俊杰,王力尚,余时立.EPC工程总承包项目管理模板及操作实例[M].北京:中国建筑工业出版社,2014.

[2] 吴涛,刘力群.工程总承包项目管理实务指南[M].北京:中国建筑工业出版社,2010.

[3] 刘东海,钟登华,蔡绍宽.水电工程EPC总承包项目管理理论与实践[M].北京:中国水利水电出版社,2011.

[4] 中国水电建设集团国际工程有限公司,清华大学项目管理与建设技术研究所.国际工程EPC水电项目管理理论与实践[M].北京:清华大学出版社,2014.

[5] 中华人民共和国住房和城乡建设部.建设项目工程总承包管理规范:GB/T 50358—2017[S].北京:中国建筑工业出版社,2017.

[6] 祁丽霞.水利工程施工组织与管理实务研究[M].北京:中国水利水电出版社,2015.

[7] 中华人民共和国住房和城乡建设部.建设工程文件归档规范:GB/T 50328—2014[S].北京:中国建筑工业出版社,2015.

[8] 国家档案局.电子文件归档与电子档案管理规范解读[M].北京:中国文史出版社有限公司,2022.

[9] 王显静.水电建设工程项目档案实用手册[M].北京:中国电力出版社,2011.

[10] 邱莹莹.对EPC工程总承包项目档案管理工作的思考[J].科技资讯,2021,19(28):115-116,119.

[11] 郭友青.EPC项目文件资料收集归档问题分析[J].有色冶金设计与研究,2019,40(6):130-132.

[12] 傅萌,李盛青.大型水利水电工程勘察设计管理手册[M].北京:中国水利水电出版社,2014.

[13] 王守民.国际EPC电站工程技术手册[M].北京:中国电力出版社,2015.

[14] 熊瑶.EPC工程总承包模式下设计管理的重要性分析[J].有色冶金设计与研究,2021,42(6):49-52.

[15] 李光伟.EPC工程总承包项目的设计管理研究[J].水电站设计,2021,37(1):55-57,84.

[16] 沈文欣,唐文哲,昂奇,等.国际工程EPC项目接口管理研究[J].项目管理技术,2016,14(12):59-64.

[17] 樊陵校.EPC工程总承包项目接口管理研究[D].湖南:中南大学,2013.

[18] 陈偲勤.EPC总承包模式中的设计管理研究[D].重庆:重庆大学,2010.

[19] 梁晓君.EPC模式下总承包项目工程信息管理研究与实践[C]//施工技术编辑部.第26届华东六省一市土木建筑工程技术交流会论文集(上册).北京:《施工技术》杂志社,2020(9):489-491.

[20] 陆彦.工程管理信息系统[M].北京:中国建筑工业出版社,2016.

[21] 张静晓,吴涛.工程管理信息系统[M].北京:中国建筑工业出版社,2016.

[22] 全国一级建造师执业资格考试用书编写委员会.建设工程项目管理[M].北京:中国建筑工业出版社,2019.

[23] 李永福.EPC工程总承包全过程管理[M].北京:中国电力出版社,2019.

[24] 李永福,许孝蒙,边瑞明.EPC工程总承包设计管理[M].北京:中国建筑工业出版社,2020.

[25] 张岗.石化总承包项目营销策划及投标业务计划初探[D].成都:西南财经大学,2007.

[26] 薛洪华.公路工程承包市场开发策略研究[D].西安:长安大学,2005.

[27] 张剑,饶琦.营销理论的变迁与发展[J].社科纵横(新理论版),2008(2):94-96.

[28] 赵亮.建筑施工企业的市场营销研究[D].北京:清华大学,2005.

[29] 蒋雨含,庞永师,王亦斌.工程总承包企业市场营销组合策略研究[J].工程管理学报,2013,27(1):

98-102.

[30]沈祥华.工程项目承包营销[M].武汉:武汉大学出版社,2008.

[31]易炼.城市轨道交通项目勘察设计投标策划组织与报价分析[J].铁道勘察,2015,41(3):125-127.

[32]寻钰,贺益龙.EPC工程总承包项目前期策划研究[J].项目管理技术,2016,14(8):75-81.

[33]边志军,蒋倩丽.国际EPC工程总承包项目施工策划的若干分析[J].化工管理,2021(23):178-180.

[34]吴兵.基于EPC工程总承包模式的项目策划研究[J].福建建筑,2018(10):106-109.

[35]王明正,孙春玲.项目成功视角下总承包联合体伙伴选择研究[J].价值工程,2019,38(31):254-256.

[36]王希智.建设项目分包策划研究[D].济南:山东建筑大学,2013.

[37]谢坤.阿菲普斯基项目对施工承包商分包招标管理分析[D].成都:西南交通大学,2018.

[38]钱海静,王玉平.EPC项目投标报价方法及影响因素研究[J].工程经济,2020,30(2):42-48.

[39]刘思俣,周月萍.解读2020版《建设项目工程总承包合同(示范文本)》[J].中国勘察设计,2021(3):37-41.

[40]刘振楠.水利水电工程招标文件标准关键点分析[J].农业科技与信息,2019(20):106-107.

[41]王海红.工程总承包招标要点及差异化研究[J].房地产世界,2021(5):7-9.

[42]陈卓然.关于水利工程设计施工总承包招标的思考[J].治淮,2016(5):47-48.

[43]郑燃.招标文件不严谨遭质疑[N].政府采购信息报,2008-08-11(007).

[44]马宁.西三线东段管道工程EPC总承包投标项目浅析[J].石化技术,2018,25(4):217-218.

[45]常丽平.铁路工程投标报价策略分析[J].工程建设与设计,2020(13):216-217,220.

[46]曹瑞东.建设工程项目的投标报价策略与技巧[J].企业改革与管理,2020(22):113-114.

[47]李维芳.EPC工程总承包投标风险分析及防范对策[J].安徽建筑,2011,18(3):177-178.

[48]胡萍,华志强.水利工程EPC总承包投标报价[J].云南水力发电,2015,31(3):147-149.

[49]顾远.以设计单位为核心的EPC联合体管理研究[D].杭州:浙江大学,2020.

[50]王乐.EPC项目中设计单位牵头联合体的管理研究[D].北京:北京交通大学,2018.

[51]欧阳尔璘.以设计为龙头的中小型水利工程EPC总承包管理模式研究[D].重庆:重庆交通大学,2019.

[52]李杰.航天煤气化项目管理模式选择与设计[D].哈尔滨:哈尔滨工业大学,2015.

[53]卢东升.国际工程承包联营体管理研究[D].北京:北京工业大学,2006.

[54]戴志敏.国内水利工程EPC总承包联营体模式存在的问题及研究[J].珠江水运,2016(18):46-47.

[55]袁立.诚信合作 化解风险——国际工程项目联营体大有可为[J].国际工程与劳务,2014(8):8-11.

[56]王运宏,唐文哲,雷振,等.紧密型工程总承包联合体管理案例研究[J].建筑经济,2019,40(10):82-86.

[57]岳丹.浅析国际EPC总承包项目联合体类型[J].项目管理技术,2020,18(9):102-105.

[58]马高峰.中东地区高端项目国际紧密型联合体总承包管理探讨[J].工程经济,2020,30(5):27-30.

[59]余志仁.EPC联合体项目管理组织模型探索[J].建筑经济,2022,43(S1):726-729.

[60]王波,刘勇.新规范关于工程总承包项目组织机构的设置及岗位解读[J].房地产世界,2022(7):158-160.

[61]王琰玮.建设工程项目总承包管理组织结构优化研究[J].中小企业管理与科技,2022(4):70-73.

[62]戴旻.传统建筑设计院转型工程总承包的机遇与挑战[J].中国工程咨询,2021(12):55-58.

[63]周文波.面向工程总承包模式的企业组织改革探索[J].施工企业管理,2021(11):55.

[64]赵莹.设计院牵头的EPC项目联合体运行管理研究[D].北京:北京建筑大学,2020.

[65]侯亚奇. EPC 工程总承包项目中外联合体内部冲突及化解策略探讨[D]. 南京：东南大学,2016.

[66]李新华. 中油 C 公司海外 EPC 总承包项目组织结构研究[D]. 北京：中国科学院大学,2014.

[67]张星笃. 煤炭设计企业 EPC 项目的组织结构研究[J]. 煤炭工程,2018,50(9):170-172.

[68]阚秋成. 基于 BIM 的 EPC 项目管理流程与组织设计研究[D]. 西安：西安建筑科技大学,2015.

[69]陈志勇. 国际石油工程联合体承包模式风险分析与应对[J]. 石油工程建设,2011,37(4):73-76,11.

[70]周紧东,王满兴. 鄂北地区水资源配置工程总承包模式实践与思考[J]. 水利建设与管理,2021,41(2):54-57.

[71]丁小明. 电力工程 EPC 模式下的物资采购策划研究[D]. 天津：天津大学,2005.

[72]涂婷婷. EPC 总承包项目的接口管理研究[D]. 宜昌：三峡大学,2012.

[73]孙贺. 核电项目中设计–采购接口(E-P)管理要素研究[J]. 价值工程,2016,35(16):66-67.

[74]王姝力. 基于供应链一体化的国际工程 EPC 项目采购管理研究[D]. 北京：清华大学,2016.

[75]高阳. 以设计院为龙头的火电工程 EPC 总承包管理模式研究[D]. 北京：华北电力大学,2014.

[76]霍福山,戴长安. 丰满水电站(重建)工程商务策划实施方案[J]. 东北水利水电,2019,37(12):66-67,70.

[77]胡俊杰,万晓光. 国外电力工程中土建涉外设计分包探讨[J]. 建筑设计管理,2015,32(11):54-56.

[78]刘彬彬. EPC 联合体项目中设计院对分包商的管理探讨[J]. 产城：上半月,2020(10):61.

[79]吴斌. 专项设计采购管理在超大型项目中的应用[J]. 建筑设计管理,2011,28(7):41-43,60.

[80]王宁坤. 光耀撒哈拉——国际光伏 EPC 总承包项目管理创新与时间[M]. 北京：机械工业出版社,2019.

[81]郭刚. 中外工程总承包(EPC)比较分析[J]. 施工企业管理,2002(8):25-27.

[82]张宋. "十三五"勘察设计行业工程总承包发展回顾与展望[J]. 中国勘察设计,2020(12):41-45.

[83]罗雅文,何利,马宗凯,等. 以干系人管理"四象限法"破解国际 EPC 项目设计难题[J]. 工程管理学报,2021,35(1):55-59.

[84]牛占文,杨福东. 精益管理的理论方法、体系及实践研究[M]. 北京：科学出版社,2019.

[85]牛占文,荆树伟,杨福东. 基于精益管理的制造型企业管理创新驱动因素分析——四家企业的案例研究[J]. 科学学与科学技术管理,2015,36(7):116-126.

[86]张然,黄宇,刘国义,等. 我国新版总承包合同范本与 FIDIC 银皮书的风险机制研究[J]. 工程经济,2021,31(3):60-63.

[87]肖殷. 水利项目 EPC 总承包管理模式下的若干问题探讨[J]. 水利规划与设计,2020(1):69-73.

[88]于国家,李斌,孙振意,等. 工程总承包亟待破冰前行——江苏省建筑业工程总承包推行情况调研报告[J]. 建筑,2019(3):16-21.

▲ G20 核心区水质提升

▲册亨水库

▲凤亭河水库

▲海南省三防指挥调度中心大楼

▲纳坝水库

▲三龙防洪堤

▲赣抚平原灌区

▲龙里窄冲水库

▲上亭水库

▲者岳水库

▲海山风电场

▲中小河流治理

▲石碌水库

▲台山核电水库